普通高校"十三五"规划教材

单片机原理与接口技术
（第 2 版）

主编　祁　伟　刘克江

北京航空航天大学出版社

内 容 简 介

本书是广东省教学质量工程建设项目"自动化专业基础课程""电气类主干课程"教学团队项目研究之教材建设规划课程用书。教材撰写中对传统教学内容进行了精选与整合,授课过程以自行开发的实验板为研究对象,改变以理论授课为主的教学方式,将单片机学习需要掌握的理论融汇于项目设计中。

项目设计以最终构建总项目为原则。各子项目硬件设计、软件编程前后衔接,循序渐进。学习者完成各章节学习后,稍加集成,即可完成总任务设计(如电子时钟)。本书可引导学习者将零散的知识信息编织成完整的知识结构体系。

授课使用的电子教案及相关资料通过邮箱 qw1_a@163.com 索取。

本书可作为高等院校电气类、自动化类、测控技术与仪器类、机电一体化类等相关专业应用型人才培养的教学用书,也可作为单片机爱好者的自学用书或参考书。

图书在版编目(CIP)数据

单片机原理与接口技术 / 祁伟,刘克江主编. -- 2版. -- 北京:北京航空航天大学出版社,2017.2
ISBN 978-7-5124-0813-5

Ⅰ. ①单… Ⅱ. ①祁… ②刘… Ⅲ. ①单片微型计算机—基础理论—高等学校—教材②单片微型计算机—接口技术—高等学校—教材 Ⅳ. ①TP368.1

中国版本图书馆 CIP 数据核字(2017)第 000297 号

版权所有,侵权必究。

单片机原理与接口技术
(第 2 版)

主编　祁　伟　刘克江

责任编辑　金友泉

*

北京航空航天大学出版社出版发行

北京市海淀区学院路 37 号(邮编 100191)　http://www.buaapress.com.cn
发行部电话:(010)82317024　传真:(010)82328026
读者信箱:goodtextbook@126.com　邮购电话:(010)82316936
北京泽宇印刷有限公司印装　各地书店经销

*

开本:710×1 000　1/16　印张:17.25　字数:368 千字
2017 年 1 月第 2 版　2017 年 1 月第 1 次印刷　印数:3 000 册
ISBN 978-7-5124-0813-5　定价:35.00 元

若本书有倒页、脱页、缺页等印装质量问题,请与本社发行部联系调换。联系电话:(010)82317024

前　　言

　　无论是在工业部门、国防部门、民用部门还是事业部门,单片机的作用发挥得淋漓尽致。一个功能强大的智能化产品,单片机当之无愧地承担着调度、指挥任务,是系统的心脏。在各类智能化产品中都可以看到单片机的身影。如智能仪表、各种智能电子产品、智能测控技术领域。单片机技术是一门含金量高的技术,其以高集成度、高性价比、组合性强等特点活跃在智能产品世界。

　　对一个初学单片机的人来说,如果按教科书式的学法,一开始就学习一大堆指令、名词,学了半天还搞不清这些指令起什么作用,能够产生什么实际效果,那么也许用不了几天就会觉得枯燥乏味而半途而废。学习单片机的最有效方法是理论与实践并重。理论与实践结合是一个好方法,边学习、边演练,循序渐进,这样用不了几次就能将用到的指令理解、吃透、扎根于脑海,甚至"根深蒂固"。也就是说,当你每次学习完某几条指令后(一次数量不求多,只求懂),通过动手实践和演练,可以感受到指令产生的控制效果,眼见为实深刻理解指令与电子产品的相互联系及控制原理。实践验证:单片机技术与其说是学出来的,还不如说是实践训练出来的。这里要纠正一个错误的认识,实践并不是只要知道怎么做就可以了,学习者要在知道怎么做的基础上寻找其理论依据及理论基础上的知识拓展。本书的设计思想就是基于这样一种边学边练的理念展开的。

　　本书主要以 MCS-51 系列单片机为教学对象,前 4 章重点学习单片机硬件结构。在学生对单片机知识完全陌生的阶段,选用易于观察单片机硬件运行机理的 MedWin 开发环境(MedWin v2.39);汇编语言编程技术,引导学习者从单片机硬件层面思考问题,加强其对单片机结构的学习。学习者利用 MedWin 开发环境(版本不能太高,越高越不利于学生对底层硬件的学习),通过项目编程,训练其编程算法的建立。项目调试,训练其指令选择与单片机内部 RAM 区域寄存器区、特殊功能寄存器区、反汇编窗口、数据区 IData、Data、Code、Bit、XData、Pdata 的关联,使学习者对单片机硬件和应用程序之间的交互形成一个清晰认识,培养学习者从 CPU 的层面思考问题。PROTEUS 仿真软件平台主要帮助学习者即时看到实际的控制效果,即时享受成功愉悦,增强学习信心,训练思维深度。相比传统的电子产品设计流程,PROTEUS 仿真软件平台不仅能节省学习者设计时间与经费,提高设计效率与质量,更可以提高其反复训练的速度,达到反复循环多次就能彻底弄懂消化、永不忘却的目的。有道是:若人生能细看《水浒传》10 遍,其中的故事内容、人物场景将永生不忘。

　　后 3 章重点学习单片机接口技术。利用 C 语言的高效移植性、标准库函数更接近学习者思维等特点。选用自行研制的实验板,Keil μVision4 集成开发环境,将学习者从虚拟的仿真带入真实的单片机开发世界。学习者应将重点放在接口技术的结构化编程训练、各子项目的集成技术训练,进一步认识、理解前后知识的相关性,使理论在实践中的升华。

　　单片机学习最重要的就是实践。在学习者已渐入单片机学习情境之时,后几章训练学习者自己制作单片机电子作品。即学习者选用设计好的 PCB 板、采购元件、焊接实验板，进一步理解单片机电子产品开发过程。选用与市场接轨的 Keil μVision4 集成开发环境，使学习者从虚拟的仿真带入真实的单片机世界。利用 Keil μVision4 集成开发环境与单片机产品友好的接口设置 Keil Monitor - 51 Driver，训练学生学习单步、断点、运行调试过程；学会分析判断程序编程出现的错误现象，进而彻底掌握单片机技术。

全书共分 7 章，授课学时 64 学时，理论与实践环节的比例为 3∶2。第 1 章：单片机资源认识——学习单片机工作所具备的最基本条件，单片机最小系统硬件电路设计。第 2 章：单片机最小资源组成及应用——学习单片机基本 I/O 硬件电路设计，软件编程控制。第 3 章：汇编语言程序设计及单片机中断系统应用——学习中断系统对单片机系统的影响，单片机中断源构成，单片机最小系统基础上的外部中断源电路设计及编程控制，中断服务程序编写。第 4 章：单片机定时/计数器原理及应用——学习单片机查询方式、中断方式下的时间计时及外部事件计数编程、调试。第 5 章：单片机 C51 语言及人机接口应用——学习 C51 平台下的单片机编程技术，结构化编程思想和人机接口显示应用，Keil 同 μVision4 集成开发环境在接入硬件下的系统调试。第 6 章：8051 单片机 C51 串行通信接口显示应用——学习串行通信原理，移位寄存器应用和双机、多机通信技术。第 7 章：单片机系统扩展及环境温度检测(18B20 温度检测系统设计)——学习单片机对外部 RAM、ROM、I/O 扩展技术，键盘设计应用，环境温度检测设计。

附录 1 是授课中使用的实验板原理设计图，学习人员可以依据原理图完成制版、选择元器件、实验板测试等工作。

附录 2 是 MCS - 51 单片机汇编语言指令表，为学习人员完成项目设计提供指令查找路径。通过 7 章的学习，学习者应具备单片机常规系统软件硬件设计能力。

附录 3 介绍了 AT89 系列单片机的简介、内部结构、型号、编码分类和特点。

本书选用 MedWin 开发环境、Proteus 仿真软件平台、自行研制的单片机实验板、Keil μVision4 集成开发环境。MedWin 开发环境、Proteus 仿真软件平台及 Keil μVision4 集成开发环境可到相关网站下载。书中教学方式已在本校进行多年验证教学。

参与本书的编写人员有杨宁教授、张华副教授、卢旭老师、温宗礼、刘克江及李玉娜老师。书中引入的大量范例来源于本校毕业从事单片机产品开发的工程设计人员，以及平时授课过程中学生的编程设计。在此，作者向为本书做过贡献的人们表示衷心感谢！

由于作者在单片机系统知识方面掌握深度有限，在每章节理论概念梳理上，重点、难点讲解上有很多不足甚至错误，在此诚挚希望读者批评指正。

作　者

2016 年 10 月

目　　录

第 1 章　单片机资源认识 1
1.1　单片机的发展及特点 2
1.1.1　单片机的发展过程 2
1.1.2　单片机的发展特点 6
1.2　单片机选择及应用 7
1.2.1　单片机的选择 7
1.2.2　单片机的应用 10
1.3　8051 单片机结构组成及存储器配置 11
1.3.1　8051 单片机内部结构组成 14
1.3.2　8051 单片机的存储器配置 17
1.3.3　8051 单片机 I/O 接口 22
1.4　8051 单片机的引脚组成及总线结构 26
1.4.1　8051 单片机的引脚组成 26
1.4.2　8051 单片机的总线结构 29
1.5　8051 单片机的工作时序 31
1.5.1　8051 单片机的几种周期及相互关系 31
1.5.2　8051 单片机指令的取指和执行时序 32
1.5.3　8051 单片机访问外部 ROM 和 RAM 的时序 33
1.6　单片机的发展趋势 34
本章总结 36
思考与练习 37

第 2 章　单片机最小资源组成及应用 38
2.1　计算机基本输入输出接口概述 38
2.2　输入输出接口的编址方式 40
2.3　输入输出接口的工作方式 40
2.4　8051 单片机输入输出接口设计 42
2.4.1　8051 单片机输入输出接口概述 42
2.4.2　8051 单片机输入输出(I/O)端口应用 43
2.4.3　单片机应用系统开发流程 44
2.5　单片机应用系统程序设计 46
2.5.1　程序设计语言 46

2.5.2 软件构筑及程序设计 …… 48
2.6 汇编语言编程及开发环境 …… 52
  2.6.1 汇编语言的指令分析 …… 52
  2.6.2 汇编语言开发环境介绍 …… 55
2.7 汇编语言程序设计 …… 55
  2.7.1 汇编语言顺序程序设计 …… 56
  2.7.2 汇编语言分支程序设计 …… 59
2.8 项目设计及训练 …… 63
  2.8.1 项目设计 …… 63
  2.8.2 项目训练 …… 66
本章总结 …… 66
思考与练习 …… 67

第3章 汇编语言程序设计及单片机中断系统应用 …… 68

3.1 汇编语言循环程序设计 …… 69
  3.1.1 循环程序设计概述 …… 69
  3.1.2 汇编语言循环程序设计涉及的条件转移指令 …… 70
  3.1.3 汇编语言循环程序设计 …… 70
3.2 汇编语言子程序设计 …… 72
  3.2.1 堆 栈 …… 72
  3.2.2 子程序设计 …… 76
3.3 中断概述 …… 78
3.4 单片机中断系统 …… 79
  3.4.1 单片机的中断概念 …… 79
  3.4.2 单片机中断源介绍 …… 80
  3.4.3 单片机中断过程分析 …… 82
3.5 单片机中断寄存器 …… 83
  3.5.1 中断允许控制寄存器 IE(A8H) …… 83
  3.5.2 中断优先级控制寄存器 IP(B8H) …… 84
  3.5.3 定时/计数器控制寄存器 TCON(88H) …… 85
3.6 外部中断源中断应用设计 …… 86
  3.6.1 CPU 响应中断的条件 …… 86
  3.6.2 CPU 中断响应过程 …… 87
  3.6.3 中断服务程序的编写 …… 88
3.7 项目设计及训练 …… 89
  3.7.1 项目设计1 …… 89

3.7.2　项目设计2 ·· 93
　　　3.7.3　项目训练 ·· 94
　本章总结 ··· 94
　思考与练习 ··· 96

第4章　单片机定时/计数器原理及应用 ······································ 97

　4.1　单片机定时/计数器结构组成和工作原理 ································ 97
　　　4.1.1　定时/计数器结构组成 ··· 97
　　　4.1.2　定时/计数器工作原理 ··· 98
　4.2　单片机定时/计数器工作寄存器 ··· 99
　　　4.2.1　工作方式寄存器TMOD ·· 99
　　　4.2.2　控制寄存器TCON ·· 100
　4.3　定时/计数器工作过程分析 ·· 101
　　　4.3.1　定时/计数器方式0工作过程分析 ·································· 101
　　　4.3.2　定时/计数器方式1工作过程分析 ·································· 104
　　　4.3.3　定时/计数器方式2、3工作过程分析 ····························· 106
　4.4　MCS-51单片机定时/计数器典型应用 ··································· 109
　4.5　MCS-51单片机定时/计数器应用设计 ··································· 117
　4.6　项目设计及训练 ·· 120
　本章总结 ··· 121
　思考与练习 ··· 122

第5章　单片机C51语言及人机接口应用 ································· 123

　5.1　汇编语言与C51语言 ··· 123
　　　5.1.1　学习汇编语言的重要性 ·· 123
　　　5.1.2　应用C51编程的优势 ··· 125
　　　5.1.3　单片机汇编语言与C语言程序设计对照范例 ··················· 126
　　　5.1.4　汇编语言与C51混合编程 ·· 129
　5.2　C51对标准C语言的扩展 ··· 129
　　　5.2.1　C51语法基础 ··· 130
　　　5.2.2　C51存储类型及存储区 ·· 141
　　　5.2.3　C51存储器模式 ·· 143
　　　5.2.4　函数(FUNCTION)的使用 ··· 144
　5.3　Keil C51的代码效率 ·· 146
　　　5.3.1　存储模式的影响 ·· 146
　　　5.3.2　程序结构的影响 ·· 146

5.4 使用C51的技巧 147
5.5 C51使用规范 148
 5.5.1 注　释 148
 5.5.2 命　名 149
 5.5.3 编辑风格 149
 5.5.4 C51编程实例 150
5.6 单片机人机接口及显示应用 152
 5.6.1 发光二极管介绍 153
 5.6.2 数码管介绍 154
 5.6.3 数码管驱动方式 156
 5.6.4 LED数码管的检测方法 157
5.7 MCS-51单片机LED显示电路设计及编程方法 158
 5.7.1 单片机I/O口静态驱动LED数码管显示电路设计 158
 5.7.2 单片机I/O口动态驱动LED数码管显示电路设计 162
本章总结 167
思考与练习 168

第6章　8051单片机串行通信接口　169

6.1 计算机串行口通信基础 170
 6.1.1 通信概述 170
 6.1.2 串行通信的基本概念 170
 6.1.3 串行通信数据的传送方向 172
 6.1.4 串行通信的数据校验 172
 6.1.5 串行通信的传输速率与传输距离 173
6.2 8051单片机串行口结构及工作原理 173
 6.2.1 8051单片机串行口结构组成 173
 6.2.2 8051单片机串行口工作原理 175
6.3 串行口涉及的有关寄存器 175
6.4 8051单片机串行口工作方式及工作原理分析 180
6.5 波特率计算 184
6.6 8051单片机串行口方式0应用设计 185
6.7 串行通信接口标准 189
 6.7.1 RS232C、RS449、RS423/422、RS485标准总线接口 189
 6.7.2 RS232C、RS449、RS423/422、RS485标准总线接口介绍 190
 6.7.3 RS232C电平与TTL电平转换驱动电路 192
6.8 单片机与单片机串行通信电路设计 193

6.9　串行口多机通信原理及控制方法 …………………………………… 203
　　本章总结 ………………………………………………………………… 204
　　思考与练习 ……………………………………………………………… 205
　　附　件 …………………………………………………………………… 205

第7章　单片机系统扩展技术 …………………………………………… 208

　　7.1　MCS-51单片机系统扩展 …………………………………………… 208
　　7.2　单片机的外部资源并行扩展 ………………………………………… 209
　　　　7.2.1　存储器的空间地址分配 ……………………………………… 209
　　　　7.2.2　单片机与片外程序存储器/数据存储器的信号连接 ………… 211
　　　　7.2.3　外部存储器扩展 ……………………………………………… 212
　　7.3　可编程并行接口8255接口设计 ……………………………………… 216
　　　　7.3.1　并行接口8255概述 …………………………………………… 216
　　　　7.3.2　8255引脚介绍 ………………………………………………… 217
　　　　7.3.3　8255工作方式及控制字 ……………………………………… 218
　　7.4　单片机键盘接口设计 ………………………………………………… 220
　　　　7.4.1　单片机键盘工作原理介绍 …………………………………… 220
　　　　7.4.2　键盘的工作方式及按键处理 ………………………………… 222
　　　　7.4.3　独立式键盘程序的编写 ……………………………………… 223
　　　　7.4.4　8255与矩阵键盘接口设计 …………………………………… 224
　　　　7.4.5　项目训练：独立式按键编程 ………………………………… 225
　　　　7.4.6　项目设计：矩阵式按键设计与控制 ………………………… 230
　　7.5　DS18B20温度传感器应用 …………………………………………… 233
　　　　7.5.1　DS18B20温度传感器概述 …………………………………… 233
　　　　7.5.2　DS18B20温度传感器介绍 …………………………………… 233
　　　　7.5.3　DS18B20温度检测应用 ……………………………………… 242
　　本章总结 ………………………………………………………………… 247
　　思考与练习 ……………………………………………………………… 248

附　录 …………………………………………………………………… 249

　　附录1　实验板原理图 …………………………………………………… 250
　　附录2　51单片机汇编语言指令表 ……………………………………… 253
　　附录3　AT89系列单片机 ……………………………………………… 259

参考文献 ………………………………………………………………… 263

第1章 单片机资源认识

在当今的工作和生活环境中,有越来越多的单片机在为人类服务,而人们却意识不到它的存在。如:当用遥控操作电视或 VCD 机享受多彩的画面时,并没有意识到这是单片机在接收我们的遥控指令;当我们在享受全自动洗衣机的先进功能时,并不知道这是单片机在代替人控制洗衣机运作;单片机在曾经的 Call 机和手机等现代通信设备中亦发挥着重要的作用;汽车、工业控制器、仪器仪表、网络路由器及家用电器甚至电饭煲和面包机等中,都有单片机的身影。在现代化家庭中,平均每家有 30~40 个单片机制成的各种电器。

本章主要从单片机的发展及应用角度,叙述学习单片机的基础知识,使读者对单片机学习产生感性认识,并从原理上学习单片机结构组成,以助于后续各章节的学习。

1. 教学目标

最终目标:会绘制单片机最小系统原理图。

促成目标:

1) 会选择单片机最小系统中各元件参数;
2) 会绘制单片机最小系统 PCB 版图(要求手工布线);
3) 会分析处理单片机最小系统工作时出现的问题。

2. 工作任务

1) 认识单片机在控制领域及日常生活中的作用。
2) 单片机内部结构及外围接口:
① 单片机中央处理器构成及作用;
② 数据/程序存储器结构组成及作用;
③ 位处理器组成及作用;
④ 特殊功能寄存器作用;
⑤ 并行 I/O 接口结构组成及作用。
3) 8051 单片机的引脚组成及总线结构:
① 8051 单片机引脚组成;
② 单片机最小系统构成原理分析:
晶振电路:晶振、电容作用及参数;
复位电路:上拉电阻、充电电容作用及参数选择;
单片机四个专用控制线原理及硬件设计。
③ 8051 单片机总线结构:

单片机三大总线原理设计；
单片机三大总线在系统中的作用分析。
4) 8051 单片机工作时序分析。

1.1 单片机的发展及特点

1.1.1 单片机的发展过程

简要回顾一下计算机的发展历程对人们认识单片机有帮助。计算机的经典结构如图 1-1 所示。这种结构是由计算机的开拓者——数学家约翰·冯·诺依曼最先提出的，所以称之为冯·诺依曼计算机体系结构，也称为普林斯顿结构。冯·诺依曼理论的要点是：数字计算机的数制采用二进制；计算机应该按照程序顺序执行。人们把冯·诺依曼的这个理论称为冯·诺依曼体系结构。从 ENIAC（第一台电子计算机为

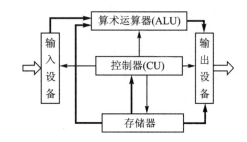

图 1-1 计算机的典型结构

ENIAC，电子数字积分计算机的简称，英文全称为 Electronic Numerical Integrator And Computer）到当前最先进的计算机都采用的冯·诺依曼体系结构。冯·诺依曼是当之无愧的数字计算机之父。根据冯·诺依曼体系结构构成的计算机，必须具有如下功能：

① 把需要的程序和数据送至计算机中；
② 必须具有长期记忆程序、数据、中间结果及最终运算结果的能力；
③ 能够完成各种算术、逻辑运算和数据传送、数据加工处理的能力；
④ 能够根据需要控制程序走向，并能根据指令控制机器的各部件协调操作；
⑤ 能够按照要求将处理结果输出给用户。

为了完成上述功能，计算机必须具备五大基本组成部件，包括：输入数据和程序的输入设备，记忆程序和数据的存储器，完成数据加工处理的运算器，控制程序执行的控制器和输出处理结果的输出设备。

按计算机专家的原始定义，计算机系统由五大部分组成，即控制单元(CU)、算术运算单元(ALU)、存储器(Memory)、输入设备(Input)和输出设备(Output)，如图 1-1 所示。迄今为止，计算机的发展已经经历了四代，即电子管时代(1946—1957 年)、晶体管时代(1957—1964 年)、中小规模集成电路时代(1964—1970 年)、大规模及超大规模集成电路时代(1970 年到现在)。20 世纪 70 年代以后，计算机用集成电路的集成度迅速从中小规模发展到大规模、超大规模的水平，微处理器和微型计算机

应运而生,各类计算机的性能迅速提高。随着字长 4 位、8 位、16 位、32 位和 64 位的微型计算机相继问世和广泛应用,微型计算机技术也得到了充分的发展,但仍未超出冯·诺依曼体系。当前,市场上常见的大多数型号的单片机仍遵循着冯·诺依曼体系。

1971 年 Intel 公司的霍夫成功研制世界上第一块 4 位微处理器芯片 Intel 4004,标志着第一代微处理器问世,微处理器和微机时代从此开始。因发明微处理器,霍夫被英国《经济学家》杂志列为"二战以来最有影响力的 7 位科学家"之一。

1946 年第一台电子计算机诞生至今,依靠微电子技术和半导体技术的进步,从电子管—晶体管—集成电路—大规模集成电路,使得计算机体积更小,功能更强。特别是近 20 年时间里,计算机技术获得飞速的发展,计算机在工业、农业、科研、教育、国防和航空航天领域获得了广泛的应用,计算机技术已经是一个国家现代科技水平的重要标志。

早期计算机(晶体管或集成电路的,不包括电子管的)的控制单元(CU)或算术逻辑单元(ALU)由一块甚至多块电路板组成,CU 和 ALU 是分离的;随着集成度的提高,CU 和 ALU 合在一起就组成了中央处理单元(Central Processing Unit,CPU),接着将 CPU 集成到单块集成电路中就产生微处理器(Micro Processing Unit,MPU),出现了如 Intel4004、8008、8080、8085、8086、8088、Z80 等 MPU。

此后,MPU 的发展产生了两条分支,一分支往高性能、高速度、大容量方向发展,典型芯片如:Intel80186、286、386、486、586、P2、P3、P4 等,速度从 4.7 MHz 到现在的 3.2 GHz 甚至更高;另一分支则往多功能方向发展,将存储器(ROM、PROM、EPROM、EEPROM、FLASH ROM、SRAM 等)、输入/输出接口、定时/计数器(Timer/Counter)、脉宽调制 PWM(Pulse Width Modulation)、数模转换器 ADC/DAC、异步接收/发送装置 UART(Universal Asynchronous Receiver/Transmitter)、两线式串行总线 IIC(Inter Integrated Circuit)、串行外围设备接口 SPI(serial peripheral interface)、实时时钟芯片 RTC(Real Time Clock)等根据需要集成在一块芯片中,这就是当今广泛应用的单片微型计算机,即 MCU(Micro Controller Unit)微型控制单元,简称单片机。这一分支可谓品种繁多,位宽从 8 位到 32 位,引脚数从 6 个到几百个,工作频率从几十千赫兹到几百兆赫兹。

MCU 的体系结构既有 CISC(Complex Instruction Set Computer,复杂指令系统计算机)也有 RISC(Reduced Instruction Set Computer,精简指令集计算机),数不胜数。常用的有 8051 系列、MCS-96 系列、PIC 系列、AVR 系列、ARM7/9 系列、TMS320 系列、MSP430 系列和 MOTOROLA 等众多的单片机。

单片机的发展经历了探索→完善→MCU 化→百花齐放四个阶段。

1. 芯片化探索阶段

20 世纪 70 年代,美国的 Fairchild(仙童)公司首先推出了第一款单片机 F-8,随后 Intel 公司推出了影响面大、应用更广的 MCS-48 单片机系列。MCS-48 单片机系列的推出,标志着在工业控制领域已进入到智能化嵌入式应用的芯片形态的计算机探索阶段。参与这一探索阶段的还有 Motorola、Zilog 和 Ti 等大公司,它们都取得了满意的探索效果,确立了在 SCMC 的嵌入式应用中的地位。这就是 Single Chip Micro Computer 的诞生年代,单片机一词即由此而来。这一时期的特点是:

◆ 嵌入式计算机系统的芯片集成设计;
◆ 少资源、无软件,只保证基本控制功能。

2. 结构体系的完善阶段

在 MCS-48 探索成功的基础上很快推出了完善的、典型的单片机系列 MCS-51。8051 系列单片机的推出,标志 Single Chip Microcomputer 体系结构的完善。它在以下几个方面奠定了典型的通用总线型单片机的体系结构。

(1) 完善的总线结构

◆ 并行总线:8 位数据总线、16 位地址总线及相应的控制总线,两个独立的地址空间;
◆ 串行总线:通信总线和扩展总线。

(2) 完善的指令系统

◆ 具有很强的位处理功能和逻辑控制功能,以满足工业控制等方面的需要;
◆ 功能单元 SFR 的(特殊功能寄存器)集中管理。

(3) 完善的 8051 成为 SCMC 的经典体系结构

许多电气商在 8051 内核和体系结构的基础上,生产出各具特色的单片机。

3. 从 SCMC 向 MCU 化过渡阶段

Intel 公司推出的 MCS-96 单片机,将一些用于测控系统的模数转换器(ADC)、程序运行监视器(WDT)、脉宽调制器(PWM)、高速 I/O 口纳入片中,体现了单片机的微控制器特征。8051 单片机系列向各大电气商的广泛扩散,许多电气商竞相使用 80C51 内核,将许多测控系统中使用的电路技术、接口技术、可靠性技术应用到单片机中;随着单片机内外围功能电路的增强,强化了智能控制器特征。微控制器(Micro Controllers)成为单片机较为准确表达的名词。其特点是:

① 满足嵌入式应用要求的外围扩展,如 WDT、PWM、ADC、DAC、高速 I/O 口等。

② 众多计算机外围功能集成,如:

◆ 提供串行扩展总线:SPI、IIC、BUS、Microwire;
◆ 配置现场总线接口:CAN BUS。

③ CMOS 化,提供功耗管理功能。
④ 提供 OTP 供应状态,以利于大规模和批量生产。

4. MCU 的百花齐放阶段

单片机发展到这一阶段,表明单片机已成为工业控制领域中普遍采用的智能化控制工具——小到玩具、家电行业,大到车载、舰船电子系统,遍及计量测试、工业过程控制、机械电子、金融电子、商用电子、办公自动化、工业机器人、军事和航空航天等领域。为满足不同的需求，出现了高速、大寻址范围、强运算能力和多机通信能力的8位、16位、32位通用型单片机，小型廉价型、外围系统集成的专用型单片机，以及形形色色各具特色的现代单片机。可以说，单片机的发展进入了百花齐放的时代，为用户的选择提供了空间。这一时期的特点为：

(1) 电气商、半导体商的普遍介入

MCS-48产品的成功，刺激了许多半导体公司竞相研制和发展自己的单片机系列。到目前为止，世界各地厂商已相继研制出大约50个系列300多个品种的单片机产品，其中较有代表性的有Motorola公司的6801、6802，Zilog公司的Z-8系列，Microchip公司的PIC系列等。此外，日本的NEC公司、日立公司也都推出了各自具有特色的单片机品种。

(2) 大力发展专用单片机

通用型与专用型是按某一型号单片机适用范围区分的。例如，80C51是通用型单片机，它并不是为某一种专门用途设计的单片机；而专用型单片机是针对某一类产品甚至某个产品需要而设计、生产的单片机。例如，来电显示电话中配有液晶驱动器接口的单片机和全自动洗衣机中的微控制器，都是专用单片机；特别是小家电、玩具领域的单片机，因为小封装、价格低廉（外围器件、外设接口集成度高），多数为专用单片机。

(3) 提高综合品质

在体系结构(RISC)、电磁兼容性能(EMC)、开发环境（高级语言支持ISP、IAP等）、功耗管理等诸方面得到了提高。根据控制单元设计的方式与采用的技术不同，目前市场上的这些单片机可区分为两大类型：繁杂指令集结构(CISC架构)和精简指令集结构(RISC架构)。繁杂指令集结构(CISC)的特点是指令数量多，寻址方式丰富，较适合初学者系统学习，如Intel的80C51或80C196、MC68K；而精简指令集结构(RISC)具有较少的指令与寻址模式，结构简单，成本较低，执行程序的速度较快，成为单片机的后起之秀，如PIC、EM78XXX和Z86HCXX。

ISP(In System Programming)和IAP(In Application Programming)方式是两种先进的实时在线开发方式。它们无需传统的开发装置，借助计算机和单片机的高性能，实现了真正的在线仿真。

(4) C语言的广泛支持

◆ 单片机普遍支持C语言编程，为后来者学习和应用单片机提供了方便；

◆ 高级语言减少了选型障碍，便于程序的优化、升级和交流。

(5) 多种选择下的选择原则

◆ 寻求最简化的单片机应用系统；

◆ 尽可能选择专用单片机；

◆ 综合考虑下进行合理的选择。

1.1.2 单片机的发展特点

自单片机出现至今,单片机技术已走过40多年的发展路程。纵观单片机发展历程可以看出,单片机技术的发展以微处理器(MPU)技术及超大规模集成电路技术的发展为先导,以广泛的应用领域为拉动,表现出较微处理器更具个性的发展趋势。

1. 单片机的长寿命

这里所说的长寿命,一方面指用单片机开发的产品可以稳定可靠地工作十年、二十年,另一方面是指与微处理器(MPU)相比的长寿命。随着半导体技术的飞速发展,MPU更新换代的速度越来越快,以386、486、586为代表的MPU,很短的时间内就被淘汰出局,而传统的单片机(MCU)如68HC05、8051等年龄已有40多年,产量仍是上升的。这一方面是由于其对相应应用领域的适应性,另一方面是由于以该类CPU为核心,集成以更多I/O功能模块的新单片机系列层出不穷。可以预见,一些成功上市的相对年轻的CPU核心,也会随着I/O功能模块的不断丰富,有着相当长的生存周期。新的CPU类型的加盟,使单片机队伍不断壮大,给用户带来了更多的选择余地。

2. 8位、16位、32位单片机共同发展

这是当前单片机技术发展的另一动向。长期以来,单片机技术的发展是以8位机为主的。随着移动通信、网络技术、多媒体技术等高科技产品进入家庭,32位单片机应用得到了长足发展。以Motorola 68K为CPU的32位单片机1997年的销售量达8千万枚。过去认为由于8位单片机功能越来越强,32位机越来越便宜,使16位单片机生存空间有限,而16位单片机的发展无论从品种和产量方面,近年来都有较大幅度的增长。

3. 单片机的工作速度越来越快

MPU的工作速度越来越快是以时钟频率越来越高为标志的。而MCU则有所不同,为提高单片机抗干扰能力,降低噪声,降低时钟频率而不牺牲运算速度是单片机技术发展之追求。一些8051单片机兼容厂商改善了单片机的内部时序,在不提高时钟频率的条件下,使运算速度提高了很多,Motorola单片机则使用了锁相环技术或内部倍频技术使内部总线速度大大高于时钟产生器的频率。68HC08单片机使用4.9 MHz外部振荡器而内部时钟达32 MHz,而M68K系列32位单片机使用32 kHz的外部振荡器频率内部时钟可达16 MHz以上。低电压与低功耗自20世纪80年代中期以来,NMOS工艺单片机逐渐被CMOS工艺代替,功耗得以大幅度下降。随着超大规模集成电路技术由3 μm工艺发展到1.5 μm、1.2 μm、0.8 μm、0.5 μm、0.35 μm进而实现0.2 μm工艺,全静态设计时可使时钟频率到数十兆赫兹任选,并使功耗不断下降。Motorola最近推出的M.CORE可在1.8 V电压以下、50M/48MIPS全速工作,功率约为20 mW。几乎所有的单片机都有Wait、Stop等省电运行方式。允许使用的电源电压范围也越来越宽。一般单片机都能在3~6 V范围内工作,对电池供电的单片机不再需要对电源采取稳压措施。低电压供电的单片机电源下限已由 2.7 V 降至 2.2 V、1.8 V、0.9 V 供电的单片机已经问世。

4. 低噪声与高可靠性技术

为提高单片机系统的抗电磁干扰能力,使产品能适应恶劣的工作环境,满足电磁兼容性方面更高标准的要求,各单片机厂商在单片机内部电路中采取了一些新的技术措施。如美国国家半导体 NS 的 COP8 单片机内部增加了抗电磁干扰电路 EMI(Electromagnetic Interference),增强了"看门狗"的性能。Motorola 也推出了低噪声的 LN(Low - Noise)系列单片机。

5. OTP 与 MASK

OTP(One Time Programmable)是一次性写入的单片机。MASK——掩膜,单片机掩膜是指程序数据已经做成光刻版,在单片机生产的过程中把程序做进去。单片机产品的成熟是以投产掩膜型单片机为标志的。由于掩膜需要一定的生产周期,而 OTP 型单片机价格不断下降,使得近年来直接使用 OTP 完成最终产品制造更为流行。它较之掩膜具有生产周期短、风险小的特点。近年来,OTP 型单片机需求量大幅度上扬,为适应这种需求许多单片机都采用了在片编程技术 ISP(In System Programming)。未编程的 OTP 芯片可采用裸片绑定(Bonding)技术或表面贴 SMT(Surface Mount Technology)技术,先焊在印刷板上,然后通过单片机上引出的编程线、串行数据线、时钟线等对单片机编程。解决了批量写 OTP 芯片时容易出现的芯片与写入器接触不好的问题。使 OTP 的裸片得以广泛使用,降低了产品的成本。编程线与 I/O 线共用,不增加单片机的额外引脚。而一些生产厂商推出的单片机不再有掩膜型,全部为有 ISP 功能的 OTP。

6. MTP 向 OTP 挑战

MTP(Multi - Time Programmable)是可多次编程的意思。一些单片机厂商以 MTP 的性能、OTP 的价位推出各自的单片机,如 Atmel AVR 单片机,片内采用 Flash,可多次编程。华邦公司生产的与 8051 兼容的单片机也采用了 MTP 性能,OTP 的价位。这些单片机都使用了 ISP 技术,待安装到印刷线路板上以后再下载程序。

1.2 单片机选择及应用

1.2.1 单片机的选择

1. Motorola 单片机

Motorola 公司是世界上最大的单片机厂商。品种全、选择余地大、新产品多是其特点,在 8 位机方面有 68HC05 和升级产品 68HC08。68HC05 有 30 多个系列,200 多个品种,产量已超过 20 亿片。8 位增强型单片机 68HC11 也有 30 多个品种,年产量在1亿片以上。升级产品有68HC12。16位机68HC16也有10多个品种。32位单片机的683XX系列也有几十个品种。近年来，以PowerPC、Coldfire、M. CORE等为CPU，将DSP制成辅助模块集成的单片机也纷纷推出，目前仍是单片机的首选牌品。Motorola单片机特点之一是在同样速度下所用的时钟频率较Intel类单片机低很多，因而使得高频噪声低，抗干扰能力强，更适合用于工控领域及恶劣的环境。Motorola 8位单片机过去的策略是以掩膜为主，而最近推出OTP计划以适应单片机发展新趋势；在32位机上，M. CORE在性能和功耗方面都胜过ARM7。

2. Microship单片机

Microship单片机是市场份额增长最快的单片机。它的主要产品是16 C系列8位单片机，CPU采用RISC结构，仅33条指令，运行速度快，且以低价位著称，一般单片机价格都在一美元以下。Microship单片机没有掩膜产品，全部是OTP器件，Microship强调节约成本的最优化设计，适于用量大、档次低、价格敏感的产品。

3. Scenix单片机

Scenix单片机I/O模块的集成与组合技术是单片机技术不可缺少的重要方面。除传统的I/O功能模块如并行I/O、URT、SPI、I^2C、A/D、PWM、P LL、DTMF等，新的I/O模块不断出现，如USB、CAN、J1850，最具代表性的是Motorola 32位单片机，它集成了包括各种通信协议在内的I/O模块，而Scenix单片机在I/O模块的处理上引入了虚拟I/O的新概念。Scenix采用了RISC结构的CPU，使CPU最高工作频率达50 MHz，运算速度接近50 MIPS。有了强有力的CPU，各种I/O功能便可以用软件的办法模拟。单片机的封装采用20/28引脚。公司提供各种I/O的库函数，用于实现各种I/O模块的功能。这些用软件完成的模块包括多路UART、多路A/D、PWM、SPI、DTMF、FSK和LCD驱动等。

4. NEC单片机

NEC单片机自成体系，以8位单片机78K系列产量最高，也有16位、32位单片机。16位以上单片机采用内部倍频技术，以降低外时钟频率。有的单片机采用内置操作系统。NEC的销售策略注重于服务大客户，并投入相当大的技术力量帮助大客户开发产品。

5. 东芝单片机

东芝单片机的特点是从4位机到64位机门类齐全。4位机在家电领域仍有较大的市场。8位机主要有870系列、90系列等，该类单片机允许使用慢模式，采用32 kHz时钟时功耗降至10 μA数量级。CPU内部多组寄存器的使用，使得中断响应与处理更加快捷。东芝的32位单片机采用MIPS 3000A RISC的CPU结构，面向VCD、数字相机、图像处理等市场。

6. 富士通单片机

富士通也有8位、16位和32位单片机，但8位机使用的是16位机的CPU内核。也就是说，8位机与16机所用的指令相同，使得开发比较容易。8位单片机有着名的 MB8900 系列,16 位机有 MB90 系列。富士通公司注重于服务大公司、大客户,帮助大客户开发产品。

7. Epson 单片机

Epson 公司以擅长制造液晶显示器著称,故 Epson 单片机主要为该公司生产的 LCD 配套。其单片机的特点是 LCD 驱动部分做得特别好。在低电压、低功耗方面也很有特点。目前 0.9 V 供电的单片机已经上市,不久的将来,LCD 显示的手表类单片机将使用 0.5 V 供电。

8. 8051 类单片机

最早由 Intel 公司推出的 8051/31 类单片机也是世界上用量最大的几种单片机之一。由于 Intel 公司在嵌入式应用方面将重点放在 186、386、奔腾等与 PC 类兼容的高档芯片的开发上,8051 类单片机主要由 Philips、三星、华邦等公司生产。这些公司都在保持与 8051 单片机兼容的基础上改善了 8051 许多特性(如时序特性)。提高了速度、降低了时钟频率,放宽了电源电压的动态范围,降低了产品价格。

9. Zilog 单片机

Z8 单片机是 Zilog 公司的产品,采用多累加器结构,有较强的中断处理能力。产品为 OTP 型,Z8 单片机的开发工具可称价廉物美。Z8 单片机以低价位的优势面向低端应用,以 18 引脚封装为主,ROM 容量为 0.5~2 KB。最近 Zilog 公司又推出了 Z86 系列单片机,该系列内部可集成廉价的 DSP 单元。

10. NS 单片机

COP8 单片机是美国国家半导体公司的产品,该公司以生产先进的模拟电路和能生产高水平的数字模拟混合电路著称。COP8 单片机片内集成了 16 位 A/D,这是单片机中不多见的。COP8 单片机内部使用了抗 EMI 电路,在看门狗电路以及 STOP 方式下单片机的唤醒方式上都有独到之处。此外,COP8 的程序加密控制也做得比较好。

11. 三星单片机

三星公司单片机有 KS51 和 KS57 系列 4 位单片机,KS86 和 KS88 系列 8 位单片机,KS 17 系列 16 位单片机和 KS32、32 位单片机。三星单片机为 OTP 型 ISP 在片编程功能。三星公司以生产存储器芯片著称,在存储器市场供大于求的形势下,涉足参与单片机的竞争。三星公司在单片机技术上以引进消化发达国家的技术、生产与之兼容的产品,然后以价格优势取胜。例如在 4 位机上采用 NEC 的技术,8 位机上引进 Zilog 公司 Z8 的技术,在 32 位机上购买 ARM7 内核,还有 DEC 的技术、东芝的技术等。其单片机裸片的价格相当有竞争力。

12. 华邦单片机

华邦公司单片机属 8051 类单片机,它们的 W78 系列与标准的 8051 兼容,W77 系列位增强型 51 系列,对 8051 的时序做了改进。同样时钟频率下速度提高 2.5 倍,Flash 容量从 4~64 KB,有 ISP 功能。在 4 位单片机方面,华邦有 921 系列和带 LCD

驱动的741系列。在32 K机方面,华邦使用惠普公司PA-RISC单片机技术,生产低位的32位RISC单片机。

上面提到的单片机厂商是进入中国市场的单片机厂商的一部分,还有很多著名的单片机制造商如三菱、日立、TI等本文没有提到。总体上看,美国著名公司的单片机技术仍处在领先的地位,特别是高端产品、高性能的单片机新产品不断推出,而在单片机制造业方面也有相当的优势,也在积极争夺家电产品的大客户。韩国及我国台湾省的一些公司在引进消化美国技术的基础上,以低价位的兼容产品抢占中国市场。而至今还没有一家中国大陆的公司能在如此浩大的单片机市场上占有一席之地。另一方面如此琳琅满目、让人眼花缭乱的单片机品种,着实给单片机应用的工程师提供了巨大的选择空间。这么多种单片机能进入中国市场,这一事实说明了我们的应用工程师已经能够综合各类单片机的性能、价格等方面的因素并结合应用对象进行选择。较过去以剖析、复制外国产品为主的思路有了相当的改进。随着我国经济实力的增长,开发新产品的思路上,过去那种过多注重价格因素而使新产品开发上不了档次的弱点有所改善,开始注意使用当前最先进的单片机开发高档次的产品。由于单片机的开发手段目前仍以仿真器为主,公司能否提供廉价的仿真器,提供方便的技术服务与培训,较之能否提供高性能、低价位的单片机有着同等的重要性。各单片机厂商在开发工具以及技术服务方面也进行着激烈的竞争。这种竞争与推出新型的单片机以显示高技术方面的优势是相辅相成的。竞争的结果是为单片机应用工程师提供更广阔的选择空间,而最终受益的是单片机产品的消费者。由于单片机对各行各业都有用,这种电子技术的进步导致各行各业的进步,也带动了人类文明的进步。

1.2.2 单片机的应用

单片机的高集成度、高性价比、组合性强等特点决定其应用领域非常宽广。无论是工业部门、国防部门、民用部门乃至事业部门,到处都有它的身影。现将单片机的应用大致归纳为以下几个方面。

1. 在智能仪器仪表中的应用

这是单片机应用最多、最活跃的领域之一。在各类仪器仪表中引入单片机,使其智能化,提高测试的自动化程度和精度,简化仪器仪表的硬件结构,提高其性价比,同时便于使用、维修和改进。如用8051系列单片机控制的"汽车发动机综合测试仪""烟叶水分测试仪""智能超声波测试仪"等。

2. 在机电一体化中的应用

机电一体化是指集机械技术、微电子技术、自动化技术和计算机技术于一体,具有智能化特征的机电产品。这是机械工业发展的方向。单片机的出现促进了机电一体化的发展,它作为机电产品中的控制器,能充分发挥其体积小、可靠性高、功能强、安装方便等特点,大大强化了机器的功能,提高了机器的自动化、智能化程度。

3. 在实时过程控制中的应用

单片机也广泛地应用于各种实时控制系统中,例如对工业上各种窑炉、锅炉的温度、酸度、化学成分的测量和控制。将测量技术、自动控制技术和单片机技术相结合,充分发挥其数据处理和实时控制功能,使系统工作于最佳状态,提高系统的生产效率和产品的质量。在航空航天、通信、遥控、遥测等各种实时控制系统中都可以用单片机作为控制器。

4. 在分布式多机系统中的应用

分布式多机系统具有功能强可靠性高的特点,在比较复杂的系统中,都采用分布式多机系统。系统中有若干台功能各异的计算机,各自完成特定的任务,它们又通过通信线路相互联系、协调工作。单片机在这种多机系统中,往往作为一个终端机,安装在系统的某些节点上,对现场信息进行实时的测量和控制。高档的单片机多机通信(并行或串行)功能很强,在分布式多机系统中能发挥很大作用。

5. 在家用电器中的应用

家用电器涉及千家万户,生产规模大。目前国内外各种家用电器都已普遍采用单片机代替传统的控制电路。如洗衣机、电冰箱、空调、电饭煲、收音机、功放、电风扇、电视机、VCD、DVD及许许多多的电子玩具等都配上了单片机。从而提高了自动化程度,增强了功能,深受用户的欢迎。

6. 在其他方面的应用

除以上应用之外,单片机还广泛用于办公自动化、商业营销、汽车及通信系统、计算机外设、模糊控制等各种领域中。

1.3 8051单片机结构组成及存储器配置

20世纪80年代以来,单片机发展非常迅速,世界上一些著名厂商投放市场的产品有几十个系列数百种产品,其中以 Motorola 公司的 68HCXX 系列、Zilog 公司的 Z86EXXXXPSC 系列、Rokwell 公司的 6 及 I/O 接口 501、6501 系列等。此外荷兰的 Philips 公司、日本的 NEC 公司、日立公司也相继推出各自的单片机产品。20世纪80年代中期,Intel 公司将 8051(属 8051 系列)内核使用权以专利互换和出售形式转让给许多著名 IC 厂商,如 Philips、Siemens、AMD、OKI、NEC、Atmel 等,这样 8051 就成为有众多制造商支持并发展出上百种的大家族。8051 内核实际上已经成为一个 8 位单片机的标准。其他公司的 51 单片机产品都是和 8051 内核兼容。同样的一段程序,在各个单片机厂家的硬件上运行的结果都是一样的,如 Atmel 的 89C51(已经停产)、89S51,Philips(菲利浦),和 WINBOND(华邦)等。如 Atmel 公司的 89C51 的 AT89S51 单片机,是在原基础上增强了许多特性,如时钟,更优秀的是由 Flash(程序存储器的内容至少可以改写1 000次)存储器取带了原来的 ROM(一次性写入),AT89C51 的性能相对于 8051 已经算是非常优越的了。本书以 8051(属 8051 系列)内核为标准介绍。与 8051 兼容的 89X51 系列单片机介绍见附录 3。本书中介绍单片机均统一称为 8051 单片机。

我们知道 PC 机的 CPU 是基于冯·诺伊曼的体系结构,然而 MCU(单片机)、DSP(数字信号处理器)都是基于哈佛结构的体系结构。哈佛结构与冯·诺伊曼结构有很大的不同,在冯·诺伊曼体系结构下只有一个地址空间,ROM 和 RAM 可以随意安排在这一地址范围内的不同空间,即 ROM 和 RAM 地址统一分配。CPU 访问存储器时,一个地址对应唯一的存储单元,可能是 ROM,也可能是 RAM。而哈佛结构下 ROM 和 RAM 是分开编址,即程序和数据分开保存,访问时用不同的指令加以区分,并可同时访问,在这样的体系结构下有利于提高指令的执行速度。

一个完整的计算机应该由运算器、控制器、存储器(ROM 及 RAM)、数据总线和 I/O 接口组成。一般微处理器(如 8086)只包括运算器和控制器两部分。和一般微处理器相比,8051 增加了四个 8 位 I/O 口、一个串行口、4 KB ROM、128 B RAM、很多工作寄存器及特殊功能寄存器(SFR),所以单片机具有比计算机用的微处理器更强大的控制功能。单片机是专为进行控制设计的,而常见的微处理器是用于运算功能的,从结构框图 1-2 及图 1-3 可以看出 8051 单片机这一小块芯片上,集成了一个微型计算机的各个组成部分。这些部分包括:

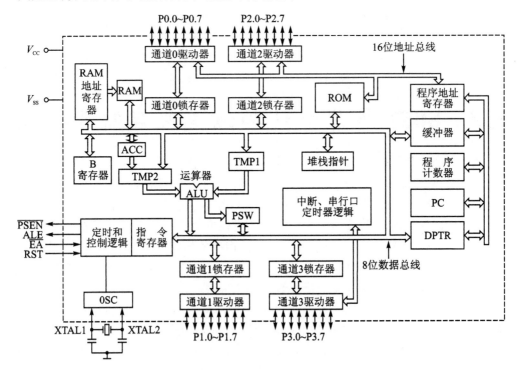

图 1-2　8051 单片机的内部结构

① 一个 8 位的微处理器(CPU)。

② 片内数据存储器 RAM(128 B/256 B)，用以存放读/写数据，如运算的中间结果、最终结果以及显示的数据等。

③ 片内程序存储器 ROM/EPROM(4 KB/8 KB)，用以存放程序、一些原始数据和表格。但也有一些单片机内部不带 ROM/EPROM，如 8031、8032、80C31 等。目前单片机的发展趋势是将 RAM 和 ROM 都集成在单片机核内，这样既方便了用户进行设计又提高了系统的抗干扰性。

④ 四个 8 位并行 I/O 接口 P0～P3，每个口既可以用作输入，也可以用作输出。当 8051 单片机构成控制系统时，只有 P1 口是 I/O 接口。P0 口是复用口，做数据线/地址低 8 位。P2 口做地址高 8 位。P3 口 2 位做控制信号使用：读(P3.7)、写(P3.6)控制；6 位做特殊功能寄存器使用：

- 两个定时器/计数器(P3.4，P3.5)，每个定时器/计数器都可以设置成计数方式，用以对外部事件进行计数；也可以设置成定时方式，完成计时任务；并可以根据计数或定时的结果实现计算机控制。
- 两个外部中断源(P3.2，P3.3)，用来处理来自外部的紧急、突发事件。
- 一个全双工 UART(通用异步接收发送器)的串行 I/O 口(P3.0，P3.1)，用于实现单片机之间、单片机与计算机之间及与外围设备之间的数据通信。

⑤ 片内振荡器和时钟产生电路 XTAL1、XTAL2，用来为单片机提供工作脉冲。但石英晶体和微调电容需要外接，详细电路设计见 8051 单片机的引脚介绍部分，其最高允许振荡频率为 24 MHz。SST89V58RD 最高允许振荡频率达 40 MHz，因而大大提高了指令的执行速度。以上各功能部件之间是靠内部数据总线、地址总线、控制总线进行信息交流的。

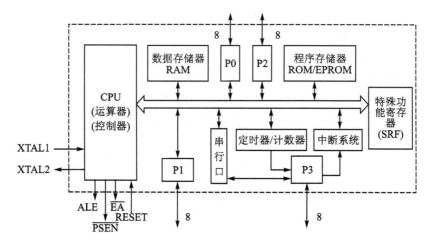

图 1-3 8051 单片机内部结构的简图

1.3.1　8051 单片机内部结构组成

中央处理器(CPU)是微型计算机系统的控制器。主要有运算器、控制器和布尔(位)处理器组成。它控制着总线的所有活动,实施计算并作出决策。CPU 是可编程的,其操作由指令序列所控制。指令有三种通用类型:数据传送指令、算术与逻辑运算指令及程序控制指令。CPU 的指令序列称为程序或软件。

(1) 运算器

包括算术逻辑单元(ALU)、累加器(ACC)、寄存器 B、程序状态字(PSW)等部件。

算术逻辑运算单元 ALU(Arithmetic Logic Unit):ALU 用于对数据进行算术运算和逻辑操作的执行部件,由加法器和其他逻辑电路(移位电路和判断电路等)组成。在控制信号的作用下,完成算术加、减、乘、除和逻辑与、或、异或等运算,以及循环移位操作、位操作等功能。

如:ADD A,♯20H　　;累加器 ACC 内容与 16 进制数 20H 相加,结果在累加器 ACC 中

　　ANL 30H,♯10H　;内部 RAM 30H 单元内容与 10H 相与,结果在累加器 ACC 中

累加器 ACC(Accumulator):在指令系统中,累加器在直接寻址时的助记符为 ACC。除此之外全部用助记符 A 表示。累加器是 CPU 中工作最频繁的寄存器。在 CPU 运算时用于提供操作数和存放中间结果;在进行算术、逻辑操作时,ALU 的一个操作数一般来自累加器 ACC;ALU 的运算结果大多要送到 ACC。ACC 经常充当传送、输入/输出过程的中转站。同时 8051 单片机在内部结构上采取了对某一部分指令将 ACC 旁路的措施,如通过直接地址或间接地址使片内、片外的任意地址中的数据传送到寄存器,而不经过 ACC。

如:MOV R1,♯20H　　;将 20H 送往 R1 寄存器

　　MOV R2,30H　　　;将片内 RAM30H 单元数据送往 R2 寄存器

寄存器 B:寄存器 B 通常与 ACC 配合使用,一般用于乘、除法指令,除此之外,B 做中间结果或一般寄存器使用。

如:MUL AB　　　　;ACC 与 B 中的 8 位数据相乘,积的高 8 位存在 B 中、
　　　　　　　　　;低 8 位存在 ACC 中
　　DIV AB　　　　;ACC 中的被除数与 B 中除数相除,商在 ACC 中,余数在 B 中

程序状态字寄存器 PSW(Program Status Word):PSW 共 8 位。程序状态字寄存器 PSW 用来存放运算结果的一些状态。程序在运行过程中,当执行加法、减法、十进制调整、带进位位逻辑左、右移位、对位操作时,通常会产生进位位、半进位位、溢出位等。有时程序的流向需要根据程序运行过程中位状态条件去执行,因此计算机的 CPU 内部都设置了一个程序状态寄存器,用来保存当前指令执行后的状态,以供

程序查询和判断,程序状态字寄存器各位定义如表1-1所列。

表1-1 程序状态寄存器PSW各位定义

D7	D6	D5	D4	D3	D2	D1	D0
CY	AC	F0	RS1	RS0	OV	X	P

① CY(D7):进(借)位标志位。表示运算结果是否有进位或借位。当CY=1,表示有进位或借位;当CY=0,表示无进位或借位。同时该位还用作布尔处理器的累加器C。

② AC(D6):半进(借)位标志位。当低四位D3向高四位进(借)位时,AC=1,否则AC=0。如在进行BCD加法运算时,当D3向D4进位时,自动置AC=1,则执行DA A十进制调整指令时,会根据AC的位状态决定进行加6或加16调整。

③ F0(D5):用户使用位。程序运行过程中,用户可以将一些有用的位标志寄存在这里,以备查询、判断并决定程序流向。如

JB F0,ONE   ;位标志F0为1,程序转向标号为ONE地址处

④ RS1(D4)、RS0(D3):工作寄存器组选择位。51系列单片机内部RAM中有四组共32个(每组8个8位R0～R7)工作寄存器,用户通过对RS1、RS0的设定来选择使用四组工作寄存器中的那一组。表1-2所列为工作寄存器组的选择。

表1-2 工作寄存器选择

RS1	RS0	选择工作寄存器组(RAM中的地址)
0	0	0组(00H～07H)
0	1	1组(08H～0FH)
1	0	2组(10H～17H)
1	1	3组(18H～1FH)

如:MOV   PSW,#08H   ;RS1=0、RS0=1,选择1组工作寄存器
   MOV   R0,#68H   ;将16进制数68H送往工作寄存器1组R0中
   MOV   R1,#50H   ;将16进制数50H送往工作寄存器1组R1中

⑤ OV(D2):溢出标志位。当进行算术运算时,若运算结果发生溢出,则OV=1,否则OV=0。

⑥ X(D1):无效位。未定义。

⑦ P(D0):奇偶标志位。用来判断累加器A中有奇数个1还是偶数个1。若A中有奇数个1,则P=1;反之P=0;如(A)=18H=00011000B;则P=0,奇偶标志位通常在进行数据通信时用来验证数据是否发送正确。如双机通信时,双方协议约定发送的数据为奇数个1,接收方收到数据后可通过判断P是否为1来验证接收的数据是否正确。

(2) 控制器

控制器是用来统一指挥和控制单片机工作的部件，包括程序计数器 PC、指令寄存器 IR、指令译码器、定时控制电路、堆栈指针 SP 和数据指针 DPTR 等。

控制器是单片机的"心脏"。CPU 从程序存储器中取出指令，经总线送到指令寄存器寄存，指令中的操作码分送到指令译码器译码，通过定时控制电路发出控制信号，使单片机中各有关部件协调地工作完成各指令所规定的操作。控制器中几个常用部件：程序计数器 PC、堆栈指针 SP、数据指针 DPTR、时钟发生器及定时控制逻辑电路等。

① 程序计数器 PC(程序指针)：PC 是专用 16 位寄存器，存放的是将要执行指令的地址，它决定了程序执行的流向。单片机上电工作时，PC 指针指向程序存储器 0000H 单元，即单片机复位后 PC=0000H。当程序顺序执行时，CPU 每取出指令的一个字节，PC 就自动加 1，指向下一个字节；当执行中断服务、子程序调用、转移、返回时，把要转向的地址送 PC。

② 堆栈指针 SP：用于保护断点和保护现场的存储区称为堆栈。SP 用来存放堆栈地址，堆栈地址可以指向片内数据存储区 128 字节的任意位置。在 8051 单片机复位时，SP 指向内部数据存储区 07H，即堆栈区的栈底为 07H。SP 指针除了可以选用默认值 07H 外，也可以通过编程设定在内部 RAM 低 128 字节区域(如 MOV SP，#45H；堆栈区的栈底设为 45H)。编程设定堆栈区时，要防止堆栈区与内部数据存储区的数据冲突。

③ 数据指针 DPTR：数据指针 DPTR 是 51 系列单片机中唯一的一个 16 位寄存器，可分成两个独立的 8 位寄存器 DPH、DPL。DPTR 通常用于指向外部数据存储区 64KB 范围内任意地址，以便对外部数据存储区进行读写操作。

如：MOV　　　　DPTR，#3200H　　　;DPTR 指针指向 3200H
　　MOVX　　　@DPTR，A　　　　　;间接寻址，累加器 ACC 内容送往外部
　　　　　　　　　　　　　　　　　;RAM3200H 地址单元

④ 时钟发生器及定时控制逻辑电路：为 CPU 产生工作时钟，控制 CPU 实时工作。

(3) 布尔处理器

所谓的布尔处理，就是数字逻辑电路里的真和假逻辑运算。布尔处理器是 51 系列单片机的突出优点之一，单片机经常要处理是或非的逻辑问题，如果每次都是用一个字节就产生了浪费。布尔处理器可以直接对位变量进行逻辑与、或、异或、取反等操作。51 系列单片机能进行位处理的有：

累加器 ACC，如 JNB ACC.0，TWO；ACC 的最低位为 0，程序转向标号为 TWO 地址处。

内部 RAM 位寻址区(字节地址 20H～2FH，位地址 00H～7FH，128 位)。

特殊功能寄存器 SFR 中字节地址能被 8 整除的，共 11 个(包括并行 I/O 口)。

例1：PSW 字节地址 D0H，可以对 PSW 各位进行位操作。
CLR   PSW.3   ;将 PSW 中的 D3 位清零，即 PSW.3=0
例2：P1 口地址为 90H，可以对 P1 口各位进行位操作。
SETB   P1.0   ;置位 P1.0，即 P1.0=1
例3：Cy，进位标志位，常写作 C
JNC   rel   ;进位标志位为 0，程序转向标号为 rel 地址处

1.3.2　8051 单片机的存储器配置

存储器是计算机中不可缺少的重要部件。存储器用来存储程序和数据，对计算机来说，有了存储器，就有记忆功能，才能保证计算机正常工作。存储器是储存二进制信息的数字电路器件。存储器的种类很多，按其用途可分为主存储器和辅助存储器，主存储器又称内存储器（简称内存），辅助存储器又称外存储器（简称外存）。外存通常是磁性介质或光盘，像硬盘、软盘、磁带和 CD 等。外存能长期保存信息，并且不依赖于电来保存信息，可由机械部件带动，速度与 CPU 相比就显得慢得多。主存储器（内存）是指能与 CPU 直接进行数据交换的半导体存储器，它具有存取速度快、集成度高、体积小、可靠性高、成本低等优点。存放当前正在使用（即执行中）的数据和程序，其物理实质就是一组或多组具备数据输入输出和数据存储功能的集成电路，只用于暂时存放程序和数据，一旦关闭电源或发生断电，其中的程序和数据就会丢失。单片机的主存储器采用半导体存储器。

8051 单片机存储器不同于计算机的普林斯顿结构，采用的是哈佛结构即程序和数据空间独立的体系结构。这种体系结构可以减轻程序运行时的访存瓶颈。如果程序和数据通过一条总线访问，取指和取数必会产生冲突，而这对大运算量的循环的执行效率是很不利的。哈佛结构能解决取指和取数的冲突问题。8051 存储器配置如图 1-4 所示。其存储器在物理结构上有四个存储器空间：片内数据存储区、片外数据存储区；片内程序存储区、片外程序存储区。

1. 程序存储器 ROM(Read Only Memory)

程序存储器为只读存储器，英文简称 ROM。ROM 是由英文 Read Only Memory 的首字母构成的，意为只读存储器。顾名思义，就是这样的存储器只能读。ROM 所存数据，在装入整机前事先写好的，整机工作过程中只能读出，而不像随机存储器那样能快速地、方便地加以改写。ROM 所存数据稳定，断电后所存数据也不会改变；其结构较简单，读出较方便，因而常用于存放编好的用户程序和常数。除少数品种的只读存储器（如字符发生器）通用之外，不同用户所需只读存储器的内容不同。

图 1-4(c)是 8051 程序存储器物理空间分布图，包括片内和片外程序存储器两个部分。程序存储器以 16 位的程序计数器 PC 作为地址指针，故寻址空间为 64 KB。8051 单片机程序存储器的片内和片外空间地址统一编址。片内有 4 KB 的 ROM 空间，地址范围 0000H～0FFFH。片外还可扩展 60 KB 程序存储空间，地址范围

1000H～FFFFH，而 CPU 提供一个控制信号$\overline{EA}$来区分片内 ROM 和片外 ROM。若 8051 内部有程序存储器，则硬件设计时应将$\overline{EA}$接高电平。单片机运行时 PC 首先从片内 ROM 取指令，当地址超过 0FFFH 时，PC 自动转向外部 ROM 取指令。若选用内部无 ROM 的单片机（如早期使用的 8031），则应将$\overline{EA}$接低电平，单片机工作时直接从外部 ROM 取指令。

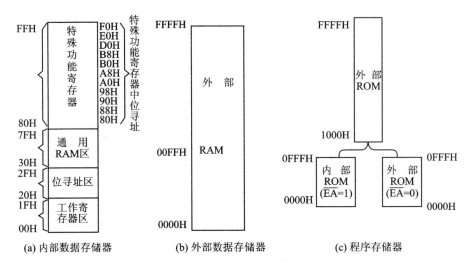

图 1-4　8051 的存储器配置

更改 ROM 内容的过程称为编程（Programming）。为便于使用和大批量生产，进一步发展了可编程只读存储器（PROM）、可擦可编程序只读存储器（EPROM）、电可擦可编程只读存储器（EEPROM）、一次编程只读存储器（OPTROM）、快闪存储器（Flash Memory）等。

可编程程序只读存储器（Programmable ROM，PROM）内部有行列式的熔丝，视需要利用电流将其烧断，写入所需的资料，但仅能写录一次。PROM 在出厂时，存储的内容全为 1，用户可以根据需要将其中的某些单元写入数据 0（部分的 PROM 在出厂时数据全为 0，则用户可以将其中的部分单元写入 1），以实现"编程"的目的。PROM 的典型产品是"双极性熔丝结构"，若想改写某些单元，则可以给这些单元通以足够大的电流，并维持一定的时间，使原先的熔丝即可熔断，这样就达到了改写某些位的效果。另外一类经典的即采"肖特基二极管"的 PROM，在出厂时，某些二极管处于反向截止状态，或用大电流的方法将反相电压加在"肖特基二极管"上，造成二极管永久性击穿。

可擦除可编程只读存储器（Erasable Programmable Read Only Memory，EPROM）利用高电压将资料编程写入，抹除时将线路曝光于紫外线下，则资料被清空，并且可重复使用。通常在封装外壳上会预留一个石英透明窗以方便曝光。

电子式可抹除可编程只读内存（Electrically Erasable Programmable Read Only

Memory,EEPROM)运作原理类似 EPROM,但是抹除的方式是使用高电场来完成,因此不需要透明窗。

一次编程只读内存(One Time Programmable Read Only Memory,OPTROM)写入原理同 EPROM,但是为了节省成本,编程写入之后就不再抹除,因此不设置透明窗。

快闪存储器(Flash Memory)的每一个记忆胞都具有一个"控制闸"与"浮动闸",利用高电场改变浮动闸的临限电压即可进行编程动作。

2. 数据存储器 RAM(Random Access Memory)

数据存储器为随机读写存储器,英文简称 RAM。RAM 是由英文 Random Access Memory 的首字母构成的,意为随机读写存储器。顾名思义,RAM 存储单元的内容可按需随意取出或存入。这种存储器在断电时将丢失其存储内容,主要用于存放运算的中间结果和现场检测的数据等。

图 1-4(a)、(b)是 8051 数据存储器物理空间分布图,同样包括片内和片外存储器两个部分。8051 内部 RAM 共有 256 个单元,地址范围 00H~FFH。片外可扩充 64 KB RAM,地址范围 0000H~FFFFH。片内、片外是两个地址完全独立的存储空间,即采用独立编址。

8051 内部 RAM 分为两个区:其一是数据存储区 RAM 有 128 个单元,可读、写数据,地址空间为 00H~7FH;其二是专用寄存器区,用来存放单片机的 21 个特殊功能寄存器,地址空间为 80H~FFH。21 个特殊功能寄存器以外的地址单元是只能通过间接寻址方式访问。8051 内部 RAM 有 256 个单元,具体功能如下:

(1) 通用寄存器

00H~1FH 为通用寄存器区,共 32 个单元。每组 8 个工作寄存器 R7~R0,共分 4 组 32 个寄存器。表 1-2 所列为工作寄存器选择。选择哪一组工作寄存器由 PSW 中的 D4(RS1)、D3(RS0)的位设置。

(2) 位寻址区

20H~2FH 为位寻址区,共 16 个单元。每个单元的每一位均配有位地址,16 个单元共 128 位,位地址 00H~7FH。通常可将程序中的一些状态标志设置在位寻址区。表 1-3 所列为内部数据存储器中的位地址。这 16 个单元也可按字节寻址,但要防止与使用的位标志冲突。

表 1-3 内部数据存储器中的位地址

字节地址	位 地 址							
	D_7	D_6	D_5	D_4	D_3	D_2	D_1	D_0
2FH	7FH	7EH	7DH	7CH	7BH	7AH	79H	78H
2EH	77H	76H	75H	74H	73H	72H	71H	70H
2DH	6FH	6EH	6DH	6CH	6BH	6AH	69H	68H

续表 1-3

字节地址	位地址							
	D7	D6	D5	D4	D3	D2	D1	D0
2CH	67H	66H	65H	64H	63H	62H	61H	60H
2BH	5FH	5EH	5DH	5CH	5BH	5AH	59H	58H
2AH	57H	56H	55H	54H	53H	52H	51H	50H
29H	4FH	4EH	4DH	4CH	4BH	4AH	49H	48H
28H	47H	46H	45H	44H	43H	42H	41H	40H
27H	3FH	3EH	3DH	3CH	3BH	3AH	39H	38H
26H	37H	36H	35H	34H	33H	32H	31H	30H
25H	2FH	2EH	2DH	2CH	2BH	2AH	29H	28H
24H	27H	26H	25H	24H	23H	22H	21H	20H
23H	1FH	1EH	1DH	1CH	1BH	1AH	19H	18H
22H	17H	16H	15H	14H	13H	11H	11H	10H
21H	0FH	0EH	0DH	0CH	0BH	0AH	09H	08H
20H	07H	06H	05H	04H	03H	00H	01H	00H

(3) 随机读写的 RAM 区

30H~7FH 共 80 个单元,可以随机读写的 RAM 区。程序工作时,一些数据的读、写可从这个区域进行。堆栈也可以通过程序设定安排在这个区域。

当 8051 单片机内部 RAM 不够用时,可以扩展外部 RAM。由于 8051 单片机的地址总线 16 根,所以最多可外扩展 $2^{16}=65\,536=64$ KB,地址范围 0000H~FFFFH,参看图 1-4(b)。从图 1-4(a)、(b)可以看出,片内 00H~FFH、片外数据存储器空间 0000H~00FFH 地址是重叠的。在实际使用中,如何区分是片内 RAM 还是片外 RAM 操作,单片机指令设计中专门安排了对片内、片外数据存储器的操作。

如:MOV　@R0,A　　;间接寻址,累加器 A 内容写入 R0 指向的地址单元中
　　MOVX　@R0,A　　;累加器 A 内容写入 R0 指向的外部低 256 字节地址
　　　　　　　　　　;单元中
　　MOVX　@DPTR,A　;累加器 A 内容写入外部 DPTR(64K)指向地址单
　　　　　　　　　　;元中

只要编程者设计程序时注意指令的正确使用是不会发生数据读错、写错现象的。指令的具体使用见附录 2:MCS-51 指令表及 2、3、4 章项目学习中的应用。

按照存储信息的不同,随机存储器又分为静态随机存储器(Static RAM, SRAM)和动态随机存储器(Dynamic RAM,DRAM)。SRAM 存储电路以双稳态触发器为基础,其一位存储单元类似于 D 锁存器。数据一经写入只要不关掉电源,则

将一直保持有效。而 DRAM 存储电路以电容为基础，靠芯片内部电容电荷的有无来表示信息，为防止由于电容漏电所引起的信息丢失，就需要在一定的时间间隔内对电容进行充电，这种充电的过程称为 DRAM 的刷新。

（4）特殊功能寄存器区

80H～FFH，特殊功能寄存器区。区内离散地分布了 8051 单片机的 21 个特殊功能寄存器，用来完成单片机的特殊功能操作（见表 1-4 特殊功能寄存器），如 8051 系列单片机的定时/计数器（TL0/TH0，TL1/TH1）、I/O 锁存器 P1～P3、串行口数据缓冲器 SBUF、各种控制器和状态寄存器均称为特殊功能寄存器。CPU 可以向访问内部 RAM 一样访问特殊功能寄存器。特殊功能寄存器功能及应用见后续各章节内容。

表 1-4 特殊功能寄存器的地址与功能

特殊功能寄存器符号	在内部 RAM 的地址	位地址		功能
		位符号	地址	
*ACC	E0H	ACC.7～ACC.0	E7H～E0H	累加器，暂存数据
*B	F0H	B.7～B.0	F7H～F0H	寄存器
*PSW	D0H	PSW.7～PSW.0	D7H～D0H	程序状态字
SP	81H			堆栈指针
DPH	83H			数据指针高 8 位
DPL	82H			数据指针低 8 位
*P0	80H	B0.7～B0.0	87H～80H	I/O 端口，P0 口
*P1	90H	B1.7～B1.0	97H～90H	I/O 端口，P1 口
*P2	A0H	B2.7～B2.0	A7H～A0H	I/O 端口，P2 口
*P3	B0H	B3.7～B3.0	B7H～B0H	I/O 端口，P3 口
*IP	B8H	IP.7～IP.0	BFH～B8H	中断优先控制器
*IE	A8H	IE.7～IE.0	AFH～A8H	中断允许控制器
TMOD	89H			定时器方式选择
*TCON	88H	TCON.7～TCON.0	8FH～88H	定时器控制寄存器
TL0	8AH			定时器 T0 低 8 位
TH0	8CH			定时器 T0 高 8 位
TL1	8BH			定时器 T1 低 8 位
TH1	8DH			定时器 T1 高 8 位
PCON	87H			电源控制及波特率选择
*SCON	98H	SCON.7～SCON.0	9FH～98H	串行口控制寄存器
SBUF	99H			串行口数据缓冲器

8051 单片机的位寻址空间共有 211 位,包括位寻址区的 128 位,特殊功能寄存器中能被 8 整除的 11 个寄存器中的 83 位(其中 5 个未用)。表 1-4 中带 * 的特殊功能寄存器可以字节寻址,也可以位寻址。

3. 8051 单片机数据存储器、程序存储器的读写控制

从图 1-4 分析看,程序存储器 ROM 与数据存储器 RAM 中的 1000H~FFFFH 地址空间完全重叠,单片机通过不同的控制信号获取 ROM 与 RAM 的信息。当扩展外部程序存储器时,单片机的控制选通信号 $\overline{PSEN}$ 与外部程序存储器的读信号相连来读取外部程序存储器的程序代码;单片机 P3 口的 P3.6、P3.7 作为 $\overline{WR}$、$\overline{RD}$ 与外部数据存储器的读、写信号相连以向外部 RAM 读取或写入数据信息。单片机硬件设计时要注意这几种信号连接的正确性。具体使用见单片机的控制选通信号 $\overline{PSEN}$ 及单片机 P3 口的第二功能 $\overline{WR}$、$\overline{RD}$ 介绍。

1.3.3　8051 单片机 I/O 接口

单片机 I/O 接口是与外围设备进行信息交流的接口。这些接口有显而易见的人机接口,如键盘、显示,也有无人介入的接口,如网络接口。8051 单片机有 4 个 8 位双向并行 I/O 口:P0、P1、P2、P3,共 32 位。每位均由锁存器、输出驱动、输入缓冲和控制电路组成。P0 口为三态双向口,负载能力为 8 个 TTL 电路(100 μA 的输入电流定义为一个 TTL 负载);P1、P2、P3 口为准双向口(作为输入时,口锁存器必须置 1,故称为准双向口),其负载能力为 4 个 TTL 电路。

在单片机最小资源中,P0、P1、P2、P3 作基本 I/O 口使用,开关量控制。当单片机构成的应用系统需要扩展外部存储器时,即当系统需要地址、数据总线时,P0 口在 ALE 控制下分时用作 8 位数据总线和地址总线的低 8 位;P2 口作地址总线的高 8 位;P3 作特殊功能用;只有 P1 口供用户作基本 I/O 口使用。

1. P0 端口的结构及工作原理

P0 端口 8 位中的一位结构图如 1-5 所示。P0 端口由 D 锁存器、输入缓冲器(读锁存器 A、读引脚 B)、转换开关 MUX、与非门 C、与门 E 及场效应管驱动电路 T1、T2 构成。标号为 P0.X 引脚,也就是说 P0.X 引脚可以是 P0.0~P0.7 的任何一位,即在 P0 口有 8 个电路与图 1-5 是相同的。

(1) 输入缓冲器(读锁存器 A、读引脚 B)

在 P0 口有两个三态缓冲器,读锁存器 A、读引脚 B。三态门有三个状态,即输出端可以是高电平、低电平和高阻状态(或称为禁止状态)。要读取 D 锁存器输出端 Q 的数据,必须使读锁存器的三态控制端有效。要读取 P0.X 引脚上的数据,也要使读引脚的三态缓冲器的控制端有效,引脚上的数据才会传输到单片机的内部数据总线上。

(2) D 锁存器

在 51 单片机的 32 根 I/O 口线中都是用 D 触发器来构成锁存器的。D 锁存器的 D 端是数据输入端,CP 是控制端(即时序控制信号输入端),Q 是输出端,$\overline{Q}$ 是反

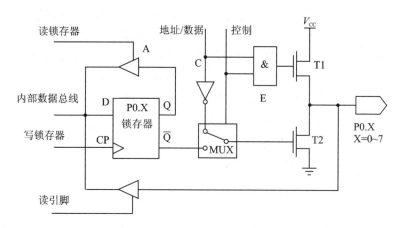

图 1-5 P0 口的电路结构

向输出端。对于 D 触发器而言,当 D 输入端有一个输入信号,如果时序控制端 CP 有时序脉冲,D 端输入的数据就会传输到 Q 及 $\overline{Q}$ 端。数据传送后,当 CP 时序控制端的时序信号消失,输出端还会保持着上次输入端 D 的数据(即把上次的数据锁存起来)。直到下一个时序控制脉冲信号到来,D 端的数据才再次传送到 Q 端,从而改变 Q 端的状态。

(3) 多路开关 MUX

在 51 单片机中,当不需要外扩展存储器时,P0 口可以作为基本输入输出端口(即 I/O)使用。需要外扩存储器时,P0 口就作为"地址/数据"总线使用。多路选择开关 MUX 用于选择 P0 口是作为基本 I/O 口使用还是作为"地址/数据"总线使用。当 MUX 开关打在下方时,P0 口作为 I/O 口使用;当 MUX 打在上方时,P0 口作为"地址/数据"总线使用。

当作为 I/O 口使用时,CPU 内部发出控制信号"0",与门 E 输出为"0",场效应管 T1 截止,多路开关 MUX 与 $\overline{Q}$ 接通。

当作为输出(O)口时,由于输出驱动级的漏极开路,引脚 P0.X 上需外接一上拉电阻(一般 5~10 kΩ)。这时若往 P0.X 口锁存器 D 端写入"1",场效应 T1、T2 截止,当加在 CP 端的写脉冲出现后,外部上拉电阻使 P0.X 引脚上出现"1",即 P0.X 引脚上输出高电平。若往 P0.X 口锁存器 D 端写入"0",场效应管 T2 导通,P0.X 引脚上输出低电平。

当作为输入(I)口时,可以有读引脚信号和读端口(8051 单片机指令中对端口有一类读-改-写指令)两种操作。如 MOV A,P0,执行此指令时发出读信号,"读引脚"使三态缓冲器门打开,经过下方的三态缓冲器直接读引脚数据。进入 CPU 的电平信号与引脚的电平信号一致。再如 CPL P0.0,将 P0.0 端口取反,执行的操作过程:首先发出的读是"读锁存器"通过上面缓冲器读锁存器 Q 端的状态,到 CPU 中修改,再通过写将信号输出至端口。当作输入时,应先向端口锁存器写"1",使 T1、T2 都截止,引脚处于悬浮状态,从而获得高阻抗输入,使口线电平取决于外部输入源。

P0口作数据/地址总线口时,CPU内部发出控制信号"1"使与门输出为"1",场效应管T1导通,多路开关MUX与地址/数据接通。通过P0口输出数据/地址总线信息时,在ALE控制下通过场效应管T1分时地输出地址低8位和数据信息。地址低8位在ALE下降沿存到外部锁存器中。通过P0口输入数据/地址总线时,输入信号经过下方的三态缓冲器进入内部数据总线。

2. P1口电路结构及功能

P1口的每一位结构如图1-6所示。实际使用时P1口是唯一供用户使用的I/O接口。

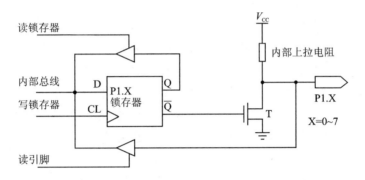

图1-6 P1口的电路结构

当用作输出口时,若输出"1",即向锁存器写入"1",$\overline{Q}=0$,场效应管T截止,输出口线由内部上拉电阻拉成"1"电平。P1.X引脚输出高电平。若输出"0",即向锁存器写入"0",$\overline{Q}=1$,场效应管T导通,P1.X引脚通过场效应管接地输出低电平。当用作输入时,应先向锁存器写"1",使场效应管T截止(防止场效应管T因导通而使P1.X引脚始终为低电平)。P1口线即可由内部上拉电阻拉到高电平,也可由外部输入源拉成低电平。用作输入时,P1.X引脚输入信号经过下方的三态缓冲器进入内部数据总线。

P1口对端口操作与P0口类似,通过读—改—写指令完成操作。

3. P2口电路结构及功能

P2口的每一位结构如图1-7所示。P2口用作基本I/O口,是准双向口;也可作扩展系统的地址总线高8位,单片机应用设计中有地址、数据需求时P2口输出地址总线高8位。

P2口用作I/O口使用时,多路转换开关MUX打向P2口锁存器的Q端。当用作输出口时,若输出"1",即向锁存器写入"1",Q=1,经非门使场效应管T截止,通过内部上拉电阻将输出口线拉成"1"电平。P2.X引脚输出高电平。若输出"0",即向锁存器写入"0",Q=0,经非门使场效应管T导通,P2.X引脚通过场效应管接地输出低电平。当用作输入时,应先向锁存器写"1",使场效应管T截止(防止场效应管T

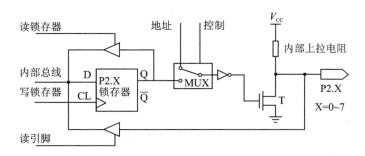

图 1-7 P2 口的电路结构

因导通而使 P2.X 引脚始终为低电平)P2.X 引脚输入信号经过下方的三态缓冲器进入内部数据总线。P2 口对端口操作与 P0 口类似。

4. P3 口电路结构及功能

P3 口的每一位结构如图 1-8 所示。P3 口的第一功能是基本 I/O 口,是准双向口;也可作第二功能的特种功能寄存器使用,实际使用时 P3 口用作特种功能寄存器使用。

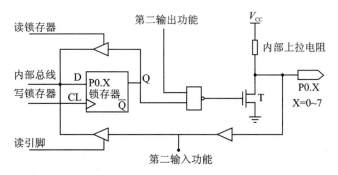

图 1-8 P3 口的电路结构

当 P3 口用作基本 I/O 时,第二输出功能保持"1"电平,P3 口的 I/O 状态与 P1 口相同。

当 P3 口用作第二输出功能时,应先向锁存器写"1",否则口线将被拉成"0",这时 P3.X 口线的状态由第二输出功能的电平决定。

当 P3 口使用第二输入功能时,P3.X 引脚输入信号经过下方的三态缓冲器进入内部数据总线。P3 口对端口操作与 P0 口类似。

P3 口的第二功能定义如下:

P3.0	RXD	串行口数据接收端
P3.1	TXD	串行口数据发送端
P3.2	$\overline{INT0}$	外部中断请求 0
P3.3	$\overline{INT1}$	外部中断请求 1
P3.4	T0	定时/计数器 0

P3.5	T1	定时/计数器1
P3.6	$\overline{WR}$	外部RAM写选通
P3.7	$\overline{RD}$	外部RAM读选通

P3口在应用时一般用作第二功能,具体见特殊功能寄存器的中断源应用、定时器应用、串口应用等章节内容。

1.4 8051单片机的引脚组成及总线结构

1.4.1 8051单片机的引脚组成

要进行8051单片机应用系统设计,应先了解单片机的引脚。8051系列单片机各种型号的引脚是互相兼容的。制造工艺为HMOS的8051系列单片机都采用40引脚双列直插(DIP)封装图,如图1-9所示。制造工艺为CHMOS的80C51/87C51,除采用40引脚DIP封装外,还采用方形封装形式,44只引脚(其中4只引脚是空的),如图1-10所示。

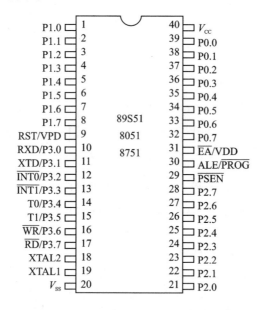

图1-9 8051单片机双列直插式(DIP)引脚配置

1. 主电源引脚 V_{CC} 和 V_{SS}

V_{SS}(20脚):电源接地端。V_{CC}(40脚):+5V电源端。

2. 时钟信号线 XTAL1(19脚) 和 XTAL2(18脚)

8051单片机片内有一个由反向放大器构成的振荡电路,XTAL1为振荡电路的输入端,XTAL2为振荡电路的输出端,单片机的时钟可以用两种方式:

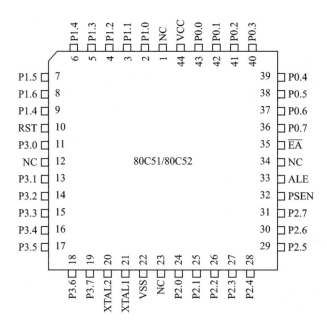

图 1-10 8051 单片机方形引脚配置

(1) 内部时钟方式

利用片内振荡电路,在 XTAL1 和 XTAL2 的引脚上外接电容和石英晶体组成并联谐振电路,以产生内部时钟源,电路具体连接如图 1-11(a)所示。晶体频率一般选 1.2~12 MHz,电容通常选在 20~50 pF 之间,电容的大小影响振荡器振荡的稳定性和起振的快速性。为了保证振荡频率的稳定,在设计电路板时,电容和石英晶体尽量靠近单片机的 XTAL1 及 XTAL2 引脚。

(2) 外部时钟方式

将片外振荡器产生的时钟信号加到 XTAL2 端,XTAL1 接地,外部时钟方式常用于多片单片机同时工作,以便多片单片机同步。如图 1-11(b)为 8051 单片机时钟源的外部振荡方式。

3. 8051 单片机专用控制线

8051 单片机有四根专用控制线,用来完成单片机复位控制、外部程序存储器读控制、地址锁存允许控制及外部程序存储器访问控制。

(1) RST(9 脚)

RST 为复位信号输入引脚。单片机复位有上电复位和按键复位。单片机通电或按下复位键时,利用电容充电原理在 RST 引脚产生两个机器周期以上的高电平,完成一次复位操作。单片机运行出错或进入死循环时,可通过重新上电或按复位键使进入死循环的程序回到原始状态(PC=0000H)重新运行程序。复位不影响内部 RAM 的状态,复位后内部各寄存器的状态如表 1-5 所列。8051 单片机通常采用的上电自动复位和按键手动复位电路设计如图 1-12(a)、(b)、(c)所示。复位电路中

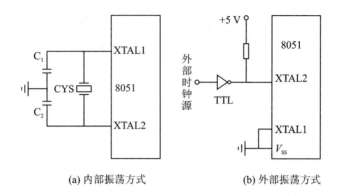

(a) 内部振荡方式 　　　　　(b) 外部振荡方式

图 1-11　8051 单片机时钟源的产生

的电容、电阻取值依据图 1-12 所示。

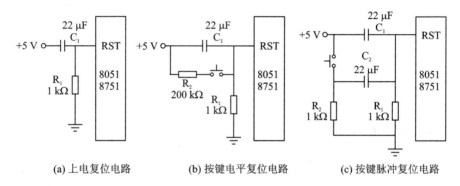

(a) 上电复位电路　　　(b) 按键电平复位电路　　　(c) 按键脉冲复位电路

图 1-12　8051 单片机复位电路

表 1-5　单片机复位后有关特殊功能寄存器的状态

特殊功能寄存器	初始状态	特殊功能寄存器	初始状态
A	00H	TMOD	00H
B	00H	TCON	00H
PSW	00H	TH0	00H
SP	07H	TL0	00H
DPL	00H	TH1	00H
DPH	00H	TL1	00H
P0～P3	FFH	SBUF	××××××××B
IP	×××00000B	SCON	00H
IE	0××00000B	PCON	0×××××××B

(2) $\overline{\text{PSEN}}$(29 脚)

外部程序存储器的读选通信号。当需要扩展外部程序存储器时,该信号与外部程序存储器读信号连接。从内部程序存储器取指令,该信号不激发。在访问外部程序存储器期间,每个机器周期激发两次。其内容可阅读 1.5.3 节中 8051 单片机访问外部 ROM 和 RAM 的时序介绍。

(3) ALE/$\overline{\text{PROG}}$(30 脚)

ALE 是地址锁存允许信号。单片机外接时钟电路后自然产生,输出信号的频率为时钟振荡频率的 1/6。一个机器周期两次,高电平有效,如图 1-13 所示。在访问外部存储器时,该信号上升沿在 S_1P_2 期间将 P0 口送出的低 8 位地址信息锁存在外接锁存器输出端并维持至 S_4P_2 期间即 ALE 再次变为高电平前。在 ALE 为低电平阶段,P0 口输出数据信息,从而可以使 P0 口承担输出数据总线和地址总线低 8 位的复用功能。对于带有 EPROM 的单片机(如 8751),在进行 EPROM 编程时,该脚用作编程脉冲输入端 $\overline{\text{PROG}}$。

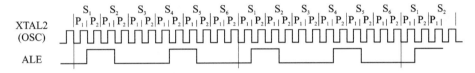

图 1-13 地址锁存允许信号时序图

(4) $\overline{\text{EA}}$/VPP(31 脚)

访问外部程序存储器控制信号。当 $\overline{\text{EA}}$ 接低电平时,不管单片机内部有无程序存储器时,单片机只访问外部程序存储器。若单片机内部有程序存储器,如 8051 内部有 4 KB ROM,则 $\overline{\text{EA}}$ 必须接高电平。单片机上电工作后,首先访问内部程序存储器,内部程序存储器内容读完之后,PC 自动指向外部程序存储器,实现对外部程序存储器的访问。若单片机内部无程序存储器(如 8031 单片机),硬件连接时应将 $\overline{\text{EA}}$ 接地。对于带有 EPROM 的单片机,在 EPROM 编程期间,该脚用于施加 21 V 的编程电压 V_{PP}。

(5) 输入/输出引脚

单片机 I/O,共 32 根,分别为 P0(32 脚~39 脚)、P1(8 脚~1 脚)、P2(28 脚~21 脚)、P3(17 脚~10 脚)。具体使用要看其在系统中的作用。

1.4.2 8051 单片机的总线结构

单片机的 P0 口、P2 口、P3 口构成了单片机的三大总线。总线系统是共享的,为 CPU、存储器、I/O 设备之间交换数据提供了访问通道。单片机在实际使用中,常常通过三总线扩展外部存储器、I/O 口等。图 1-14 为 8051 单片机三总线结构图。

1. 数据总线(DB,双向)

数据总线 DB(Data Bus)用于传送数据信息。数据总线是双向三态形式的总线,既可以把 CPU 的数据传送到存储器或输入输出接口等其他部件,也可以将其他部件的数据传送到 CPU。数据总线的位数是微型计算机的一个重要指标,通常与微处理的字长一致。例如 Intel8086 微处理字长 16 位,其数据总线宽度也是 16 位。需

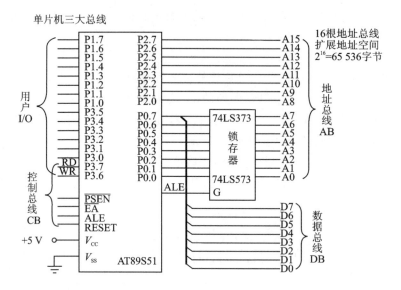

图 1-14 8051 单片机总线结构图

要指出的是,数据的含义是广义的,可以是真正的数据,也可以是指令代码或状态信息,有时甚至是一个控制信息。因此,在实际工作中,数据总线上传送的并不一定仅仅是真正意义上的数据。8051 单片机的数据总线由 P0.7～P0.0 组成,数据总线宽度是 8 位,习惯上写为 D7～D0 或 AD7～AD0。8051 单片机的 P0 口是数据总线及地址总线低 8 位复用口。在用 MOVX、MOVC 指令或执行外部程序存储器中的指令时,P0 口首先输出(低)8 位地址,然后再输出数据。

2. 地址总线(AB)

地址总线是单向的,用来确定存储器地址、I/O 地址。MCS-51 单片机有 16 根地址线(A15～A0),由 P0、P2 口构成。P0 口是地址低 8 位和数据总线复用口。其分离地址低 8 位原理如图 1-15 所示。图中选用三态缓冲输出的 8D 锁存器 74LS373,单片机 P0 口接入 74LS373 数据输入端的 D7～D0 端。$\overline{OE}$ 三态允许控制端,低电平时,输出端 Q7～Q0 用来驱动负载或总线。$\overline{OE}$ 为高电平时,Q7～Q0 呈高阻态,即不驱动总线,也不是总线的负载。LE 锁存允许端,接地址锁存允许信号 ALE。ALE 为高电平时,Q7～Q0 随数据 D7～D0 而变;ALE 为低电平时,Q7～Q0 将 D7～D0 的信息锁存。

以图 1-18 访问外部 ROM 为例,P0 口在一个机器周期内,S1P2 到 S2P2 及 S4P2 到 S5P2 输出地址低 8 位。S3P1 到 S4P1 期间,P0 口输出数据信息。在 S1P2 到 S2P2 及 S4P2 到 S5P2 期间,ALE 为高电平,74LS373 将地址信号 P0.7～P0.0 输出到 Q7～Q0,产生地址低 8 位 A7～A0,并锁存到 S4P1 前。在这期间,从 74LS373 的输出端口即可读到地址低 8 位信息。P2 口在整个机器周期均输出地址高 8 位 A15～A8,所以通过 P2 口及 74LS373 的输出端可以得到 16 位地址 A15～A0。

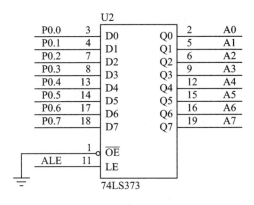

图 1-15 74LS373 在 ALE 控制下的地址锁存原理图

S3P1 到 S4P1 期间直接从 P0 口读取输出数据信息。

3. 控制总线（CB）

控制总线用来传送各种控制信息，协调计算机各部分工作。单片机有 4 条专用控制线（ALE、$\overline{EA}$、REST、$\overline{PSEN}$）及 P3 口的 P3.7（$\overline{RD}$）、P3.6（$\overline{WR}$）。ALE 用来控制分离 P0 的地址及数据信息。$\overline{EA}$用来控制 CPU 读取 MCS-51 单片机内部还是外部程序存储器中的代码。REST 用来控制程序指针回到初始状态。$\overline{PSEN}$用来控制对外部程序存储器中的代码的读。$\overline{RD}$用来控制对总线上所有信息的读（外部程序存储器除外）。$\overline{WR}$用来控制对总线上所有信息的写，包括外部程序存储器。

1.5 8051 单片机的工作时序

单片机是在控制器所产生的各种控制信号下统一协调工作的。为了达到统一协调工作的目的，各种控制信号都严格地定时发出。定时脉冲由定时振荡器产生，见时钟信号线 XTAL1 和 XTAL2。由于指令不同，故执行时间存在差别，为了便于说明，人们按指令的执行过程规定了几种周期。下面介绍一下 8051 单片机的几种周期及相互关系。

1.5.1 8051 单片机的几种周期及相互关系

1. 振荡周期、状态周期、机器周期和指令周期

（1）振荡周期

为单片机提供定时信号的振荡器所产生的时钟脉冲周期，称振荡周期。它是微型计算机的最基本的时间单位，在一个振荡周期内，CPU 仅完成一个基本操作。

（2）状态周期

是振荡周期的两倍，一个状态周期包含两个时钟脉冲，习惯上称 P_1 节拍、P_2 节拍，见图 1-16 中的 8051 单片机的工作时序所标。一般，算术、逻辑运算在 P_1 期间进行,内部寄存器之间的数据传送在 P_2 期间进行。

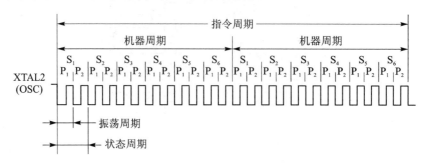

图 1-16　8051 单片机各种周期的相互关系

(3) 机器周期

机器周期为单片机的基本操作周期。在一个操作周期内,单片机完成一项基本操作,如取指令、存储器读、存储器写等。一个机器周期由 12 个振荡周期 S_1P_1、S_1P_2、S_2P_1、S_2P_2、…、S_6P_1、S_6P_2。6 个状态周期由 S_1、S_2、S_3、S_4、S_5、S_6 组成。

(4) 指令周期

是指 CPU 执行一条指令所需要的时间。一个指令周期通常有 1～4 个机器周期,指令不同所需机器周期不同。

2. 振荡周期、状态周期、机器周期和指令周期的计算

若 8051 单片机的引脚 XTAL1 和 XTAL2 外接晶振为 $f_{OSC}=6$ MHz 时,根据以上所述则单片机的四个周期的具体值为:

振荡周期 $=1/f_{OSC}=1/(6\text{ MHz})=1/(6\text{ MHz})=0.167\ \mu s$;

状态周期 $=$ 振荡周期的 2 倍 $=2\times 1/(6\text{ MHz})=0.333\ \mu s$;

机器周期 $=12$ 个振荡周期 $=12\times(1/(6\text{ MHz}))=2\ \mu s$;

指令周期 $=2\sim 8\ \mu s$(根据具体的指令决定)。

1.5.2　8051 单片机指令的取指和执行时序

8051 单片机指令系统中,指令的长度为 1～3 字节,指令的执行时间为单周期、双周期和四周期(只有乘、除法指令)。CPU 从内部或外部程序存储器中读指令或操作码,然后执行这条指令的功能。在一个机器周期内,ALE 信号在 S_1P_2 和 S_4P_2 出现两次,每出现一次,CPU 就进行一次取指操作。

对于单字节、单周期指令,在一个机器周期内,ALE 首次高电平出现时,进行了第一次取指操作,当 ALE 第二次出现时仍有一次读操作,但程序计数器不加 1,读入的仍是原来的字节,属于无效操作,如图 1-17(a)所示。

对于双字节、单周期指令,在一个机器周期内,ALE 两次出现时,进行的取指操作,均属于有效操作,如图 1-17(b)所示。

对于单字节双周期指令,在两个机器周期内,发生四次读操作码过程,但由于是单字节指令,故后3次读操作均无效,如图1-17(c)所示。

图1-17(d)是访问外部数据存储器指令 MOVX @DPTR,A 的时序图,这也是一条单字节双、周期指令,在第一个周期 S_1P_2 取指后,在 S_5 开始送出片外数据存储器的地址,随后执行的是对外数据存储器的写操作,在此期间无 ALE 信号,所以在第二个机器周期不产生取指操作。

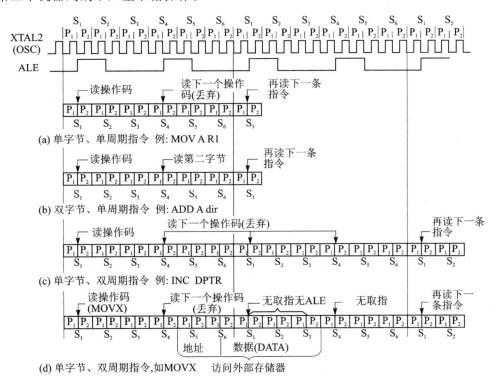

图 1-17　8051 单片机的工作时序图

1.5.3　8051 单片机访问外部 ROM 和 RAM 的时序

1. 访问外部 ROM 的时序

当 CPU 从外部 ROM 取指令时,在整个取指过程,P2 口始终输出地址的高 8 位,P0 口输出的地址低 8 位,只从 S_1P_2 到 S_2P_2 结束,如图 1-18 所示。P0 口输出地址低 8 位时,外接一地址锁存器如 74LS573(或 74LS373),在 ALE 有效期间,将地址低 8 位锁存。在 S_3P_1 时刻,$\overline{PSEN}$ 有效,由于 $\overline{PSEN}$ 控制外部 ROM 的读信号端,这时 CPU 便可以读出 ROM 中经 P0 口锁存的地址低 8 位和 P2 口输出地址的高 8 位共同组成的 16 位地址单元的内容,然后 $\overline{PSEN}$ 即失效。在 S_4P_2 开始第二次读入外部 ROM 的用户指令,过程与第一次相同。

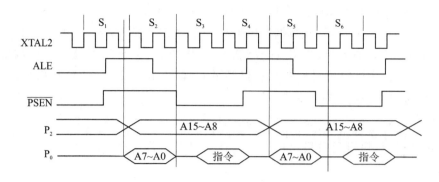

图 1-18 CPU 访问外部 ROM 的时序

2. 访问外部 RAM 的时序

在访问外部 RAM 时，P0 端口作为地址和数据的分时复用，P2 端口作为地址的高 8 位。如执行指令 MOVX　@DPTR，A。第一个机器周期，P0 端口将先输出低 8 位地址，P2 端口将输出高 8 位地址，并利用 ALE 信号使其锁存起来。第二个机器周期，读信号 $\overline{RD}$ 有效，这样便将外部 RAM 中的数据从单片机 P0 端口输入。

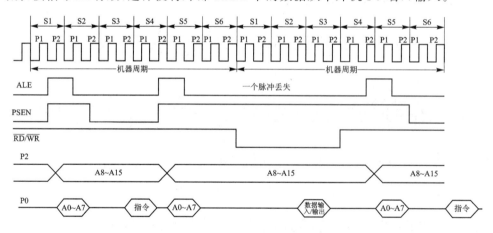

图 1-19 访问外部 RAM 时序

1.6　单片机的发展趋势

现在可以说单片机是百花齐放、百家争鸣的时期，世界上各大芯片制造公司都推出了自己的单片机，从 8 位、16 位到 32 位，数不胜数，应有尽有，有与主流 C51 系列兼容的，也有不兼容的，但它们各具特色，互成互补，为单片机的应用提供广阔的天地。纵观单片机的发展过程，可以预示单片机的发展趋势，其特点是：

1. 低功耗 CMOS 化

8051 系列的 8031 推出时的功耗达 630 mW,而现在的单片机普遍都在 100 mW 左右,随着对单片机功耗要求越来越低,现在的各个单片机制造商基本都采用了 CMOS(互补金属氧化物半导体工艺)。像 80C51 就采用了 HMOS(即高密度金属氧化物半导体工艺)和 CHMOS(互补高密度金属氧化物半导体工艺)。CMOS 虽然功耗较低,但由于其物理特征决定其工作速度不够高,而 CHMOS 则具备了高速和低功耗的特点,这些特征,更适合于在要求低功耗像电池供电的应用场合。所以这种工艺将是今后一段时期单片机发展的主要途径。

2. 微型单片化

现在常规的单片机普遍都是将中央处理器(CPU)、随机存取数据存储器(RAM)、只读程序存储器(ROM)、并行和串行通信接口、中断系统、定时电路、时钟电路集成在一块单一的芯片上,增强型的单片机集成了如 A/D 转换器、PMW(脉宽调制电路)、WDT(看门狗),而有些单片机将 LCD(液晶)驱动电路都集成在单一的芯片上,这样单片机包含的单元电路就更多,功能就越强大。单片机厂商还可以根据用户的要求量身定做,制造出具有用户特色的单片机芯片。此外,现在的产品普遍要求体积小、重量轻,这就要求单片机除了功能强和功耗低外,还要求其体积要小。现在的许多单片机都具有多种封装形式,其中 SMD(表面封装)越来越受欢迎,使得由单片机构成的系统正朝微型化方向发展。

3. 主流与多品种共存

现在虽然单片机的品种繁多,各具特色,但仍以 80C51 为核心的单片机占主流,结构和指令系统兼容的有 Philip 公司的产品,Atmel 公司的产品和中国台湾的 Winbond 系列单片机。所以 C8051 为核心的单片机占据了半壁江山。而 Microchip 公司的 PIC 精简指令集(RISC)也有着强劲的发展势头,中国台湾的 HOLTEK 公司近年的单片机产量与日俱增,与其低价质优的优势,占据一定的市场份额。此外还有 Motorola 公司的产品,日本几大公司的专用单片机。在一定的时期内,这种情形将得以延续,将不存在某个单片机一统天下的垄断局面,走的是依存互补,相辅相成和共同发展的道路。

4. 单片机的未来

单片机用户(原始设备制造商)面临着三大挑战:通过特性、性能或价格实现终端产品差异化;通过缩短产品上市时间以补偿在复杂设计上日益增长的投资;力求在不增加成本的前提下达成上述两大目标。这些挑战构成了未来单片机发展的基础,为了体现终端产品的差异化,原始设备制造商争先恐后地为其产品增添诸多的新特性。

① 用户接口:用户接口正迅速由旋钮和按钮转变为触摸感测,未来的单片机产品必须能够应对这种复杂性,并向原始设备制造商提供易于使用的触摸感测接口。

② 连接性:系统用户正设法提高其系统与其他系统在本地或远程连接的能力。

③ 显示器:未来的单片机将使用内置的 QVGA 技术以提供便于连接到大型显

示器的接口。

④ 低功耗：提供低功耗模式，如在休眠模式和待机模式下功耗可低至纳瓦数量级。

⑤ 高电压：转向高电压可以在汽车和工业等应用中获取更高效率。为了克服瞬间效应，单片机需要在 40 V、60 V 甚至更高电压下正常工作。

⑥ 缩短产品的上市时间，要求单片机制造商提供更多更卓越的开发工具链，包括编译器、集成开发环境（IDE）、调试器、RTOS、图形工具（如 GUI）、参考设计以及代码库等。越来越多的用户缺乏足够的技术资源，希望单片机供应商能提供技术支持来帮助用户完成设计。对许多应用而言，技术资源的效率比硅片成本更为重要。因此具有成本效益的迁移路径日益受到关注，用户可在同一个单片机上进行新的设计，或者选择一个具有相同封装引脚输出和相似外设的单片机，并重新使用大部分的代码，从而保护用户在固件方面的资金投入。

本章总结

本章主要内容可归纳以下几点：

（1）8051 系列单片机主要包括：8 位微处理器 CPU、只读程序存储器 ROM、可以随机读写的数据存储器 RAM、复位电路、时钟电路、4 个 8 位并行 I/O 口。它们是靠数据总线、地址总线、控制总线集成在一起。

（2）8 位微处理器 CPU 包括运算器、控制器。运算器实现数据的算术、逻辑运算处理、位变量处理和数据传送操作；控制器用来统一指挥和控制计算机工作。

（3）8051 系列单片机的存储器由四个物理空间，但由于程序存储器的物理空间是统一编址（看成一个空间），数据存储器的物理空间是独立编址（两个空间），所以单片机的存储器又可理解成 64 KB 程序空间、片内 256 字节数据存储空间、片外数据存储空间 64 KB。

（4）8051 系列单片机的 4 个 8 位并行 I/O 口可作基本输入/输出口，但在系统使用时，只有 P1 口作基本输入/输出口；P0 口作地址/数据复用口；P2 口作地址的高 8 位使用；P3 口作特殊功能使用，用来作 2 个 16 位定时器/计数器、2 个外部中断、一个串行全双工 I/O 口及数据存储器的读写选通信号。

（5）8051 系列单片机有 4 个专用控制线：RST，产生两个以上机器周期，使 8051 系列单片机从初始状态工作 0000H 开始工作；$\overline{\text{PSEN}}$，外部程序存储器的读选通信号，当扩展外部程序存储器时，此信号接外部程序存储器的读信号；$\overline{\text{EA}}$，程序存储器片内、片外控制信号，若 8051 系列单片机内部有程序存储器，此信号应接高电平；ALE，地址锁存允许信号，用来分离 P0 口的地址/数据。

（6）当单片机暂时不工作或使用在供电困难及节电场所时，可以由特殊功能寄存器中电源控制寄存器 PCON 的有关位来控制其工作在低功耗方式，从而使单片机的用电量大大降低。

思考与练习

(1) 单片机由哪几部分组成？试叙述各部分作用。

(2) 8051 单片机有多少个特殊功能寄存器，主要完成什么功能？8051 单片机中的 ACC、PSW、PC、DPTR、SP 主要用来完成什么任务？

(3) 8051 单片机有多少个 8 位并行 I/O 口，有多少个串行口？其三大总线是什么？有何作用？地址总线、数据总线各有几位？

(4) 8051 单片机复位端的作用是什么？如何设计复位电路，复位后内部 256 字节的哪些内容受到影响？

(5) 8051 系列单机的存储器空间是如何划分的？各自的地址空间是多少？如何能正确对程序存储器、数据存储器操作？如何能正确对片内、片外数据存储器操作？

(6) 8051 系列单片机有几条专用控制线？试叙述各自的功能。

(7) 在单片机 RAM 中哪些字节有位地址，哪些地址没有位地址，特殊功能寄存器中安排位地址的作用何在？

(8) 绘制单片机最小系统原理图。

第2章 单片机最小资源组成及应用

什么是输入/输出接口?

——主机与外部外备进行数据传输所需要的信息交换中间环节(interface)。接口本身不是外设,但它承担了与外设通信的任务。

为什么需要输入/输出接口?

——接口技术要解决的是如何使计算机内部(CPU)和外部两个环境性质和工作节奏截然不同的世界之间能够交流信息(数据、状态和控制信号),包括:

① 速度匹配问题;

② 信号类型匹配问题;

③ 数据传输格式一致问题。

1. 教学目标

最终目标:学会单片机 I/O 接口与外部设备进行信息交互。

促成目标:

① 学会绘制单片机输入采集及输出控制原理图;

② 学会使用汇编语言编程控制单片机的输入及输出信息;

③ 能使用万用表测试单片机最小系统及 I/O 接口工作时出现的故障。

2. 工作任务

① 单片机 I/O 接口在构成应用系统时的作用;

② 单片机 I/O 接口基本功能;

③ 单片机 I/O 接口的信息种类;

④ 单片机 I/O 接口的访问方式;

⑤ 单片机 I/O 端口的编址方式;

⑥ 单片机 I/O 端口与外围设备进行信息交流原理图设计及软件编程控制。

2.1 计算机基本输入输出接口概述

计算机的输入输出(Input/Output interface,I/O)是计算机系统中不可缺少的重要组成部分,没有它,计算机只是一个聪明的"瞎子和哑巴",既不知道人要它做什么,也不知道把计算机的结果反映出来,没有 I/O,再高档的计算机也无法为人服务。现代计算机系统中外部设备种类繁多,各类外部设备不仅结构和工作原理不同,而且与主机的连接方式也可能完全不同。为了方便将主机与各种外设连接起来,并且避免主机陷入与各种外设打交道的沉重负担之中,需要一个信息交换的中间环节,这个主机与外设之间的交接界面就称为输入/输出接口,简称I/O。

I/O在计算机中是处于怎样一个位置?一台计算机一般包括主机、显示器、打印机、键盘、鼠标及一系列设备。而主机又包含了电源、主板,还能进一步分为CPU、RAM、ROM、硬盘、软驱,这些器件组成了计算机系统。显示器、键盘等都是计算机的外围设备。主板上的CPU加上RAM才是真正意义上的"脑",它们具备了"思考"和"记忆"的能力,但仅有它们的记忆和思考却是不够的,必须通过键盘告诉电脑该做什么,这些事该怎么做,而电脑也要把执行程序的结果显示在屏幕上才能说完成了任务。计算机中的CPU和外围设备(也称外设)进行沟通,必须通过输入/输出接口。在实际应用中,程序、数据或从现场采集到的各种信号要通过输入设备送到计算机中去处理。计算机处理后的结果或各种控制信号要输出到输出装置或执行机构,以便显示、打印或实现各种控制动作。常用的输入装置有键盘和各种现场采集装置(如条码扫描仪);输出装置有打印机、显示器和现场执行机构(如接触器、继电器等)。

某些通用集成电路芯片可以用作I/O接口,如74LS373(锁存器芯片)、74LS165(并行输入串行输出移位寄存器芯片)等。但大量的I/O接口芯片是专门为计算机设计的,如ADC0809(模数转换芯片)、MAX232(电源电平转换芯片)、8255(可编程并行接口芯片)等。一般说,I/O接口电路应有以下功能:

① 数据缓冲:因外围设备的工作速度与微计算机速度不同,所以在数据传送过程中常需要等待,这就要求I/O接口电路中设置缓冲器,用以暂存数据。如74HC245,是典型的CMOS型三态缓冲门电路。

② 信号变换:计算机使用的是数字信号,有些外围设备需要或提供模拟信号,两者必须通过接口进行变换。计算机通信时,信号常以串行方式进行传送,而计算机内部的信息是以并行方式传送的,这时,I/O接口必须有将并行数据转换成串行数据或将串行数据转换成并行数据的功能。如74LS165、74LS164。

③ 电平转换:计算机输入/输出的信号大都是TTL电平,如外围设备不是TTL电平,那么接口电路要完成电平转换工作。如上面提到的MAX232,是美信(Maxim)公司专为RS-232标准串口设计的单电源电平转换芯片。

④ 传送控制命令和状态信息:主机与外围设备传送数据时,通常要了解外围设备的工作状态,如外围设备忙、闲、是否有故障等。同时主机还要对外围设备的工作进行控制,这就存在控制命令和状态信息的传送问题,这也要由I/O接口电路完成。

计算机与外围设备间传送三种信息:数据信息、状态信息和控制信息。如计算机与打印机接口时,计算机将待打印的字符代码(数据信息)送入电路锁存,同时通过I/O电路送出控制信息启动打印机接收字符代码并打印一行字符。打印完后,打印机要通过I/O电路向计算机发出打印机"空闲"的状态信息,使计算机再次输出数据。

三种信息的性质不同,必须加以区分。因此,在I/O接口内部,必须用不同的寄存器来存放,并赋以不同的地址即端口地址,以便确定当前传送的信息是哪一类信息。所以,一个外围设备所对应的接口电路可能需要分配几个端口地址。CPU 寻址的是端口,而不是笼统地外围设备。如图 2-1 是 I/O 接口的基本结构示意图。I/O 接口加上在其基础上编制的 I/O 程序,构成了 I/O 技术。

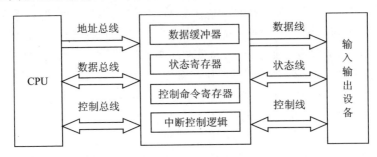

图 2-1 I/O 接口的基本结构示意图

2.2 输入输出接口的编址方式

由于 CPU 通过 I/O 接口与外围设备交换信息,就要对 I/O 接口编址,或者说对 I/O 电路的端口编址。选中了端口地址就选中了端口所在的 I/O 接口,从而选中了对应的外围设备。一个 I/O 接口可能分配有多个端口地址,采用端口编址的方法可以区分同一外围设备的多种不同信息。端口的编址方法有以下两种。

1. I/O 接口与存储器统一编址

这种编址方法是将 I/O 端口作为存储器的一个单元对待,分配一个地址。8051 系列单片机即采用这种编址方法,如 P1 端口作为单片机内部数据存储器 90H 单元,P3 端口作为单片机内部数据存储器 B0H 单元。CPU 访问端口也就访问了外围设备。访问存储器的指令可以用来访问端口而不再需要专用的 I/O 接口指令,但这种编址方式占用部分存储器空间,使存储器有效空间减少。

2. I/O 接口单独编址

这种编址方法是将 I/O 接口与存储器分别编址,CPU 与外围设备交换信息时采用专门指令,通常只需要 8 位二进制编码地址。这种方式不占用存储空间,对外围设备访问速度快。

2.3 输入输出接口的工作方式

CPU 与外围设备进行数据传送的方式共有以下四种:无条件传送方式、查询传送方式、中断传送方式、直接数据信道(DMA)传送方式。

1. 无条件传送方式

用这种方式传送数据时,可认为外围设备随时处于准备就绪状态。CPU 要输入数据时,只要执行输入数据的指令就可输入所需信息,如从8051系列单片机的P1口读入数据,只需执行MOV A,P1指令;与端口P1相连接的外围设备的信息会通过单片机内部总线送往CPU。要输出数据时,只要执行输出数据的指令MOV P1,A,输出信息就会被外围设备接收。这种传送方式简单,所需硬件设备少,只适用于无定时要求和定时时间固定的外围设备。

2. 查询传送方式

如果外围设备还有其他事务要处理,如CPU要输入数据时,外围设备可能还没准备好;如要输出数据时,输出的数据还不能被外部设备接收。所以,CPU在传送数据前,有必要查询外部设备的状态,确信它准备好后,再进行数据传送;否则,CPU将等待。这种先查询、后传送的方式称为查询传送方式。分析图2-2查询传送方式的工作流程和图2-3查询方式输入接口电路可以理解查询方式的工作过程。如图2-3所示,当输入装置的

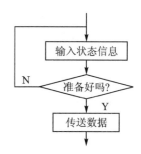

图2-2 查询传送方式的工作流程

数据准备好后,通过D触发器发出一选通信号。它一方面把数据锁入数据锁存器,另一方面使状态触发器(D触发器)输出Q置1,记下数据已准备好这一状态。当CPU从P0口检测到数据准备好的状态信息($D0=1$)时,即可读取输入设备的数据。

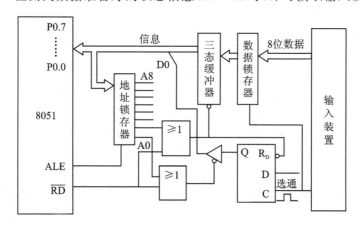

图2-3 查询方式输入接口电路

由于8051的P0口线是分时复用地址/数据总线,在ALE下降沿,地址锁存器输出并锁存地址低8位,在CPU读($\overline{RD}=0$)状态端口(端口地址=FEH,A0=0)时,$\overline{RD}$与A0共同产生有效的开门信号,打开三态门,使输入装置的选通信号经P0口输入到CPU中;当CPU得到可以读数据的信息时,指向数据口(端口地址FDH,A1=0)并发出读信号($\overline{RD}=0$),从而打开三态缓冲器,数据便经P0口输入到CPU中;同时,还要将状态触发器清零,等待下一次请求。程序实现如下:

```
        ORG     0000H
        MOV     R0,#0FEH        ;指向状态端口
TEST:   MOVX    A,@R0           ;读取状态信息
        JNB     ACC.0,TEST      ;输入装置准备好吗？D=0 继续等待
        DEC     R0              ;数据准备好,指向数据端口
        MOVX    A,@R0           ;读入数据
        ...
```

3. 中断传送方式

查询方式可以解决中、慢速外围设备与 CPU 传送数据时存在的速度差异问题，实现数据的可靠传送。但是，CPU 在外围设备未准备好时，只能等待，不能做其他事情，从而降低了 CPU 的利用率。在实时要求比较严格的场所，这样做是不允许的，此时可以采用中断传送方式。

在 CPU 和外围设备同时工作时，CPU 不用查询外围设备的状态，可以做自己的工作，即执行主程序；当外围设备准备好后，主动向 CPU 发出请求信息，此信息经 I/O 接口转换为中断请求信号，要求 CPU 为外围设备服务。CPU 响应中断时，会暂时停下主程序运行，进行断点保护后，转去执行中断服务程序（与外围设备交换数据），数据交换完后，恢复现场，CPU 返回原来的程序继续执行下去。中断过程如第 3 章的图 3-8 所示。

从查询传送方式和中断传送方式的工作过程比较看，采用中断方式与外围设备进行数据交换后，将 CPU 从反复查询设备状态中解放出来，提高了 CPU 的工作效率。

4. 直接数据信道传送（DMA）方式

信道是指传送数据和信息的物理通道。查询传送方式和中断传送方式传送数据必须经过 CPU 中转，从而使数据的传送速率受到限制，高速度的外围设备与计算机传送大量数据时，常采用直接数据信道传送方式。例如，磁盘与内存交换数据时就采用这种方式。此时，CPU 必须暂停外部操作，交出总线控制权，改由 DMA 控制器进行控制，使外围设备与内存利用总线直接交换数据，不经过 CPU 中转，也不用中断服务程序，更不需要保存、恢复现场，所以传送速度比中断方式快得多。

2.4 8051 单片机输入输出接口设计

项目引入：8051 单片机 I/O 接口外接指示灯及按键控制。

2.4.1 8051 单片机输入输出接口概述

8051 单片机有 4 个 8 位双向并行输入/输出（I/O）端口：P0、P1、P2 和 P3，共 32 位。从单片机资源认识章节中可知：P0 口为三态双向口，P1、P2、P3 口为准双向口。此四个端口都可以作为单独的输入或输出使用，即每一只 I/O 脚位即可以作为输入用，也可以作为输出用。当作为输出时，每一只引脚可以以位编程输出高电平"1"或低电平"0"驱动外部电路；也可以以字节编程驱动外围电路。同样当用作为输入时，

每一只引脚可读入位状态"1"或"0",或读入字节(数值)以判断外围设备动作。

如： SETB　P1.0　　　　;P1口第0位输出高电平"1"
　　　MOV　 P2,#46H　　 ;P2口8位输出"01000110"
　　　MOV　 A,P0　　　　;读入P0口数据

2.4.2　8051单片机输入输出(I/O)端口应用

单片机的I/O接口既可以作输入端口又可以作输出端口。设计一个通过单片机I/O接口控制LED及判断按键的原理图,如图2-4所示。图中K1～K4通过上拉电阻R10～R13与P0口相接,作输入接口使用;D1～D8发光二极管阴极接P1口,其阳极经过限流电阻与电源+5V相接。

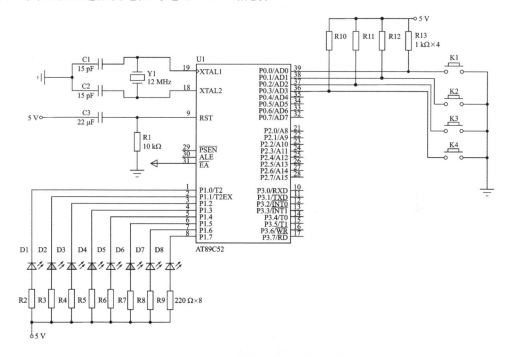

图2-4　MCS-51单片机基本输入输出原理图

问题1:根据图2-4电路设计与编程,以控制单片机开机后D1、D2、D3、D4、D5、D6、D7、D8二极管发光。

问题2:根据图2-4电路设计与编程,以控制当按下K1键时,D1二极管发光;按下K2键时,D2、D3、D4二极管发光;按下K3键时,D5、D6、D7、D8二极管发光;按下K4键时二极管全部熄灭。

硬件电路分析:

1)问题1,从图2-4可以看到:八个发光二极管D1～D8分别连接P1口的P1.0～P1.7,根据发光二极管的工作性质及电路连接方式,只需控制相应的位为低电平,发光

二极管即可发光。

2)问题2,从图2-4可以看到:

① K1~K4键经过上拉电阻分别连接P0口的P0.0~P0.3,当有键按下时P0.0~P0.3的某一位为低电平;反之,则为高电平。

② 读P0口的位状态,若均为高电平,则无键按下。如果P0口的某一位状态为低电平"0",则可判断与此位相接的按键被按下。

③ 当判断有键按下时,根据发光二极管电路设计只需控制相应的位为低电平,与该位相接的二极管即可发光。

要想解决问题1、2,学习者还应该了解单片机系统开发过程。

2.4.3 单片机应用系统开发流程

单片机应用系统开发流程如图2-5所示。由于本课程属于单片机基础学习,这里只讲述开发流程中的硬件及软件设计部分。

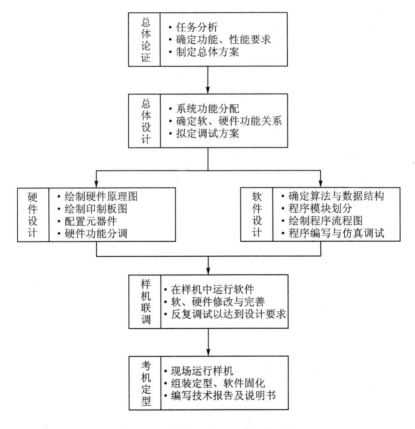

图2-5 单片机应用系统开发流程

1. 硬件电路的设计

① 单片机外围电路设计:时钟电路、复位电路、供电电路设计。

② 扩展电路设计:程序存储器、数据存储器、I/O 接口电路的设计。

③ 输入输出通道设计:传感器电路、放大电路、多路开关、A/D 转换电路、D/A 转换电路、开关量接口电路、驱动及执行机构的设计。

④ 控制面板设计:按键、开关、显示器、报警等电路设计。

⑤ 根据电路设计绘制 PCB 版图。

⑥ 配置焊接元器件。

⑦ 硬件功能调试,包括静态和动态调试。

静态调试通常采用:

① 目测:检查印制电路板的印制线是否有断线、是否有毛刺,线与线和线与焊盘之间是否有粘连,焊盘是否脱落,过孔是否未金属化现象等。检查元器件是否焊接正确,焊点是否有毛刺,焊点是否有虚焊,焊锡是否使线与线或线与焊盘之间短路等。通过目测可以查出某些明确的器件设计故障,并及时予以排除。

② 采用万用表测试:先用万用表复核目测中认为可疑的边线或接点,再检查所有电源的电源线和地线之间是否有短路现象。这一点必须要在加电前查出,否则会造成器件或设备的毁坏。

③ 加电检查:首先检查各电源的电压是否正常,然后检查各个芯片插座的电源端的电压是否在正常的范围内、固定引脚的电平是否正确。然后在断电的状态下将集成芯片逐一插入相应的插座中,并加电仔细观察芯片或器件是否出现打火、过热、变色、冒烟、异味等现象,如有异常现象,应立即断电,找出原因予以排除。

总之,静态调试是检查印制电路板、连接和元器件部分有无物理性故障,静态调试完成后,接着进行动态调试。

动态调试:动态调试是在目标系统工作状态下,发现和排除硬件中器件存在的内部故障,器件间连接的逻辑错误等的一种硬件检查。硬件的动态调试必须在开发系统的支持下进行,故又称为联机仿真调试。

动态调试具体方法:利用开发系统友好的交互界面,对目标系统的单片机外围扩展电路进行访问、控制,使系统在运行中暴露问题,从而发现故障予以排除。典型而有效的访问、控制外围扩展电路的方法是对电路进行循环读或写操作。

2. 软件设计

软件设计包括:程序的总体设计,程序编制,软件调试。

① 程序的总体设计:程序的总体设计是指从系统的角度考虑程序结构、数据格式和程序功能的实现方法和手段。程序的总体设计包括拟定总体设计方案、确定算法和绘制程序流程图等。

② 程序编制:常用的程序设计方法有模块化程序设计及自顶向下逐步求精程序设计。

模块化程序设计的思想是将一个功能完整的较长的程序分解成若干个功能相对独立的较小的程序模块，各个程序模块分别进行设计、编程和调试，最后把各个调试好的程序模块装配起来进行联调，最终成为一个有实用价值的程序。

自顶向下逐步求精程序设计要求从系统级的主干程序开始，从属的程序和子程序先用符号来代替，集中力量解决全局问题，然后再层层细化逐步求精，编制从属程序和子程序，最终完成一个复杂程序的设计。

③ 软件调试：软件调试是通过对目标程序的汇编、连接、执行来发现程序中存在的语法错误与逻辑错误，并加以排除纠正的过程。

软件调试原则：先独立后联调；先分块后组合；先"单步"后"连续"。

系统联调：系统联调是指目标系统的软件在其硬件上实际运行，将软件和硬件联合起来进行调试，从中发现硬件故障或软、硬件设计错误。

系统联调主要解决以下问题：首先测试软、硬件是否按设计的要求配合工作；其次观察系统运行时是否有潜在的设计时难以预料的错误；最后看系统的动态性能指标（包括精度、速度等参数）是否满足设计要求。

2.5 单片机应用系统程序设计

程序设计是单片机应用系统开发最重要的工作。程序设计就是利用单片机的指令系统，根据应用系统即目标产品的要求编写单片机的应用程序。在学习单片机应用程序设计基本方法之前还是有必要先了解一下单片机的程序设计语言。

2.5.1 程序设计语言

程序设计语言与人们通常理解的语言是有区别的，这里指的是为开发单片机应用系统而设计的程序语言，如微软的 VB、VC 就是为某些工程应用而设计的计算机程序语言。通俗地讲，它是一种设计工具，只不过该工具是用来设计计算机程序的。

单片机应用系统的设计语言常用有三类：

1. 完全面向机器的机器语言

机器语言是能被单片机直接识别和执行的语言。CPU 是由数字电路构成的，CPU 能理解的语言是由 0、1 组成的二进制语言，即机器语言，如 0111010000000110，0010010000011000，是用 8051 汇编语言表述的 6+24。机器能识别、执行速度快但难读、易错、不易查找。

2. 汇编语言

为使机器指令对程序员是可读的，CPU 制造商对各种 CPU 定义了汇编语言。汇编语言是面向机器、使用助记符（通常取相应英文单词缩写）表示的汇编语言指令，它方便程序员编写、记忆、阅读和识别，但不能直接被机器识别理解。

如将 6+24 写成汇编语言：

```
MOV    A,#06H      ;十进制数值 06 送累加器 A
ADD    A,#24H      ;十进制数值相加:6+24
DA     A           ;十进制调整
```

汇编语言精确地表示了 CPU 操作及实现细节,但会掩盖程序的原始意图。用汇编语言写成的程序比机器语言好学也好记,所以单片机的指令普遍采用汇编指令来编写。用汇编语言写成的程序称为源程序或源代码,可是计算机不能直接识别和执行。所以设计人员开发了编译工具,如 MedWin、伟福、Keil C51 等。可以通过翻译把源代码译成机器语言,该过程称为汇编。汇编工作现在由计算机借助汇编程序自动完成的,而在很早以前全靠手工来做。值得注意的是,汇编语言也是面向机器的,它仍是一种低级语言,每一类计算机都有它自己的汇编语言,这种与 CPU 有关特点带来了 CPU 的不可移植性。比如 51 系列单片机有它的汇编语言,PIC 系列、微机也有它自己的汇编语言,但各有的指令系统各不相同。也就是说,不同的单片机有不同的指令系统,相互间是不通用的。为了解决这个问题,人们想了很多办法,设计了许多高级计算机语言,而现在最适合单片机编程的是 C 语言。

3. C 语言(高级单片机语言)

C 语言是一种通用的计算机程序设计语言,既可以用来编写通用计算机系统程序,也可以用来编写一般的应用程序。由于它具有直接操作计算机硬件的功能,所以非常适合用来编写单片机的程序。与其他的计算机高级程序设计语言相比它具有以下的特点:

① 语言规模小,使用简单。在现有的计算机设计程序中 C 语言的规模是最小的 ANSIC。标准的 C 语言一共只有 32 个关键字,9 种控制语句。然而它的书写形式却比较灵活,表达方式简洁,使用简单的方法就可以构造出相当复杂的数据类型和程序结构。

② 可以直接操作计算机硬件。C 语言能够直接访问单片机的物理空间地址。Keil C51 软件中的 C51 编译器更具有直接操作 51 单片机内部存储器和 I/O 口的能力,亦可直接访问片内或片外存储器,还可以进行各种位操作。

③ 表达能力强,表达方式灵活。C 语言有丰富的数据结构类型,可以采用整型、实型、字符型、数组类型、指针类型、结构类型、联合类型、枚举类型等多种数据类型来实现各种复杂数据结构的运算。利用 C 语言提供的多种运算符可以组成各种表达式,还可以采用多种方法来获得表达式的值,从而使程序设计具有更大的灵活性。

④ 可进行结构化设计。结构化程序是单片机程序设计的组成部分。C 语言中的函数相当于汇编语言中的子程序。Keil C51 的编译器提供了一个函数库,其中包含许多标准函数,如各种数学函数、标准输入输出函数等。此外还可以根据用户需要编制满足某种特殊需要的自定义函数。C 语言程序是由多个函数组成,一个函数即相当于一个程序模块,所以 C 语言可以很容易地进行结构化程序设计。

⑤ 可移植性。前面所述,由于单片机的结构不同,所以不同类型的单片机就要

用不同的汇编语言来编写程序。而 C 语言则不同,它是通过汇编来得到可执行代码的,所以不同的机器上有 80% 的代码是公用的。

6+24 用 C 语言编程如下:

```
void main( )
{
        int m;
        m = 6 + 24;
}
```

高级语言是接近于人思维方式的自然语言,对问题和其求解的表述比汇编语言更容易理解。如 X=6+24,但同样不能接被机器识别,也要汇编成机器语言才能被机器执行。高级语言掩盖了 CPU 的实现细节,但高级语言可读性高、移植性强。

2.5.2 软件构筑及程序设计

1. 软件构筑过程

根据应用系统即目标产品的要求编写的单片机应用程序还需完成软件构筑过程。软件构筑的一般过程如图 2-6 所示。框内名词解释如下:

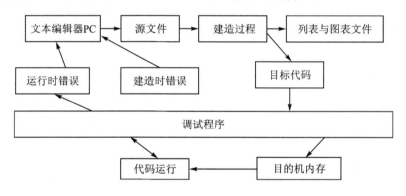

图 2-6 软件构筑的一般过程

① 文本编辑器 PC:用以创建所有源文件程序。

② 源文件:程序员编写的原始程序代码。用汇编语言编写,汇编语言代码就是源;用 C 语言编写,C 代码就是源;用二进制编写,机器代码就是源。

③ 目标代码:是软件建造过程得到的结果代码。对控制器进行编程时,目标代码就是机器语言。

2. 程序设计步骤

● 分析问题:理解所要完成的任务,设计电路构成。

● 确定算法。

● 绘制程序流程图。

● 编写源程序。

- 调试程序,验证结果。

(1) 算法的建立确定

软件设计时应避免问题提出马上编程,想到哪里,编到哪里。要先建立应用系统算法,并绘制算法流程图。要养成良好的设计风格,避免先编程再补画算法流程图。

这里说的算法不是一般的数值运算,而是为了解决软件中的"做什么"和"怎么做"的问题。算法指的是根据问题的定义,描述出各个输入变量和输出变量之间的数学关系,称为建立数学模型。目前适用于结构化设计表示算法的方法大致有三种:

- 传统改进的流程图;
- N-S流程图;
- 伪代码。

(2) 绘制程序流程图

用图形表示算法,直观形象,易于理解。美国国家标准化协会 ANSI(American National Standard Institute)规定了一些常用的流程图符号(见图 2-7、图 2-8、图 2-9)。

图 2-7 中菱形框的作用是对一个给定的条件进行判断,即根据给定的条件是否成立来决定如何执行其后的操作。它有一个入口,两个出口,如图 2-8 所示。连接点(小圆圈)是用于将画在不同地方的流程线连接起来。图 2-9 中有两个以○为标志的连接点(如连接点圈中写上"1"),它表示这两个点是互相连接在一起的。实际上它们是同一个点,只是画不下才分开来画。用连接点,可以避免流程线的交叉或过长,使流程图清晰。

流程图是将一种构想变成源程序。画流程图是程序设计的一个重要组成部分,而且是决定软件成败的关键部分。流程图与源程序有什么不同呢?源程序是一维指令流,流程图等效源程序,是二维平面图形。经验证明,在表达逻辑思维时,二维平面图形比一维指令流直观明了,利于差错修改。流程图的设计过程是进行程序设计的逻辑设计过程,流程图的任何错误或忽视将导致程序出错或可靠性下降。

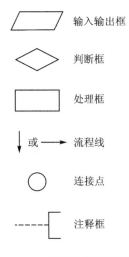

图 2-7 常用的流程图符号

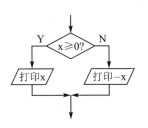

图 2-8 菱形框的使用

针对 2.4.2 节关于 8051 单片机输入输出(I/O)端口应用中提出的问题 2,绘制流程图如图 2-10 所示。

(3) 绘制流程图的注意事项及步骤

① 绘制流程图时要按照顺序结构、选择结构、循环结构组成"结构化"算法结构。控制掌握结构只有一

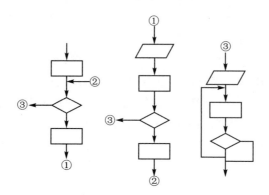

图 2-9 流程图中连接点的使用

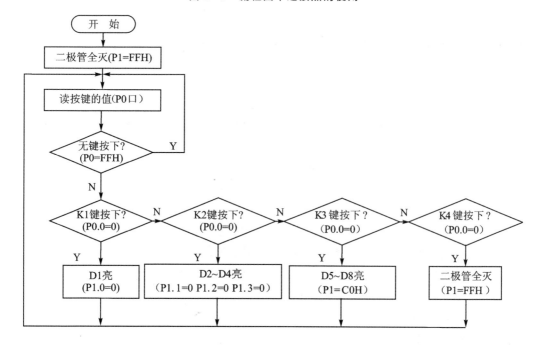

图 2-10 通过按键控制二极管发光流程图

个入口、一个出口,如图 2-11 所示。防止出现死循环和无规律的随意转向。

② 流程图画法中不正确设计:流程图与源程序相差无几,几乎都是指令。

③ 正确设计:第一步,只考虑逻辑结构和算法,将总任务分解成各个子任务,不考虑或少考虑具体指令。第二步,细化第一步的各个子任务,确定每个子任务的算法,以算法为重点;能用子程序的可调用,如多字节加减、乘除、十六进制转换 BCD 等,暂不考虑分配单元、寄存器、数据指针等。第三步,以资源分配为重点,为每一个参数、中间结果分配寄存器、指针、工作单元等。

注意:各模块的传递应避免发生冲突、溢出。

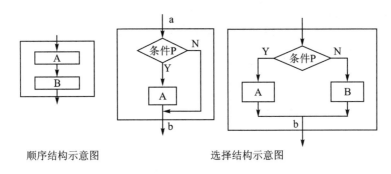

图 2-11 传统改进型流程图

N-S 图也被称为盒图或 CHAPIN 图,是于 1973 年由美国学者 I. Nassi 和 B. Shneiderman 提出的。

流程图由一些特定意义的图形、流程线及简要的文字说明构成,能清晰明确地表示程序的运行过程。在使用过程中,人们发现流程线不一定是必需的,为此,人们设计了一种新的流程图,它把整个程序写在一个大框图内,这个大框图由若干个小的基本框图构成,这种流程图简称 N-S 图,如图 2-12 所示。

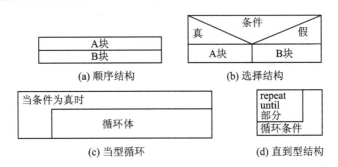

图 2-12 N-S 图表示方法

N-S 图的特点:

- 功能域明确;
- 很容易确定局部和全局数据的作用域;
- 不可能任意转移控制;
- 很容易表示嵌套关系及模块的层次关系。

传统改进型流程图表示的算法直观易读,但画起来比较费事,尤其在反复修改算法时更加烦琐,所以用流程图表示大型算法在设计程序时不是很理想。高级语言编程人员常用伪代码(pseudo code)表示算法,软件专业人员一般也习惯用伪代码。

伪代码是用介于自然语言和计算机语言之间的文字和符号来描述算法。它如同一篇文章自上而下地写下来,每一行或几行表示一个基本操作,由于不用图形符号,因此书写方便、紧凑,容易表达出设计者的思想,同时伪代码容易修改,加一行、删一行或移动某一行都容易实现。

如 2.4.2 节关于 8051 单片机输入/输出(I/O)端口应用章节提出的问题 2(图 2-4 电路设计)的伪代码表示如下:

```
BEGIN
接收键值,读 P0 口;
IF P0 = = FEH(K1 键),P1.0 = 0(P1 = FEH);
IF P0 = = FDH(K2 键),P1.1 = 0 or P1.2 = 0 or P1.3 = 0(P1 = F8H);
IF P0 = = FBH(K2 键),P1.4 = 0 or P1.5 = 0 or P1.6 = 0 or P1.7 = 0(P1 = 00H);
ELSE   P1 = FFH。
```

在程序设计中,设计人员可以根据需要和习惯任意选用,不论选用哪一种流程图,应该以保证算法正确、优化算法质量,并且很容易编写出具体的源程序为原则。

可以肯定,真正的程序设计过程是流程图设计,上机编程只是将设计好的程序流程图转换为程序设计语言。

2.6　汇编语言编程及开发环境

2.6.1　汇编语言的指令分析

1. 汇编语言的指令类型

8051 单片机汇编语言,包含两类不同性质的指令:

① 基本指令:即指令系统中的指令。它们都是机器能够执行的指令,每一条指令都有对应的机器码,共有 110 条。

② 伪指令:汇编时用于控制汇编的指令。它们都是机器不执行的指令,无机器码,常用 7 条。

2. 8051 指令格式

在 8051 指令中,一般指令主要由操作码、操作数组成,即

操作码　　目标操作数,源操作数　　　;三目操作
操作码　　目标操作数(源操作数)　　　;二目操作

指令应具有以下功能:

① 操作码指明执行什么性质和类型的操作。例如,数的传送、加法、减法等。
② 操作数指明操作的数本身或者是操作数所在的地址。
③ 指定操作结果存放的地址。

3. MCS-51 指令中所用符号和含义(观看附录 2 指令表)

Rn:当前工作寄存器组的 8 个工作寄存器(n=0~7)。

Ri:可用于间接寻址的寄存器,只能是当前寄存器组中的 2 个寄存器 R0、R1(i=0,1)。

direct:内部 RAM 中的 8 位地址(包括内部 RAM 低 128 单元地址和专用寄存器单元地址)。

♯data:8 位常数。

♯data16:16 位常数。

addr16:16 位目的地址,只限于在 LCALL 和 LJMP 指令中使用。

addr11:11 位目的地址,只限于在 ACALL 和 AJMP 指令中使用。

rel:相对转移指令中的 8 位带符号偏移量。

DPTR:数据指针,16 位寄存器,可用作 16 位地址寻址。

SP:堆栈指针,用来保护有用数据。

bit:内部 RAM 或专用寄存器中的直接寻址位。

A:累加器。

B:专用寄存器,用于乘法和除法指令或暂存器。

C:进位标志或进位位,或布尔处理机中的累加器。

@:间接寻址寄存器的前缀标志,如@Ri,@DPTR。

/:位操作数的前缀,表示对位操作数取反,如/bit。

(×):以×为地址的单元中内容,X 表示指针的寄存器 Ri(i=0、1)、DPTR、SP(Ri、DPTR、SP 的内容均为地址)或直接地址单元。如:为了区别地址单元 30H 与立即数 30H,注释时,表述地址单元时用括号如(30H),立即数直接表示 30H。

<=>:表示数据交换。

→:箭头左边的内容传送给箭头右边。

为了改变以往单调的指令学习及解决以知识够用为原则的授课方式,单片机汇编语言指令不一一介绍,使用者要根据指令描述符号正确理解汇编语言指令。详细指令见附录 2。一些典型的、常用的指令使用会在后续的项目学习及训练中有针对性讲解。

4. 伪指令介绍

① ORG:汇编起始地址。用来说明以下程序段编译后在程序存储器中存放的起始地址。

例如程序:

```
            ORG    1000H           ;下述指令代码存放在 ROM 区 1000 单元起始的空间
     START: MOV    A,♯20H
            MOV    B,♯30H
             ⋮
```

② EQU:赋值指令给变量标号赋予一个确定的数值。

指令格式:字符名   EQU   赋值项

赋值项可以是常数、地址、表达式,其值可以是 8 位或 16 位二进制数。用 EQU 赋值后的字符名可以作为地址或立即数使用。

注意:使用 EQU 指令时,必须先给字符名赋值然后使用,赋值后的字符名不能再改变。

例如:

```
A10      EQU    10H
DELAY    EQU    3000H
         MOV    A,A10
         ACALL  DELAY
         ⋮
```

③ DB:定义数据字节。本指令用于从程序存储器中指定的地址单元开始,定义若干个字节内存单元的内容。

指令格式:(标号:)   DB   项或项表

标号可选项;项或项表是指一个字节或用逗号分开的字符串,或用单(双)引号括起来 ASCII 码字符串;DB 指令经编译后把指令中项或项表的内容依次存入标号开始的单元中。

例如:

```
        ORG     2000H
FIRST:  DB      77H,29H,90H,00H
SECOND: DB      90H,'1',"2",'A','B'
```

启动 MedWin 软件,输入上述程序,编译。若无错误,进入调试阶段。选择菜单:调试→开始调试→在查看窗口选择数据区 Code 区可以看到 77 29 90 00 90 31 32 41 42 存放在 2000H~2008H 空间。

④ DW:定义数据字。本指令用于从指定的地址单元开始,在程序存储器中定义若干个 16 位数据。

指令格式:(标号:)   DW   项或项表

标号可选项;项或项表是指一个字或用逗号分开的字串,汇编时每个字的高 8 位安排在低地址单元,低 8 位安排在高地址单元。

⑤ DS:定义存储区。从指定的地址单元开始,保留一定数量存储单元。

指令格式:(标号:) DS   表达式

表达式:表达式的值是预留存储单元的数目,即

```
ORG    2000H
DS     0AH
```

注意:DB、DW、DS 只能用于程序存储器,不能用来对数据存储器内容进行赋值或初始化。

⑥ END:汇编结束。汇编程序结束标志,在 END 指令之后的语句,汇编程序将不予处理。一般放在整个程序后,但有时也可用来调试程序用。

2.6.2 汇编语言开发环境介绍

目前 8051 单片机常用开发环境有万利电子有限公司 Medwin、伟福(Wave)公司及美国 Keil Software 公司出品的 51 系列兼容单片机 C 语言软件开发系统 KEILC51。

① MedWin 是万利电子有限公司 Insight 系列仿真开发系统的高性能集成开发环境。它集编辑、编译/汇编、在线及模拟调试为一体，是 VC 风格的用户界面，内嵌自主版权的宏汇编器和连接器，并完全支持 Franklin/Keil C 扩展 OMF 格式文件，支持所有变量类型及表达式，配合 Insight 系列仿真器，是开发 80C51 系列单片机的理想开发工具。

② 伟福公司集成了编辑器、编译器、调试器，使源程序编辑、编译、下载、调试全部可以在一个环境下完成。伟福软件支持多语言多模块混合调试，支持 ASM(汇编)、PLM、C 语言多模块混合源程序调试，在线直接修改、编译、调试源程序。如果源程序有错，可直接定位错误所在行。

③ KeilC51 是众多单片机应用开发的优秀软件之一，它集编辑、编译、仿真于一体，支持汇编。与汇编相比，C 语言在功能上、结构性、可读性、可维护性上有明显的优势。KeilC51 软件提供丰富的库函数和功能强大的集成开发调试工具，全 Windows 界面等。

每个开发环境均有各自的优点、性能，都能完成 8051 单片机程序编译及仿真调试工作。由于本章旨在教会读者学习单片机汇编语言设计，所以选用万利电子有限公司 MedWin 开发环境。该开发环境对初学 8051 单片机汇编语言学习者来说，可以直观、方便观察程序运行后反汇编窗口、寄存器、特殊功能寄存器及内部 RAM、ROM 各种状态、信息。对学习者了解单片机内部结构有很大帮助。以后各章使用 C 语言进行单片机程序设计时，选用 KeilC51 完成软件开发工作。

MedWin 集成开发环境使用说明详见万利电子有限公司 MedWin3 软件的使用，网址是：http://www.manley.com.cn。

2.7 汇编语言程序设计

在单片机程序设计中，最常用的方法是模块化设计。这种设计的优点是单个程序设计方便，容易调试，一个模块可以被多个任务共享。缺点是各个模块程序连接时有一定的难度。常用的模块化程序设计有顺序程序设计、分支程序设计、循环程序设计、子程序设计。程序设计时一般遵循先分析题意，确定算法并画出流程图，然后根据流程图来编写程序，当然对简单的程序设计可以不画流程图。用汇编语言编程时，对数据的存放、工作单元的安排都要由编程者自己确定，而用高级语言编程时，这些问题都是由计算机安排的。

2.7.1 汇编语言顺序程序设计

为了使读者进一步理解掌握各类指令的使用方法和规则,逐步建立程序设计基础,我们结合指令学习讲解顺序程序设计方法,为读者学习后续的模块化设计奠定基础。

顺序结构参看图 2-12(a)所示。其中 A、B 两个操作是顺序执行的,即执行完 A 框所指定的操作后,必然接着执行 B 框所指定的操作,顺序结构是未加任何限定条件的最简单的一种结构。顺序结构程序设计中,指令的执行顺序就是指令的书写顺序,也是指令的存储顺序。

1. 项目设计及分析

现在我们来完成 2.4.2 章节提出的问题 1。

解析:根据图 2-4 硬件电路设计,发光二极管 D1、D2、D3、D4、D5、D6、D7、D8 的阳极经限流电阻接至电源 5 V,其阴极分别接至 8051 单片机 I/O 口 P1.0~P1.7。根据发光二极管原理及 8051 单片机 I/O 端口编址方式,只需通过 P1.0~P1.7 送出低电平,即可控制二极管发光。可以通过两种编程方法控制二极管发光:P1 口输出字节控制及 P1.0~P1.7 各位控制,其流程图如图 2-13 所示。

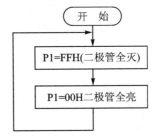

图 2-13 开机二极管发光流程图—P1 口输出

(1) 通过 P1 口输出字节控制发光二极管

由 P1 口输出字节控制发光二极管的程序算法见流程图 2-13。

第一步,启动 MedWin,新建文件(Source File)IOLED_byte.asm,程序如下:

```
           ORG     0000H        ;程序代码被编译后存放在 ROM 空间地址 0000H
MAIN:      MOV     P1,#0FFH     ;控制灯全灭
START:     MOV     P1,#00H      ;通过 P1 口输出 00H,控制 D1~D8 发光
           SJMP    START        ;跳转到 START,D1~D8 继续发光
           END                  ;编译结束
```

第二步,执行编译/汇编功能,当在下面窗口出现

MedWin v2.39 Translating
C:\Manley\PMedWin\IOLED_byte.asm……
————————80C51 宏汇编器,版本 V1.11————————
版权所有(C) 万利电子有限公司 2001-2004
汇编过程中发现:警告(0),错误(0)。汇编结束!

然后进入第三步。

第三步,产生代码:IOLED_byte.hex,出现下面窗口:

MedWin v2.39 Translating
C:\Manley\PMedWin\IOLED_byte.asm……pass!
MedWin V2.39 Linking……
　　IOLED_BYTE.OBJ TO IOLED_BYTE.OMF RAMSIZE(128)

若在第二步中提示有错误出现,则必须检查改正错误,直到出现第二步编译出现的窗口为止。

第四步,开始调试:

1)模拟调试。可以通过 MedWin 软件中的菜单:外围部件→端口(见图2-14),观看 P1 口的状态。程序未执行时,P1=FFH(端口为红色),执行一个单步后,P1=00H(端口变为另一种颜色)。模拟调试如图2-14所示。

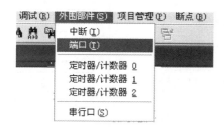

图2-14　模拟调试画面

2)仿真调试。传统的电子产品设计流程是:确定项目后,查找资料,确定方案,设计电路图,购买元器件,制版,调试,最后进行测试。如果达不到设计要求,这个过程就要反复进行。如果更换设计方案,就必须重新购买元器件并重新制版,这样不仅费时、费力,而且费用也高。为了解决上述方法中存在的问题,常用 EDA 设计技术进行电路的设计与实现。EDA 技术的设计思路是:从元器件的选取到连线,直至电路的调试、分析和软件的编译,都是在计算机中完成,所有的工作先在虚拟环境下进行。采用 EDA 技术,在原理图设计阶段就可以对设计进行评估,验证所设计电路是否达到设计要求所需的技术指标,还可以通过改变元器件参数使整个电路性能最优化。这样就无须多次购买元器件及制版,节省了设计时间与经费,提高了设计效率与质量。PROTEUS 软件包是可以实现数字电路、模拟电路及微控制器系统与外设的混合电路系统的电路仿真、软件仿真、实时仿真、调试与测试的 EDA 工具,可以实现在没有目标原形时就可对系统进行调试、测试与验证。目前包括剑桥在内的众多大学用户,大都将 PROTEUS 软件作为电子学或嵌入式系统的课程教学、实验和水平考试平台。PROTEUS 仿真软件具体使用读者查阅相关资料。本书第2～4章中的项目训练均采用 PROTEUS 仿真,验证电路设计及软件编程的正确性。

3)仿真运行:

① 启动 PROTEUS 软件,绘制图2-4单片机 I/O 口应用原理图。

② 装入编程1中第三步生成的目标文件 IOLED_byte.hex,如图2-15所示。

③ 仿真运行:在原理图编辑窗口,能看到 D1～D8 发光的界面。若发光二极管未能按预想的状态工作,则需检查原理图绘制及程序编程是否出错。

(2) 通过 P1.0～P1.7 各位控制发光二极管

P1.0～P1.7 各位控制发光二极管的程序算法见流程图 2-16。

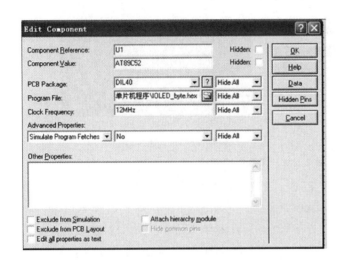

图 2-15 PROTEUS 仿真目标文件装入

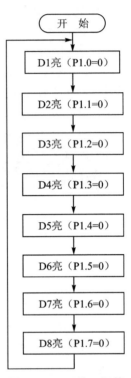

图 2-16 开关二极管发光流程图——P1 口位控

第一步,启动 MedWin,新建文件(Source File)IOLED_bit.asm,程序如下:

```
        ORG   0000H        ;以下程序代码被编译后存放在 ROM 空间地址 0000H
MAIN:   MOV   P1,#0FFH     ;通过 P1 口输出 FFH,控制 D1～D8 熄灭
        CLR   P1.0         ;P1.0 为低电平,D1 发光
        CLR   P1.1         ;P1.1 为低电平,D2 发光
        CLR   P1.2         ;P1.2 为低电平,D3 发光
        CLR   P1.3         ;P1.3 为低电平,D4 发光
        CLR   P1.4         ;P1.4 为低电平,D5 发光
        CLR   P1.5         ;P1.5 为低电平,D6 发光
        CLR   P1.6         ;P1.6 为低电平,D7 发光
        CLR   P1.7         ;P1.7 为低电平,D8 发光
        SJMP  $            ;本地跳转,相当于 LOOP:SJMP LOOP
        END
```

第二步到第四步操作同(1)。

2.7.2 汇编语言分支程序设计

程序设计时有时需要根据某个条件是否成立来确定下一步如何操作,这就形成了选择结构(分支结构)。选择结构示意图参看图 2-11 和图 2-12 所示。

分支程序的设计要点如下:

① 先建立可供条件转移指令测试的条件;

② 选用合适的条件转移指令;

③ 在转移的目的地址处设定标号。

1. 分支程序涉及的指令

分支程序设计在高级语言设计中选用条件语句 if-else、switch 来控制分支,在汇编语言中则用转移指令来控制分支。转移指令的功能就是改变程序的执行顺序,转移指令分为无条件转移指令和有条件转移指令。下面介绍一下汇编语言转移指令的结构和使用。

(1) 转移指令介绍

1) 无条件转移指令:指令执行,程序即转移,无任何条件约束。

① 长转移指令

```
LJMP    addr16      ;PC←addr16
```

指令功能:将 16 位地址(addr16)送程序计数器 PC,从而使程序转向执行 addr16 单元中的指令。转移范围 64 KB 空间(1 KB=1 024B),64 KB=2^{16}B。addr16 可以用 16 位直接地址(0000H~FFFFH)或标号表示,用标号的表示方法如图 2-17 所示。图中 LJMP 标号与跳转的标号处之间为 64 KB 字节,标号地址由汇编程序汇编时自动算出。

② 绝对转移指令

```
AJMP    addr11      ;PC_{10~0}←addr11
```

指令功能:用低 11 位地址(addr11)替换程序计数器 PC 中的低 11 位内容,从而使程序转向执行 addr11 单元中的程序。可转移的地址范围在当前指令向前、向后各 2 KB 范围,如图 2-18 所示。

addr11 可以用直接地址(0000H~07FFH)表示,也可以用标号表示,标号地址由汇编程序汇编时,根据转移范围自动算出,AJMP 标号与跳转的标号之间距离在 2 KB 范围内。

③ 短转移指令

```
SJMP    rel         ;PC←rel
```

指令功能:用低 7 位地址替换程序计数器 PC 中的低 7 位内容,从而使程序转向执行 rel 单元中的程序。可转移的地址范围在当前指令向前 -128 字节,向后 +127 字节。rel 可以用直接地址 0000H～00XXH,00XXH=7FH+当前 PC+2;也可以用标号表示。

注意:指令中所有涉及 rel,其转移范围均在当前指令向前 -128 字节,向后 +127 字节。rel 在程序中一般用标号表示,标号地址由汇编程序汇编时根据转移范围自动算出。

图 2-17 LJMP 跳转示意图　　　　图 2-18 AJMP 指令示意图

2) 条件转移指令

无条件转移指令是程序无任何附加条件的转移,有条件转移指令是满足某个条件的转移,若不满足该条件则不转移而继续向下执行。条件转移有累加器 A 判零转移、数值比较转移、进位位 CY 状态判断转移及可寻址位状态判断转移共 11 条。条件转移指令可以使程序分支运行,实现程序的可选择操作,从而使程序功能及灵活性大大提高。

① 累加器 A 判零转移

```
JZ    rel      ;A=0,转移 PC←rel
               ;A≠0,顺序执行 PC←PC+2
```

指令功能:当累加器 A 的内容为零时,程序转移到 PC=rel 处执行框图 A 中的内容;不为零时,程序指针 PC=PC+2 顺序执行框图 B 中的内容。可转移的地址范围在(当前指令 +2)-128～(当前指令+2)+127,如图 2-19 所示。

```
JNZ   rel      ;A≠0,转移 PC←rel
               ;A=0,顺序执行 PC←PC+2
```

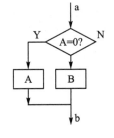

图 2-19 判 A 转移示意图

JNZ rel 是当累加器 A 的内容不为零时,程序转移到 PC=rel 处执行框图 A 中的内容。为零时,程序指针 PC=PC+2 顺序执行框图 B 中的内容。

如:R1=64H,R2=64H,CY=0,执行如下程序段后,

```
MOV    A,R1        ;A←R1
SUBB   A,R2        ;R1 - R2 = 0
JNZ    0FH         ;A≠0,转移到 ROM 中 000FH 地址单元处
JZ     1FH         ;A=0,转移到 ROM 中 001FH 地址单元处
```

```
SJMP        $
END
```

根据累加器 A 判零转移指令功能,上述程序转移到 001FH 处执行。因为执行第二条指令时 A=00H,执行第三条指令因条件不成立(A≠0 转移)而不转移,顺序执行第四条指令,第四条指令条件成立而转移到 ROM 的 1FH 处执行程序。

② 数值比较转移指令

数值比较转移共有 4 条,是三字节指令,即

```
CJNE A,#data,rel        ;A≠data,转移 PC←rel
                        ;A=data,顺序执行 PC=PC+3
CJNE A,direct,rel       ;A≠(direct),转移 PC←rel
                        ;A=(direct),顺序执行 PC=PC+3
CJNE Rn,#data,rel       ;Rn≠data,转移 PC←rel
                        ;Rn=data,顺序执行 PC=PC+3
CJNE @Ri,#data,rel      ;(Ri)≠data,转移 PC←rel
                        ;(Ri)=data,顺序执行 PC=PC+3
```

指令功能:比较两个操作数,若操作数不等则转移到 rel 处执行程序,否则顺序执行其后的程序。数值比较指令执行的是:目标操作数—源操作数,执行后影响进位位的状态 CY。当 CY=1 时,表示目标操作数小于源操作数;CY=0 时,目标操作数大于源操作数。所以可以通过测试 CY 的状态判断目标操作数与源操作数的大小。

③ 进位位 CY 状态判断转移

```
JC      rel         ;CY=1,转移 PC←rel
                    ;CY≠1,顺序执行 PC=PC+2
```

指令功能:若 CY=1 则转移到 rel 处执行框图 C 程序,否则程序顺序执行框图 D 程序。

```
JNC     rel         ;CY≠1,即 CY=0 转移 PC←rel
                    ;CY=0,顺序执行 PC=PC+2
```

标题②、③的指令判断转移示意图如图 2-20 所示。

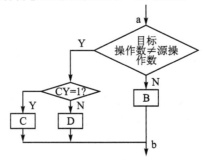

图 2-20　CJNE、JC 判断转移示意图

④ 可寻址位状态判断转移

```
JB      bit,rel         ;bit = 1,转移 PC←rel
                        ;bit≠1,顺序执行 PC = PC + 2
JNB     bit,rel         ;bit≠1,转移 PC←rel
                        ;bit = 1,顺序执行 PC = PC + 2
JBC     bit,rel         ;bit = 1,转移 PC←rel,并且使 bit = 0
                        ;bit≠1,顺序执行 PC = PC + 3
```

2. 分支程序设计

将 2.4.2 节提出的问题 2 用分支程序设计完成。程序算法见图 2-10。

(1) 选用数值比较转移指令进行编程设计

第一步,启动 MedWin,新建文件(Source File)IOLED_key_bit.asm 如下:

```
        ORG     0000H
MAIN:   MOV     P1,#0FFH        ;发光二极管全灭
START:  MOV     A,P0            ;读 P0 口
        CJNE    A,#0FFH,ONE     ;A≠FFH 有键按下,转去判断是哪一个键
        SJMP    START           ;A = FFH 无键按下,重新读取键值
ONE:    JNB     P0.0,TWO        ;P0.0 为低电平,K1 键按下,转去 TWO 控制 DS1 发光
        JNB     P0.1,THREE      ;P0.1 为低电平,K2 键按下,转去控制 DS2、DS3、DS4 发光
        JNB     P0.2,FOUR       ;P0.2 为低电平,K3 键按下,转去控制 DS1~DS8 发光
        JNB     P0.3,FIVE       ;P0.3 为低电平,K4 键按下,熄灭二极管
        SJMP    START           ;不是 K1~K4,转去重新读取键值
TWO:    CLR     P1.0            ;DS1 发光
        SJMP    START           ;重新读取键值
THREE:  CLR     P1.1
        CLR     P1.2
        CLR     P1.3            ;DS2、DS3、DS4 发光
        SJMP    START
FOUR:   MOV     P1,#00H         ;DS1~DS8 发光
        SJMP    START
FIVE:   MOV     P1,#0FFH        ;二极管全部熄灭
        SJMP    START
        END
```

依据 2.7.1 节汇编语言顺序程序设计介绍,对上述编程依次完成:

第二步,"编译/汇编"。

第三步,"产生代码",第四步"模拟及仿真调试"完成程序验证。

思考练习:若通过读取 P0 字节判断是否有键按下,应如何编写程序?

(2) 选用累加器 A 判零转移进行编程设计

累加器 A 判零转移的程序算法可以参照图 2-10 进行自行设计。

启动 MedWin,新建文件(Source File)IOLED_key_Byte.asm

```
              ORG    0000H
MAIN:    MOV    P1,#0FFH
START:   MOV    A,P0            ;读 P0 口
              ORL    A,#0F0H         ;P0 口高四位未接上拉电阻,电平不定,通过或操作使
                                                ;其为高电平
              CPL    A               ;累加器 A 的内容取反
              JZ     START           ;累加器 A 的内容等于 0,无键按下,转去重读键值
              CJNE   A,#01H,ONE      ;P0 不等于 FEH(不是 K1 键),转去判断是否其他键
              MOV    P1,#0FEH        ;P0 = FEH,K1 键按下,DS1 发光
              SJMP   START           ;重新读取读键值
ONE:     CJNE   A,#02H,TWO      ;不是 K2 键,转去判断是否 K3 键或 K4 键
              MOV    P1,#0F0H        ;K2 键按下,DS2,DS3,DS4 发光
              SJMP   START           ;重新读取读键值
TWO:     CJNE   A,#04H,THREE    ;不是 K3 键,转去判断是否 K4 键
              MOV    P1,#00H         ;K3 键按下,8 个二极管全亮
              SJMP   START
THREE:   CJNE   A,#08H,FOUR     ;不是 K4 键,转去重新读取键值
              MOV    P1,#0FFH        ;K4 键按下,8 个二极管熄灭
FOUR:    SJMP   START
              END
```

程序调试、验证如前所述。

2.8 项目设计及训练

2.8.1 项目设计

1. 完成发光二极管的亮灯控制模式

根据图 2-4 所示,要求完成控制发光二极管三种亮灯控制模式。
① 第一种模式:按下 K1 键,二极管循环左移发光(流水灯);
② 第二种模式:按下 K2 键,8 个 LED 灯明暗相间闪烁;
③ 第三种模式:按下 K3 键,二极管前四个与后四个轮流发光;
④ 按下 K4 键退出三种亮灯模式。

解:根据题意分析,依据图 2-4 硬件电路设计,设计主程序流程图如图 2-21 所示。

依据程序设计流程,新建文件(Source File)IOLED_ModeThree.asm,程序如下:

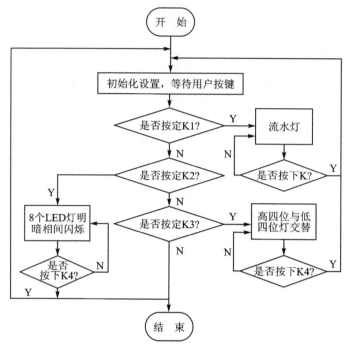

图 2-21　主程序流程图

```
            ORG 0000H
            AJMP MAIN
MAIN:       JNB P0.0,M_One      ;按下 K1 键,转模式 1
            JNB P0.1,M_Two      ;按下 K2 键,转模式 2
            JNB P0.2,M_Three    ;按下 K3 键,转模式 3
            JNB P0.3, MAIN      ;按下 K4 键,重新读取键值
            SJMP MAIN
M_One:      MOV P1,#0FEH
LOOP:       JNB P0.3, MAIN      ;按下 K4 键,退出此亮灯模式
            MOV A,P1
            RL A                ;循环左移,流水灯
            MOV P1,A
DELAY:      MOV R6,#255
DELAY1:     MOV R7,#250
            DJNZ R7,$
            DJNZ R6,DELAY1
            SJMP LOOP
M_Two:      MOV P1,#0AAH        ;二极管间隔发光
LOOP1:      JNB P0.3, MAIN      ;按下 K4 键,退出此亮灯模式
            MOV A,P1
            CPL A
            MOV P1,A
```

第 2 章 单片机最小资源组成及应用

```
              MOV R6,#255
DELAY2:       MOV R7,#250
              DJNZ R7,$
              DJNZ R6,DELAY2
              SJMP LOOP1
M_Three:      MOV P1,#0F0H        ;二极管前四个与后四个轮流发光
LOOP2:        JNB P0.3,MAIN       ;按下 K4 键,退出此亮灯模式
              MOV A,P1
              CPL A
              MOV P1,A
              MOV R6,#255
DELAY3:       MOV R7,#250
              DJNZ R7,$
              DJNZ R6,DELAY3
              SJMP LOOP2
              END
```

程序代码编写完毕后,进行编译/汇编、产生代码装入仿真软件验证结果是否正确。

2. 单片机延时程序分析

从文件 IOLED_ModeThree.asm 中可以看到,三种亮灯模式均引入了如下程序:

```
              MOV R6,#255
DELAY1:       MOV R7,#250
              DJNZ R7,$
              DJNZ R6,DELAY1
```

这就是典型的单片机软件延时程序,使用了两层循环嵌套。单片机工作时,经常会遇到需要短时间延时的情况。一般都是几百微妙(μs)到几十(ms)的时间延时。比如 IOLED_ModeThree.asm 程序,若不加上时间延时是看不到灯光闪烁效果的,在未学单片机定时器或定时器已经被其他工作占用时,就需要采用软件延时的方法来延长 CPU 在程序执行到某一个位置时的时间。

现在分析单片机软件延时程序的延时时间。如果晶振选用 12 MHz,根据 1.5.1 节 8051 单片机的几种周期及相互关系中介绍,单片机的机器周期为:$(1/12)*12$,即机器周期为 $1\mu s$。查阅附录 2:51 单片机汇编语言指令表 MOV R7,#250,指令执行需要 1 个机器周期,即 $1\mu s$。DJNZ R7,$ 需要 2 个机器周期。R7 里的数是 $250\mu s$。所以执行 DJNZ R7,$ 需要 $2*250\mu s = 500\mu s$ 时间,用这种方法,可以计算上述单片机延时程序延时时间为:

$1\mu s + (1\mu s + 2*250\mu s + 2\mu s) * 256 = 128\ 768\ \mu s = 128.768\ ms$

如果需要更长时间,除可以改变 R6、R7 的内容外还可以使用多层嵌套。

IOLED_ModeThree.asm 程序运行时,灯光闪烁间隔为 128.768 ms。

单片机延时程序可以改写成子程序形式,需要时采用程序调用的方式,子程序设计将在第 3 章详细讲解。

2.8.2 项目训练

根据图 2-4 所示,完成以下任务:
1) 按下 K1 键,发光二极管左移循环发光;
2) 按下 K2 键,发光二极管右移循环发光;
3) 按下 K3 键,发光二极管全亮;
4) 按下 K4 键退出以上各种模式。

要求在 PROTEUS 仿真环境下绘制硬件电路。绘制程序流程图,完成编程设计并验证其正确结果。

本章总结

本章主要内容可归纳以下几点:

(1) CPU 与外围设备通过 I/O 接口交换数据。I/O 接口一般由数据缓冲器、状态寄存器、控制命令寄存器、中断控制逻辑及内部控制逻辑等组成。I/O 接口具有数据缓冲、数据锁存、信号变换、电平变换、传送控制命令和提供 I/O 设备状态等功能。

(2) 51 系列单片机的 I/O 接口与存储单元统一编址,存储器所有操作指令都可以用于 I/O 接口操作。

(3) CPU 与外围设备间传送数据的控制方式有四种,无条件传送方式、查询传送方式、中断传送方式和直接数据信道传送方式。查询传送方式、中断传送方式都能实现 CPU 与不匹配的外围设备进行正确的数据传送,是实际中常用的方式。

(4) 8051 系列单片机有 4 个 8 位并行 I/O 口。在 8051 系列单片机最小系统应用中,4 个 8 位并行 I/O 口均做基本输入/输出。

(5) 8051 系列单片机即采用 I/O 接口与存储器统一编址。如 P1 端口在单片机内部数据存储器 90H 单元,P3 端口在单片机内部数据存储器 B0H 单元。CPU 访问端口也就访问了外围设备。访问存储器的指令都可以用来访问端口而不再需要专用的 I/O 接口指令。

(6) 程序设计步骤分以下几步:
① 分析问题;确定算法;设计程序流程图;分配内存单元;编写源程序;汇编成目标程序;调试程序,验证结果。

(7) 汇编语言的指令类型:8051 单片机汇编语言,包含两类不同性质的指令:
- 基本指令:即指令系统中的指令。它们都是机器能够执行的指令,每一条指令都有对应的机器码,共有 110 条。

● 伪指令:汇编时用于控制汇编的指令。它们都是机器不执行的指令,无机器码,常用 7 条。

(8) 汇编语言程序设计最常用基本结构有顺序程序设计、分支程序设计、循环程序设计、子程序设计。程序设计时一般都先分析题意,确定算法并画出流程图,然后根据流程图来编写程序,当然对简单的程序设计可以不画流程图。用汇编语言编程时,对数据的存放、工作单元的安排都要由编程者自己确定,而用高级语言编程时,这些问题都是由计算机安排的。

思考与练习

(1) 绘制利用单片机 P1 口驱动 8 个发光二极管工作原理图,并编制控制 8 个发光二极管发光的程序。

(2) 绘制利用单片机 P0 口的 P0.0 及 P0.1 外接 2 个开关 K1、K2 的原理图,编制控制闭合开关 K1 时,8 个发光二极管发光;闭合开关 K2 时,8 个发光二极管熄灭的程序。

(3) 应用汇编语言编制控制将单片机内部 RAM30H 单元开始 50 个数转移到单片机外部 RAM2000H 开始的单元中的程序,要求绘制流程图。

(4) 设计一电路,用发光二极管(LED)监视开关闭合状态。如果 K 闭合,则 LED 亮;如果 K 断开,则 LED 熄灭,如图 2-22 所示。

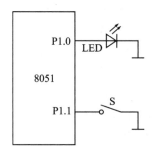

图 2-22 图题 4 电路

(5) 绘制在单片机 P1.4~P1.7 接 4 个发光二极管,P1.0~P1.3 接 4 个开关,编程将开光状态反映到发光二极管上。

(6) 思考分析:什么是 ASCII 码,如何将十进制数 0~9 转换成 ASCII 码送到单片机内部 RAM 中 30H~38 单元。

(7) 如何通过单片机 I/O 口输出周期为 5 ms 的方波?

第 3 章　汇编语言程序设计及单片机中断系统应用

中断系统是计算机的重要组成部分,没有中断技术,CPU 的大量时间会浪费在等待、原地踏步的操作上。如第 2 章介绍的 CPU 与外围设备进行数据传送的方式中的无条件传送方式与查询传送方式,由于 CPU 主动要求传送数据,而它又不能控制外设的工作速度,因此,只能用等待的方式解决速度匹配问题。中断方式则是在外设主动提出数据传送的请求之后才中断 CPU 主程序的执行,转去与外设交换数据。由于 CPU 工作速度很快,交换数据所花费的时间很短,对于 CPU 来讲,虽然中断一瞬间,由于时间很短,对计算机的运行不会有什么影响。但中断方式完全消除了 CPU 在查询传送方式中的等待现象,大大提高了 CPU 的工作效率。本章讲解单片机中断系统。

1. 教学目标

最终目标:学会使用单片机外部中断源处理系统发生的紧急、突发事件。

促成目标:

① 外部中断源的边沿触发电路设计。

② 外部中断源的电平触发电路设计。

③ 外部中断源开放方法及中断源申请条件的编程。

④ 有中断源的主程序及中断服务程序设计。

⑤ 有中断源的系统程序调试。

⑥ 基于中断的检测与响应。

2. 工作任务

① 学会叙述中断源在计算机系统中的作用。

② 能根据系统需求设计外部中断源。

③ 学会调试有外部中断申请的程序流程。

④ 学会观察程序运行过程中单片机内部数据存储区、程序存储区、特殊功能寄存器区的数据变化。

⑤ 能查找并排除外部中断申请服务时的系统故障。

⑥ 学会使用万用表、示波器分析外部中断工作电平及波形图。

⑦ 会选用外部中断触发电路中的元器件参数。

⑧ 学会分支、循环、子程序设计。

3.1 汇编语言循环程序设计

3.1.1 循环程序设计概述

循环是指在一定条件下反复执行一个程序块,直到满足一定条件后或重复一定次数后结束。在实际工作中,有时要求对某一问题进行多次重复处理,而仅仅只是初始条件不同,这种计算过程具有循环特征。循环程序设计是解决此问题的一种行之有效的方法。

循环程序是采用重复执行某一段程序来实现要求完成计算的编程方法。循环程序遵循结构化设计,只有一个入口,一个出口。根据循环控制方式不同,循环可以分为计数循环和条件循环。条件循环又分为当型循环结构和直到型循环结构,其循环结构如图 3-1 所示。

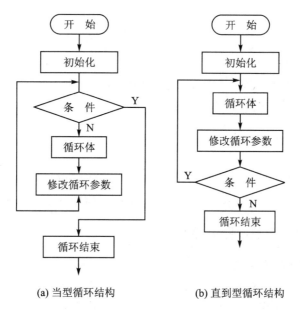

(a) 当型循环结构　　　　(b) 直到型循环结构

图 3-1　条件循序结构示意图

循环程序按结构形式,有单重循环与多重循环。在多重循环中,只允许外重循环嵌套内重循环;不允许循环相互交叉,也不允许从循环程序的外部跳入循环程序的内部,如图 3-2(a)、(b)、(c)所示。

循环程序一般包括如下四个部分:
1) 初始化:设定循环控制变量初值、地址初值和循环次数等。
2) 循环体:需重复执行的程序段。
3) 循环修正:修改循环控制变量。

4) 循环控制:根据修正结果判断是否继续循环。

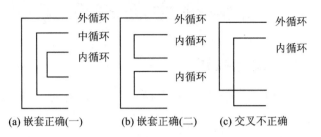

图 3-2 多重循环示意图

3.1.2 汇编语言循环程序设计涉及的条件转移指令

MCS-51 指令系统中提供了以下两条条件转移指令,即
(1) 寄存器内容减 1 非零转移指令

```
DJNZ  Rn,rel     ;Rn-1≠0,  转移 PC← rel
                 ;Rn-1=0,  顺序执行 PC← PC+2
```

指令功能:寄存器内容减 1,如果寄存器内容为 0,则顺序执行下一条指令;否则转移到标号为 rel 处执行程序。Rn 可使用 R0~R7。

(2) 直接地址单元内容减 1 非零转移指令

```
DJNZ  direct,rel  ;(direct)-1≠0,  PC← rel
                  ;(direct)-1=0,  PC← PC+2
```

指令功能:直接地址单元内容减 1,如果减 1 后的内容是 0 则顺序执行下一条指令,否则转移到标号为 rel 处执行程序。direct 一般使用 30H~7FH 地址单元。

3.1.3 汇编语言循环程序设计

1. 计数循环程序设计

对循环次数固定的循环结构可采用如下方法进行设计:
1) 选择某个工作寄存器(Rn,n=0~7)或某个内存单元(30H~7FH)作循环计数器,并预置循环计数初值(最小或最大)。
2) 在修正部分对工作寄存器或内存单元内容进行修改(最小增 1、最大减 1)。
3) 判断工作寄存器或内存单元内容是否达到设定终值,以判断是否结束循环。

2. 计数循环举例

例 3-1 将内部数据存储器 30H~7FH 地址单元的内容传送到外部数据存储器以 1000H 开始的连续地址单元中去。

解:分析 30H~7FH 共计 80 个单元,需传送 80 次数据。将 R7 作为循环计数寄存器,使用两个指针指向内部、外部地址单元,通过间接寻址,即可以完成数据传送操作,其流程图如图 3-3 所示。

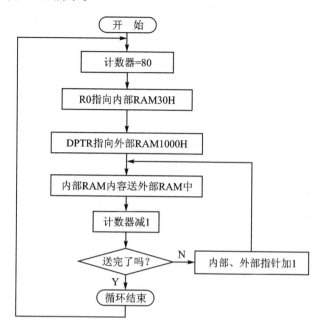

图 3-3　计数循环流程图

方法一,选用 DJNZ Rn,rel 指令。
程序代码

```
        ORG     0000H
MAIN:   MOV     R0,#30H         ;内部地址单元指针
        MOV     DPTR,#1000H     ;外部地址单元指针
        MOV     R7,#80
LOP:    MOV     A,@R0           ;从 R0 指向的内部地址单元中获取数据到累加器 A
        MOVX    @DPTR,A         ;累加器 A(内部地址中获取的数据)送往外部地址单元
        INC     R0              ;R0 指向下一个内部地址单元
        INC     DPTR            ;DPTR 指向下一个外部地址单元
        DJNZ    R7,LOP          ;80 个数据未传送完,继续传送
        SJMP    $               ;80 个数据传送完,CPU 休息(等待状态)
        END
```

方法二,选用 CJNE Rn,#data,rel 指令。
程序代码

```
        ORG     0000H
MAIN:   MOV     R0,#30H
        MOV     DPTR,#1000H
        MOV     R7,#00
```

```
LOP:    MOV     A,@R0
        MOVX    @DPTR,A
        INC     R0
        INC     DPTR
        INC     R7
        CJNE    R7,#80,LOP
        SJMP    $
        END
```

思考：若将内部数据存储器 30H～7FH 单元的内容传送到外部数据存储器以 1000H 开始的连续单元及外部数据存储器 30H～7FH 单元中去，应如何编程？

3.2 汇编语言子程序设计

所谓子程序，就是具有一定功能可供重复调用的相对独立的程序段。在程序设计中，经常会遇到在程序的不同地方执行同一个程序段，如每次都重复书写这个程序段，会使程序变得冗长而杂乱。造成程序既繁琐又增加了内存的开销。那么，能否将这个具有独立功能的程序段独立起来供程序多次使用呢？子程序就是为了解决这个问题而产生的。

子程序可放在程序的任何位置。调用子程序时需要暂停主程序的执行，转去执行子程序，待子程序执行完后，再返回主程序继续执行，如图 3-4 所示。

为了保证能从子程序正确返回主程序，在调用子程序时，CPU 必须把主程序转去执行子程序时的断点（PC 当前值）保存起来，即保护现场，以保证返回主程序后程序能顺利往下执行，这就涉及堆栈的概念。

对那些已经在主程序中使用，转去子程序中也要使用的寄存器和存储单元的内容也应该使用堆栈妥善保存。

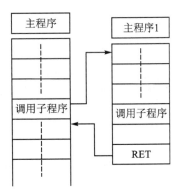

图 3-4 子程序调用示意图

3.2.1 堆 栈

1. 堆栈的概念

用于保护断点和保护现场的存储区称为堆栈。堆栈是在内存中开辟的按照先进后出原则组成的一个专用区域，该区域只能在一端进行存取操作，该端称为栈顶。MCS-51 单片机的栈顶位置由 SP 堆栈指针指示。第 1 章中介绍过，8051 单片机复位时，SP 指向内部数据存储区 07H 外，即堆栈区的栈顶为 07H。SP 指针除了可以选用默认值 07H 外,也可以通过编程设定在内部 RAM 低 128 字节区域,如:MOV SP,♯50H(堆栈区的栈顶为 50H)。

MCS-51 单片机的堆栈操作规则如下:数据进栈前,SP 指针先上移一个单元,SP←SP+1,然后将要保护的数据写入 SP 所指的单元;若还有数据需要保护,则再执行 SP←SP+1,继续将要保护的数据写入 SP 所指的单元,因此,先存进去的数据放在下面,后存进去的数据放在上面,类似于货栈堆放货包,一包包落起来。数据出栈时,先将 SP 所指的单元内容弹出,然后 SP 向下移一个单元,SP←SP-1,再取,再执行 SP←SP-1 指令,这样,存在最后面的数据最后被读出,类似于出货。所以堆栈中的数据存取遵循"先进后出"原则。

堆栈使用方式有两种:一种是自动方式,在调用子程序或中断时(执行 LCALL 指令),断点的保护就是采用这种方式;另一种是指令方式,即通过执行堆栈操作指令进行入栈(PUSH)、出栈(POP)操作,现场的保护一般采用这种方式。

2. 堆栈操作所用指令

数据的进栈、出栈由指针 SP 统一管理,可以由 CPU 自动完成堆栈任务,也可以通过软件编程设定堆栈。

(1) 堆栈操作用到的指令——进栈和出栈指令

```
PUSH    direct          ;SP←SP+1,SP←(direct)
POP     direct          ;(direct)←SP,SP←SP-1
```

PUSH 是进栈(或称为压栈操作)指令。

指令功能:进栈时,先执行 SP←SP+1,然后将直接地址单元的内容压入 SP。

POP 是出栈(或称为弹出操作)指令。

指令功能:出栈时,将 SP 指针所指的地址单元内容弹出到直接地址单元 direct 中,再执行 SP←SP-1。

例 3-2 堆栈程序举例:

```
ORG     0000H
MOV     SP,♯70H         ;70H 单元为堆栈栈顶
MOV     40H,♯01H
MOV     41H,♯02H
PUSH    41H             ;SP←SP+1,SP 指向 71H 单元,(71H)=02H
PUSH    40H             ;SP←SP+1,(72H)=01H
MOV     40H,♯03H
MOV     41H,♯04H
POP     40H             ;堆栈区 72H 单元内容(01H)弹回 40H 单元,SP(71H)←SP-1
POP     41H             ;堆栈区 71H 单元内容(02H)弹回 41H 单元,SP(70H)←SP-1
END
```

现在学习如何观察单片机内部数据存储区、堆栈区在程序运行过程中的变化。

启动 MedWin 软件,输入上述程序,编译/汇编,并产生代码。

1) 选择调试→开始调试,如图 3-5、图 3-6 所示。单步运行并选择查看→数据 Data 区 70H~72H,40H~41H 中数据的变化。

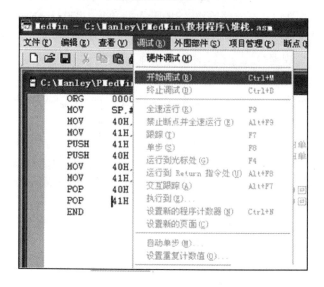

图 3-5　程序调试界面

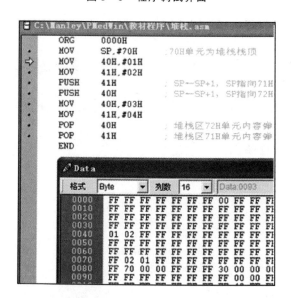

图 3-6　数据区 71H~72H、40H~41H 数据变化

2) 从图 3-6 中的 1~5 行可以看到,数据存储区 40H~41H 中数据为 01H、02H,执行完两条堆栈指令后,堆栈区 71H~72H 内容为 02H、01H,即将 40H~41H 中数据压入堆栈保护。虽然 6~7 行对 40H~41H 中数据重新进行了赋值,但由于

8~9行执行了弹栈操作,40H~41H中数据依然是01H、02H。

3) 从1)、2)调试过程可以加深对堆栈操作的理解,同时也应该进一步学会如何查找程序运行过程中数据区、寄存器、特殊功能寄存器的数据的变化是否正确。

希望学习者都能按上述方法学习程序调试过程,并帮助领会指令执行的真正含义及算法设计的正确性。

例 3-3

```
ORG    0000H
MOV    SP,#70H    ;70H单元为堆栈栈顶
PUSH   41H        ;SP←SP+1,SP指向71H单元,将41H单元内容压入71H单元
PUSH   40H        ;SP指向72H单元,将40H单元内容压入72H单元
POP    30H        ;堆栈区72H单元内容弹回30H单元,SP(71H)←SP-1
POP    31H        ;堆栈区71H单元内容弹回31H单元,SP(70H)←SP-1
END
```

思考:根据堆栈原则,上述程序编程是否有错?仿照例2的调试方法,观察数据Data区30H~31H,40H~41H中的数据。

(2) 自动执行堆栈用到的指令——子程序调用和返回指令

① 绝对调用 ACALL addr11

指令功能:

a) 保护断点:将当前指令的PC值+2,即下一条将要执行的指令地址压栈;

b) 形成转移入口地址:addr11入口地址,也是要调用的子程序名,将子程序入口地址赋值给PC,PC=A15A14A13A12A1100000000000~A15A14A13A12A11111111111111,这里主程序与子程序之间的距离只能是2 KB,addr11→(PC)$_{10\sim0}$,如图3-7所示。指令详细执行过程:PC+2→PC,SP+1→SP,(PC)$_{0\sim7}$→(SP),SP+1→SP,(PC)$_{8\sim15}$→(SP)。

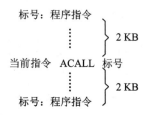

图 3-7 ACALL 调用示意图

② 长调用指令 LCALL addr16

指令功能:与绝对调用指令功能相同,但这里主程序与子程序之间的距离是64KB,

PC=0000000000000000~1111111111111111。

③ 返回指令 RET

指令功能:

a) 结束子程序运行;

b) 将主程序保护的断点地址值弹出送 PC。

指令详细执行过程：$SP \rightarrow (PC)_{8\sim15}, SP-1 \rightarrow SP, SP \rightarrow (PC)_{0\sim7}, SP-1 \rightarrow SP$。请参看附录 2 指令表。

3.2.2 子程序设计

1. 子程序的调用过程

子程序的引用采用调用的形式，即当需要执行这个程序段时暂停主程序运行，转去执行子程序，执行完后，再返回主程序继续执行。所以子程序的调用要解决好断点和现场保护问题。断点的保护在子程序调用时由硬件自动完成，即自动执行压栈操作，将执行完调用指令后的 PC 值压入堆栈进行保护，然后将被调用的子程序入口地址送入 PC 中，此时程序转入子程序处执行相应功能。当执行完子程序时，必须有一条 RET（返回）指令，硬件系统会执行弹栈操作，将压栈保护的 PC 值弹出，程序会在弹出的 PC 值指引下，回到主程序继续运行。

2. 子程序结构

1) 子程序第一条指令必须用标号标明，作为子程序的首地址（也就是子程序名），以便正确调用。

2) 子程序的末尾必须用 RET 返回指令，以便正确返回。

子程序名：…

　　　　　　RET

3. 子程序的设计

在用汇编语言编写应用程序时，适当的使用子程序可以使整个程序结构清晰，便于阅读和理解。同时还可以减少源程序和目标程序的代码长度。例如，将程序中要多次使用的一段程序写成子程序的形式，在程序中每次使用该程序段的地方只需写上一条调用指令，这样，程序将会简练很多。但是，从程序执行的角度来看，每次调用子程序，都要附加断点保护及现场保护的任务，因此增加了程序的执行时间。

在汇编程序设计中使用子程序，要解决好参数传递和现场保护两个问题。大多数子程序都有入口参数和出口参数。入口参数是调用子程序时必须带入的一些参数，出口参数是子程序的一些执行结果。

根据子程序概念及设计方法，可将 2.8.1 节项目设计中单片机延时程序写为软件延时子程序，并应用到该项目设计中。读者可认真分析子程序结构及在主程序中的调用过程，以便更好理解断点使用及模块化程序设计。

软件延时子程序代码如下：其中标号 DELAY 是软件延时子程序的首地址（也就是子程序名），子程序名的定义应该遵循子程序功能，即

```
DELAY:   MOV    R6,#255
DELAY1:  MOV    R7,#250
```

```
            DJNZ    R7,$
            DJNZ    R6,DELAY1
            RET
```

学习者可以分析嵌入子程序的程序代码长度与未用子程序的代码长度有何不同？执行时间有何不同？将软件延时程序 DELAY 带入 2.8.1 节项目设计中的代码如下：

```
            ORG     0000H
            AJMP    MAIN
MAIN:       JNB     P0.0,M_One          ;按下 K1 键,转模式 1
            JNB     P0.1,M_Two          ;按下 K2 键,转模式 2
            JNB     P0.2,M_Three        ;按下 K3 键,转模式 3
            JNB     P0.3,MAIN           ;按下 K4 键,重新读取键值
            SJMP    MAIN
M_One:      MOV     P1,#0FEH
LOOP:       JNB     P0.3,MAIN           ;按下 K4 键,退出此亮灯模式
            MOV     A,P1
            RL      A                   ;循环左移,流水灯
            MOV     P1,A
            LCALL   DELAY               ;调用软件延时子程序
            SJMP    LOOP
M_Two:      MOV     P1,#0AAH            ;二极管间隔发光
LOOP1:      JNB     P0.3,MAIN           ;按下 K4 键,退出此亮灯模式
            MOV     A,P1
            CPL     A
            MOV     P1,A
            LCALL   DELAY               ;调用软件延时子程序
            SJMP    LOOP1
M_Three:    MOV     P1,#0F0H            ;二极管前四个与后四个轮流发光
LOOP2:      JNB     P0.3,MAIN           ;按下 K4 键,退出此亮灯模式
            MOV     A,P1
            CPL     A
            MOV     P1,A
            LCALL   DELAY               ;调用软件延时子程序
            SJMP    LOOP2
DELAY:      MOV     R6,#255
DELAY1:     MOV     R7,#250
            DJNZ    R7,$
            DJNZ    R6,DELAY1
            RET
            END
```

3.3 中断概述

1. 中断的概念

"中断"顾名思义,就是中间打断某一工作进程去处理一些与本工作无关或间接有关的事情,处理后,继续原工作进程。换句话说,中断就是在工作过程中突然有更紧要的事去处理,于是将当前的工作打断,处理好更紧要的事后再继续当前的工作。

中断是日常生活中普遍存在的一种现象。例如,排球比赛中,一方要求暂停→申请中断,经裁判同意→响应中断,双方停下比赛,去商量对策→中断处理;暂停时间到,回到场地继续比赛→中断返回。又例如,某人在机床加工零件,突然,机床发生故障;他只好中断加工,处理故障;待故障排除,机床恢复正常后,又继续加工零件。

在某些场合下,人们往往利用中断来提高效率;而在另外一些场合,中断并不是人为产生,而是客观需要。计算机正是利用中断,使它能和外围设备并行工作,以提高其效率或实时处理一些紧急事件。

2. 计算机中的中断

计算机所讲的中断是指 CPU 为了处理某种随机而紧急的事件,或应外围设备的要求暂停当前程序的执行,转去执行相应的中断服务程序,处理紧急事件或为外围设备服务,中断服务程序执行完后,又返回继续执行原来的程序。计算机中实现中断控制的硬件、软件称之为"中断系统"。中断系统的性能也是衡量计算机性能的一项重要指标。

计算机处理中断的过程一般包括中断请求、中断响应、中断服务和中断返回,如图 3-8 所示。中断请求就是中断源要求 CPU 为其服务时主动向 CPU 提出的中断申请;中断响应是 CPU 同意为该中断源服务时进行的一系列应答操作;中断服务是 CPU 执行该中断源的服务程序;中断返回则是 CPU 执行完中断服务程序后为返回到被中断的程序处而进行的操作。

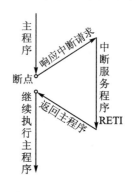

图 3-8 中断过程示意图

3. 中断的优点

1)计算机与其他设备多任务同时工作、分时操作,提高了计算机的利用率。
2)实时处理控制系统中的各种信息,提高了计算机的实时性和灵活性。
3)使计算机及时处理故障等突发事件,提高了计算机本身的可靠性。

3.4 单片机中断系统

3.4.1 单片机的中断概念

1. 单片机的外部中断和内部中断

单片机在工作时往往需要处理多个事情,有些事情并不需要单片机时刻进行控制,只是需要在某些特定的条件下由单片机做出相应处理。有些事情则需要单片机花比较多的时间逐步控制,一旦停止控制就无法进行下一步操作,中断的引入可以让单片机面对这样的问题时有更高的工作效率。对于不需时刻进行的控制,在某种条件下需要被干预时即发出中断请求信号,由单片机的中断服务程序来进行相应处理;需要时刻控制的可由单片机主程序循环持续控制。

单片机的中断可分为两类:一种是单片机内部控制电路在某种条件下产生信号的称为内部中断。另一种则是单片机外部控制电路在需要时产生信息的称为外部中断。如,单片机系统的断电保护,当有断电事件产生时,断电保护外部控制电路通过单片机外部中断引脚(P3.2 或 P3.3)向单片机的 CPU 发出中断申请信号,CPU 此时如果没有同级或高级中断,执行完当前指令后,即响应中断申请信号,进行相关的断电处理工作(中断服务)。

2. 单片机中断源

能发出中断请求的各种来源成为中断源。外围设备、现场信息、故障及实时时钟都是中断源。单片机外部中断有两个中断源:外部中断 0 "$\overline{INT0}$" 和外部中断 1 "$\overline{INT1}$";内部中断有 3 个中断源 T0、T1 及串口中断。每个中断源均有两个中断优先级别,从而可以实现两级中断嵌套。

3. 中断优先级

CPU 暂停现行程序而转去响应中断请求的过程称为中断响应;为使系统能及时响应并处理发生的所有中断,系统根据引起中断事件的重要性和紧迫程度,硬件将中断源分为若干个级别,称为中断优先级。

4. 中断嵌套

中断嵌套是指中断系统正在执行一个中断服务时,有另一个优先级更高的中断提出中断请求,这时 CPU 会暂时终止当前正在执行的级别较低的中断源的服务程序,去处理级别更高的中断源,待处理完毕,再返回到被中断了的中断服务程序继续执行,这个过程就是中断嵌套。图 3-9 显示了两级中断嵌套的执行过程。

中断嵌套其实就是更高一级的中断的"加塞儿",处理器正在执行着中断,又接受了更急的另一"急件",转而处理更高一级的中断的行为。

关于中断嵌套,即当一个中断正在执行时,如果事先设置了中断优先级寄存器 IP(详细看 3.5 节单片机所涉及的寄存器),那么当一个更高优先级的中断到来时会

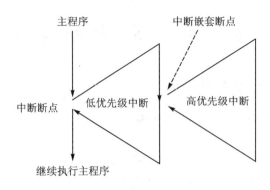

图 3-9 两级中断嵌套

发生中断嵌套,如果没有设置则不会发生任何嵌套。如果有同一个优先级的中断触发,它并不是在"不断的申请",而是将它相应的中断标志位置位即 IE 寄存器的某位置位,当 CPU 执行完当前中断之后,按照查询优先级重新去查询各个中断标志位,进入相应中断。

要记住,没有设置 IP 时,单片机会根据中断源优先级顺序进入中断服务。如果要想让某个中断优先响应,则要设置 IP,更改执行优先级。要注意的是,当设置了 IP (Interrupt priority 即中断优先级)后,低优先级中断在运行时,如果有高优先级的中断产生,则会嵌套调用进入高优先级执行中断。如果用 C 语言写的程序,并在中断服务时 using 了寄存组,这两个不同执行优先级的中断服务程序不要 using 同一组寄存器。

3.4.2 单片机中断源介绍

1. 外部中断源

51 系列单片机有 5 个中断源,其中 2 个是外部输入中断源 $\overline{INT0}$(P3.2)和 $\overline{INT1}$ (P3.3),这两个中断源均为低电平有效。当来自于中断口线(外部引脚 P3.2 或 P3.3 输入信号)产生低电平时,即触发一次中断。单片机产生外部中断的外部控制电路有两种触发方式可选:电平触发和边沿触发,触发信号如图 3-10 所示。中断控制寄存器 TCON 的 IT1(TCON.2)和 IT0(TCON.1)分别用来设定外部输入中断 1 和中断 0 的中断触发方式。若外部输入中断控制为电平触发方式(低电平触发),则软件设定 IT0=0 或/IT1=0;若外部输入中断控制为边沿触发方式(下降沿触发中断),软件则设定 IT0=1 或/IT1=1。

1) 电平触发方式时,中断标志寄存器不锁存中断请求信号。也就是说,单片机把每个机器周期的 S5P2 采样到的外部中断源口线的电平逻辑直接赋值到中断标志寄存器(IE0/IE1)。标志寄存器对于请求信号来说是透明的。这样当中断请求被阻塞而没有得到及时响应时,将被丢失。换句话说,要使电平触发的中断被 CPU 响应并执行,必须保证外部中断源口线的低电平维持到中断被执行为止。因此当 CPU

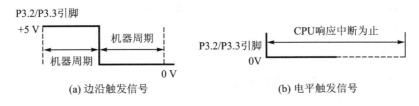

图 3 - 10 单片机外部中断触发信号

正在执行同级中断或更高级中断期间,产生的外部中断源(产生低电平)如果在该中断执行完毕之前撤销(变为高电平)了,那么将得不到响应,就如同没发生一样。同样,当 CPU 在执行不可被中断的指令(如 RETI)时,产生的电平触发中断如果时间太短,也得不到执行。

2) 边沿触发方式时,中断标志寄存器锁存了中断请求。中断口线(P3.2/P3.3)上产生从高到低的跳变并记录在中断标志寄存器中(IE0/IE1),直到 CPU 响应并转向该中断服务程序时,中断请求(IE0/IE1)才由硬件自动清除。因此当 CPU 正在执行同级中断(甚至是外部中断本身)或高级中断时,产生的外部中断(负跳变)同样将被记录在中断标志寄存器中。在该中断退出后,将被响应执行。如果不希望这样,必须在中断退出之前,手工清除外部中断标志。

2. 内部中断源

1) T0(P3.4):定时/计数器 T0。定时/计数器 T0 内部有一个 16 位的可编程定时/计数器 TL0(8 位)及 TH0(8 位),可编程设定为 16 位、13 位、8 位计数器工作(详细见第 4 章)。

定时功能时,计数脉冲来自于单片机内部晶振脉冲的 12 分频信号,并进入 TL0 及 TH0。当计满 65 536 或 8 192 或 256 个脉冲并产生溢出时,自动置位中断请求标志位 TF0(TF0=1),并向 CPU 申请中断。

计数功能时,计数脉冲并来自于单片机的 14 引脚 (P3.4)输入信号,同样进入 TL0 及 TH0。

定时、计数除脉冲来源不同外,工作原理是一样的。定时功能计数的脉冲个数是已知时间下的脉冲,计数功能计数的脉冲时间可能未知。

2) T1(P3.5):定时/计数器 T1。结构与 T0 相同。定时功能时,计数脉冲来自于单片机内部的晶振脉冲的 12 分频信号。计数功能时,计数脉冲来自单片机的 15 引脚 (P3.5)输入信号。产生溢出时,自动置位中断请求标志位 TF1,并向 CPU 申请中断。

3) RXD (P3.0)/ TXD(P3.1):串口发送/接收共享一个中断源,为完成串行数据传送而设置。发送串行数据时,数据的各位经单片机的 11 引脚(P3.1)输出,当发送完一帧串行数据时置位 TI。接收数据时,数据的各位经单片机的 10 脚(P3.0)输入,同样当接收完一帧串行数据时置位 RI。无论是发送还是接收数据,只要 TI 或

RI 置位,即可向 CPU 申请中断。与上面叙述的四个中断源不同的是,CPU 响应串口中断时,硬件不能自动清除 TI 或 RI,此工作需由软件完成,即 CLR RI OR CLR TI(RI=0 OR TI=0)。

3.4.3 单片机中断过程分析

这里仅分析外部中断的中断响应过程。定时/计数器及串口中断中断响应可查阅第 4 章及第 6 章有关章节。

外部中断中断响应过程,以外部中断 0 为例。来自单片机 12 脚的输入信号有电平、边沿触发方式。

1. 电平触发方式

来自单片机 12 引脚的外围电路申请中断时产生一低电平信号。根据图 3-13 电路设计,外围设备每准备好一个数据时,发出一个选通信号(正脉冲),使 D 触发器 Q 端置 1,产生中断请求信号。外部中断 0 为电平触发,软件设置 IT0=0(也可默认 IT0=0,软开关默认打在上方),观看图 3-11。CPU 在每一个机器周期 S5P2 期间采样$\overline{INT0}$(P3.2 引脚),如图 3-12 所示。若采到低电平,则认为外部中断 0 有中断申请,即自动置位 IE0=1。若采到高电平,则认为外部中断 0 无中断申请或中断申请已撤除,随即清除中断请求标志位 IE0=0。

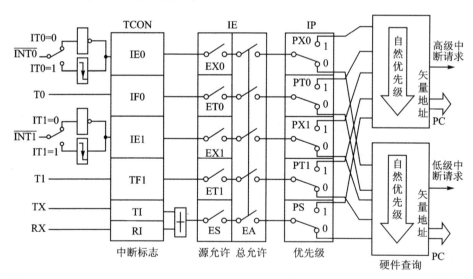

图 3-11 单片机中断系统图

在电平触发方式下,CPU 响应中断后不能自动清除中断请求标志位,也不能由软件清除,所以在中断返回前,要采用软件结合硬件设计撤消$\overline{INT0}$引脚的低电平,否则将再次响应中断造成出错,如图 3-13 所示。当中断响应后,通过控制 P1.7 输出一个低电平,使 Q 输出高电平,$\overline{INT0}$无效,从而清除 IE0 标志。

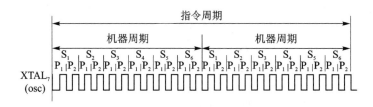

图 3-12 单片机时钟信号

2. 边沿触发方式

单片机 P3.2 外接一个按键 K1,如图 3-14 所示。当 K1 未动作时,由于 P3.2 内部接有上拉电阻,P3.2 端口为高电平。如果操作人员按下 K1 键,P3.2 端口由于按键另外一端接地的缘故变为低电平,即产生了一个从高电平到低电平的跳变,故可分析外部中断 0 为边沿触发方式,据此软件设置 IT0=1,软开关打在下方。CPU 在每一个机器周期 S5P2 期间采样 $\overline{INT0}$(P3.2 引脚),若在连续两个机器周期采到先高后低电平,则认为有外部中断 0 中断申请,即将外部中断 0 的中断请求标志位 IE0 置 1,此标志一直保持到 CPU 响应中断时,才由硬件自动清除。CPU 响应中断后,硬件自动清除 IE0(即 IE0=0),并自动产生一 LCALL 调用指令,其目的将主程序下一条未执行的指令地址送入堆栈,即保护断点,然后转去执行相应的中断服务程序,执行完中断服务程序后,通过 RETI 指令将保护的断点弹回到 PC 指针中,从而可以从中断服务程序返回到主程序的断点处。

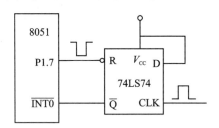

图 3-13 外部中断 0 电平触发控制

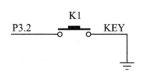

图 3-14 外部中断 0 边沿触发电路

3.5 单片机中断寄存器

51 单片机中断控制主要实现中断的开关管理、中断优先级管理及中断标志寄存。这些管理主要通过对特殊功能寄存器(含中断允许控制寄存器(IE)、中断优先级控制寄存器(IP)、定时/计数器控制寄存器(TCON)、串行口控制寄存器(SCON))的各位进行置位或复位操作。

3.5.1 中断允许控制寄存器 IE(A8H)

IE 在特殊功能寄存器中,字节地址 A8H,位地址分别是 A8H~AFH。IE 控制

CPU 对总中断源的开放或禁止以及每个中断源是否允许中断,其格式如图 3-15 所示。此寄存器中的各位是各自中断源的中断允许位,当其中的某一位为高时,相应的中断源允许开关闭合(参看单片机中断系统图 3-11),在总中断允许闭合的条件下,CPU 即会根据位标志响应相关中断。

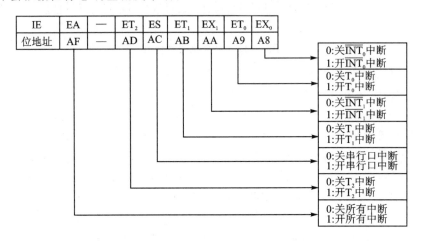

图 3-15 中断允许寄存器各位定义

例 3-4 允许外部中断 0 及定时器 T0 向 CPU 申请中断,应如何设定中断允许寄存器 IE?

解:根据中断允许寄存器各位定义,如果允许外部中断 0 及定时器 T0 向 CPU 申请中断,则应编程为:

```
    SETB    EA
    SETB    EX0
    SETB    ET0
或: MOV     IE,#83H(1000011)
```

3.5.2 中断优先级控制寄存器 IP(B8H)

IP 在特殊功能寄存器中,字节地址为 B8H,位地址分别是 B8H~BFH,IP 用来锁存各中断源优先级的控制位,其格式如图 3-16 所示。

该寄存器各位是由各中断源的优先级别设定,当其中的某一位为高时,相应的中断源编程为高优先级,从而实现两级中断嵌套,即正在执行的中断可以被较高级中断请求中断,而不能被同级或较低级中断请求所中断。

当五个中断源同时产生中断时,若未使用中断优先级寄存器 IP 设定,则由硬件优先级链路顺序响应中断:最高$\overline{INT0}$→T0→$\overline{INT1}$→ T1→串行口最低。

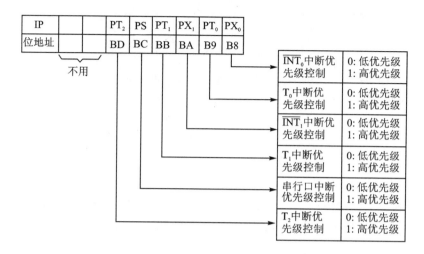

图 3-16 中断源优先级设定寄存器

3.5.3 定时/计数器控制寄存器 TCON(88H)

控制寄存器 TCON,字节地址 88H,位地址分别是 88H～8FH。TCON 的低四位用于设定外部中断 0、1 的工作触发方式和存储外部中断 0、1 中断申请标志。高四位用于存储定时/计数器的溢出标志及启动定时/计数器工作,如图 3-17 所示。

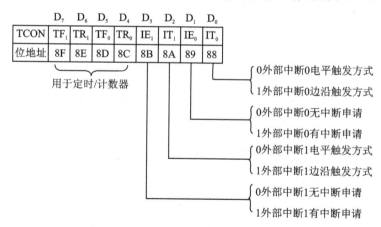

图 3-17 中断控制寄存器各位定义

当 IT0/IT1＝0 时,从外部中断 0(P3.2)/外部中断 1(P3.3)引脚接入的触发信号为电平触发(低电平)。

当 IT0/IT1＝1 时,从 P3.2/P3.3 引脚接入一个从高电平到低电平变化的脉冲信号,下降沿有效即边沿触发,此信号需维持连续两个机器周期。

当 IE0/IE1＝0 时,无外部中断 0/1 的中断申请。

当 IE0/IE1＝1 时,外部中断 0/1 向 CPU 申请中断。

例 3-5 根据例 4 设定,如果让定时器 T0 的优先级高于外部中断 0,应如何设定 IP?

解:根据 51 系列单片机自然优先级规定,外部中断 0 优先级高于定时器 T0,若不设定 IP,当定时器 T0 的中断标志位 TF0=1,外部中断 0 的中断标志位 IE0=1,即 T0 与 $\overline{INT0}$ 同时向 CPU 发出有效申请,CPU 首先响应 $\overline{INT0}$ 中断申请,待 $\overline{INT0}$ 中断服务结束返回后才响应 T0 的中断申请。如果编程:MOV IP,♯02H(或 SETB PT0),则当外部中断 0 和定时器 T0 同时产生中断时,CPU 先响应定时器 T0 的中断服务,返回后才响应 $\overline{INT0}$ 的中断申请。

串行口控制寄存器(SCON)详细使用见第 6 章。

51 系列单片机仅提供了两个外部中断源,而在实际应用中可能有两个以上的外部中断源,这时必须对外部中断源进行扩展。可用如下方法进行扩展:

1) 利用定时/计数器扩展外部中断源。
2) 利用中断和查询结合法扩展外部中断源。

系统有多个中断源时,可按照其轻重缓急进行中断优先级排队,将最高优先级别的中断源接在外部中断 0,其余中断源接在外部中断 1 及 I/O 口,当外部中断 1 有中断请求时,再通过查询 I/O 口的状态,判断哪一个中断申请。

3.6　外部中断源中断应用设计

项目引入:8051 单片机外部中断 0、1 的应用控制。

3.6.1　CPU 响应中断的条件

CPU 在每个机器周期的 S5P2 期间,对各个中断源进行采样,并检查是否有中断优先级设置;在下一个机器周期 S6 期间按优先级顺序查询各中断源,如图 3-12 所示。如果查询到有中断源标志位为 1,则将在下一个机器周期 S1 期间按优先级进行中断处理。

1. CPU 响应中断的条件

1) 首先要有中断源发出有效的中断申请。
2) CPU 中断是开放的。这里只要允许中断源(不一定是全部中断源)向 CPU 申请中断,即需要软件设定中断总允许位 EA=1。
3) 申请中断的中断源允许位为 1。

2. 中断响应阻止条件

以上是 CPU 响应中断的基本条件。如果上述条件满足,则 CPU 一般会响应中断。但是,若有下列任何一种情况存在,则中断响应会被阻止。

1) CPU 正在执行一个同级或高级的中断服务。
2) 现行机器周期不是所执行的指令的最后一个机器周期。作此限制的目的在于使当前指令执行完毕后,才能进行中断响应,以确保当前指令的完整执行。

3) 当前指令是返回指令或访问 IE、IP 的指令。因为按 MCS-51 中断系统的特性规定,在执行完这些指令之后,还应再继续执行一条指令,然后才能响应中断;若存在上述任何一种情况,CPU 将丢弃中断查询结果;否则,将在紧接着的下一个周期内执行中断查询结果,响应中断。

例 3-6 根据图 3-14 所示,单片机 12 引脚外接了一按键电路,如果允许外部中断 0 向 CPU 申请中断,CPU 是否能响应?

解:根据题意,现允许外部中断 0 向 CPU 申请中断,则设定:

```
SETB EA        ; EA = 1
SETB EX0       ; EX0 = 1
```

从图 3-14 外围电路设计分析,未按下 K1 键时,单片机 12 引脚输入信号为高电平,按下 K1 键后,12 引脚产生一个从高电平到低电平的跳变,外部中断 0 为边沿触发方式,则设定:

```
SETB IT0       ; IT0 = 1
```

按下 K1 键时,外部中断 0 发出了有效的边沿触发申请,即 IE0=1,CPU 则立即响应外部中断 0 中断申请。

3.6.2 CPU 中断响应过程

(1) 保护断点

CPU 响应中断后,执行一条中断系统提供的 LCALL 指令,与软件中调用子程序执行的 LCALL 指令一样,即把程序计数器 PC 的内容(CPU 要执行的下一条指令地址)压入堆栈保护,并将该中断源对应的中断服务程序入口地址送入 PC。

(2) 转入中断服务程序入口

如 CPU 响应外部中断 0 中断申请后,即将要执行的指令地址压入堆栈保护,然后赋值(PC)=0003H,以转入外部中断 0 的入口处。MCS-51 系列单片机中断源的中断入口地址是固定的,其地址如表 3-1 所列。

表 3-1 51 系列单片机中断源的中断入口地址

中 断 源	入口地址
外部中断 0	0003H
定时器/计数器 T0	000BH
外部中断 1	0013H
定时器/计数器 T1	001BH
串行口中断	0023H

(3) 执行中断服务程序

上述的(1)、(2)步是 CPU 响应中断时中断系统内部自动完成的,而中断服务程序的执行过程则是用户程序安排的。

3.6.3　中断服务程序的编写

1)从表 3-1 分析,由于中断源之间的入口地址间隔只有几个字节,不能容纳每个中断源的中断服务程序,所以在中断服务程序的入口地址处一般只放一条长转移指令,这样可以使中断服务程序灵活地安排在程序存储器 64 KB 的任何地方。

2)硬件提供的 LCALL 指令只是将 PC 内的断点地址压入堆栈保护,而对其他寄存器,如程序状态字 PSW、累加器 A 等的内容并没有作保护处理,所以,如果需要(这里说的需要是 CPU 在执行主程序时涉及的 PSW 及 ACC 的值还未来得及处理),就进入了中断服务程序。而中断服务程序中也涉及改写 PSW 及 ACC 的值。保护方法:在中断服务程序中,首先应用软件保护现场,中断返回前恢复现场,以免中断返回后,丢失原寄存器、累加器的内容。注意恢复现场时应遵循"先进后出原则"。格式如下:

中断服务程序入口:　　PUSH　　PSW
　　　　　　　　　　　PUSH　　ACC
　　　　　　　　　　　…………………
　　　　　　　　　　　POP　　　ACC
　　　　　　　　　　　POP　　　PSW
　　　　　　　　　　　RETI

3)中断服务程序的最后一条指令必须是中断返回指令 RETI。

RETI 的功能:将中断响应时压入堆栈保存的断点地址弹出送回 PC(相当于 RET 的指令功能);将相应中断优先级状态触发器清零,通知中断系统中断服务程序执行完毕,可以再响应其他中断。

中断返回指令 RETI 与子程序返回指令 RET 的功能不同,所以编写程序时注意两者不能混用。

4)有中断申请时,程序设计分主程序和中断服务程序两部分。

主程序主要包括:

① 设置中断允许控制寄存器 IE,允许相应的中断请求源中断;

② 设置中断优先级寄存器 IP,确定并分配所使用的中断源的优先级;

③ 对外部中断,要设置中断请求触发方式 IT1 或 IT0;

④ 完成主程序任务。

中断服务程序包括:

① 处理中断请求(中断服务);

② 中断返回。

5) 有外部中断 0、1 申请的程序编写格式：

```
            ORG     0000H
            LJMP    MAIN
            ORG     0003H
            LJMP    中断服务程序名 1
            ORG     0013H
            LJMP    中断服务程序名 2
MAIN:               主程序
中断服务程序名 1：   中断服务程序
                    …
                    RETI
中断服务程序名 2：   中断服务程序
                    …
                    RETI
```

3.7　项目设计及训练

3.7.1　项目设计 1

1. 项目电路

参看第 2 章图 2-4 电路设计，在单片机 P3.2、P3.3 引脚设计一边沿触发电路，外接按键 K5、K6，如图 3-18 所示。要求完成以下工作：允许外部中断 0、1 申请中断，按下 K5 键，二极管发光，按下 K6 键，二极管熄灭。

2. 项目分析

（1）硬件电路分析

① 由于 P3 口内部有上拉电阻，故未按下 K5、K6 键时，P3.2、P3.3 端口为高电平。当 K5 键按下时，P3.2 端口产生一高到低的电平跳变，外部中断 0 的中断请求标志位 IE0=1，产生一次外部中断 0 中断请求。

② 同理，当 K6 键按下时，P3.3 端口产生一高到低的电平跳变，外部中断 1 的中断请求标志位 IE1=1，产生一次外部中断 1 中断请求。

（2）软件编程分析

① 首先完成外部中断初始化。项目要求，允许外部中断 0、1 申请中断。根据所学单片机外部中断原理可知，需要软件编程打开总中断允许开关 EA=0 及外部中断 0、1 中断允许开 EX0/EX1=0；从硬件电路设计分析：外部中断 0、1 触发方式均为边沿触发，即需要软件编程 IT0/IT1=1。

② 编写外部中断 0、1 中断服务程序。外部中断 0 的中断服务程序完成点亮发光二极管任务；外部中断 1 的中断服务程序完成熄灭发光二极管任务。程序流程图

如图 3-19 所示。

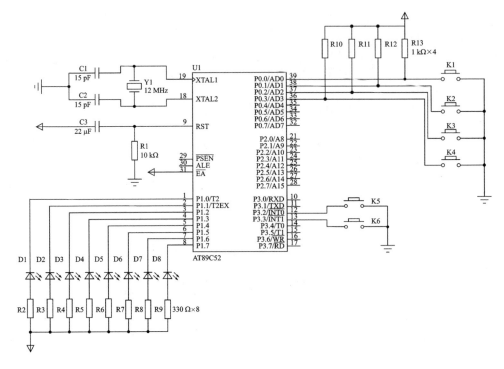

图 3-18 加接按键 K5、K6 的 MCS-51 单片机输入输出原理图

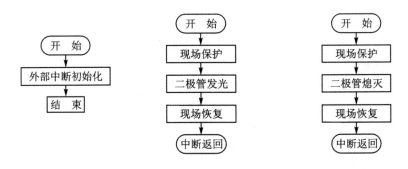

(a) 主程序流程图　　(b) 外部中断0中断服务程序　　(c) 外部中断1中断服务程序

图 3-19 按键 K5、K6 控制流水灯工作流程图

(3) 编制程序

编写录入程序：

```
LED_ON_OFF.ASM
    ORG     0000H
    AJMP    MAIN
    ORG     0003H           ;外部中断 0 入口地址
```

第3章 汇编语言程序设计及单片机中断系统应用

```
              LJMP    Int_X0          ;跳转到外部中断 0 中断服务程序
              ORG     0013H           ;外部中断 1 入口地址
              LJMP    Int_X1          ;跳转到外部中断 1 中断服务程序
    MAIN:     SETB    EA              ;中断总开关 EA 置位
              SETB    EX0             ;EX0 置位,外部中断 0 开中断
              SETB    EX1             ;EX1 置位,外部中断 1 开中断
              SETB    IT1             ;外部中断 1 边沿触发方式
              SETB    IT0             ;外部中断 0 边沿触发方式
              SJMP    $
    ;外部中断 0 中断服务程序
    Int_X0:   PUSH    ACC             ;保护累加器内容
              PUSH    PSW             ;保护程序状态寄存器内容
              MOV     P1,#00H         ;控制二极管发光
              POP     PSW             ;恢复程序状态寄存器内容
              POP     ACC             ;恢复累加器内容
              RETI
    ;外部中断 1 中断服务程序
    Int_X1:   PUSH    ACC
              PUSH    PSW
              MOV     P1,#0FFH        ;控制二极管熄灭
              POP     PSW
              POP     ACC
              RETI
              END
```

(4) 程序调试

将编写的程序编译和调试,若编译无错误,则生成目标文件 LED_0N_0FF.hex。程序调试可采用 MedWin 模拟调试及 PROTEUS 软件仿真调试。

① 使用 MedWin 模拟调试:通过 MedWin 软件中的菜单选择调试→开始调试进入调试界面。通过单步执行 F8 快捷键或快捷图标 可跟踪主程序中各指令执行情况。通过菜单:外围部件→中断(见图 3-20),观看单步执行程序时所用中断源寄存器中位的变化。从图中可以看到,由于执行了中断总开关 EA 置位及外部中断 0 置位,右边中断方框图中 EA 及 EX0 均显示选中状态,这时由于 CPU 由于无其他事处理,停留在 SJMP $,看图 3-20 箭头指向。

② 在运行环境中选中 IE0,相当于人工模拟按下 K5 键,再执行一个单步,观看图 3-21 中 CPU 跳到了 AJMP Int_X0,即响应了外部中断 0 的中断申请,转到外部中断 0 中断入口地址 0003H 处,再执行一个单步可以发现 CPU 开始执行外部中断 0 的中断服务程序,如图 3-22 中箭头所示。

③ 当执行完外部中断 0 中断服务程序后,可以看到 CPU 又返回 SJMP $处,运行结果与图 3-20 图示相同。

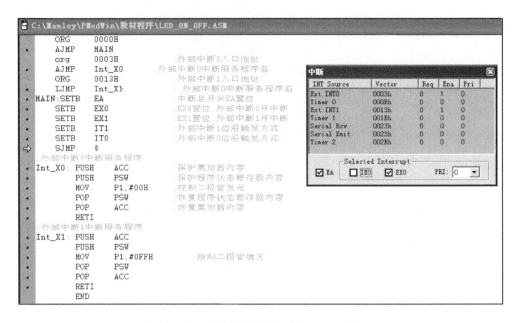

图 3-20 有外部中断申请的程序调试过程

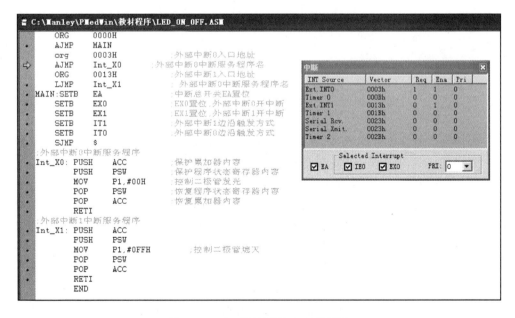

图 3-21 K5 键按下时 CPU 的流向

根据这种调试方法,读者可依次验证按下 K6 键,观看程序运行结果。

需要说明的是,利用 MedWin 模拟调试仅可以调试程序执行过程是否正确,不能观察图 3-18 中 LED 灯的动作。而使用 Proteus 软件即可以实时观察发光二极管的工作状态。

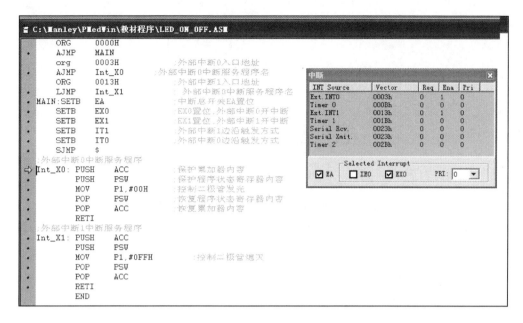

图 3-22　CPU 执行外部中断 0 中断服务程序

Proteus 仿真调试，调试过程可参看 2.7.1 汇编语言顺序程序设计中的仿真调试。

① 启动 Proteus 仿真软件，打开图 3-18 原理图，装入目标文件 LED_ON_OFF.hex。

② 运行仿真软件。在仿真界面下，按下 K5，可以看到 8 个发光二极管开始发光，按下 K6，可以看到 8 个发光二极管熄灭。

从上述两种调试过程可以看到 MedWin 模拟调试真实反映了外部中断从申请中断到 CPU 响应中断过程中硬件的动作。设计者可以通过模拟调试测试程序结构是否正确，从而使学习者加深对中断原理、程序运行过程的理解，进一步领会程序调试在单片机学习中的重要性，学会查找编写程序过程中所出现的算法错误。Proteus 仿真调试可以让读者仿真实际的外围部件动作，以激发其学习兴趣。对学习者来说，这两种学习方法都要认真领会。

3.7.2　项目设计 2

如果不允许外部中断 0、1 申请中断，K5 键、K6 键能否控制二极管工作？

从第 1 章、第 2 章学习可知 8051 系列单片机有 4 个 8 位并行 I/O 口，均可做基本输入输出。若 P3.2、P3.3 不做特殊功能寄存器使用，依然可以将其用做基本输入输出，这时通过对 P3.2、P3.3 输入信息的读入同样可以判断按键是否动作，从而控制二极管发光，流程图如图 3-23 所示。

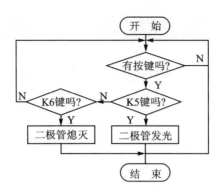

图 3-23 按键 K5、K6 控制流水灯工作流程图_查询方式

根据 3-23 流程图,编写录入程序:

```
LED_ON_OFF_Query.ASM
        ORG     0000H
        AJMP    MAIN
MAIN:   JNB     P3.2,ONE
        JNB     P3.3,TWO
        SJMP    MAIN
ONE:    MOV     P1,#00H      ;控制二极管发光
        SJMP    MAIN
TWO:    MOV     P1,#0FFH     ;控制二极管熄灭
        SJMP    MAIN
        END
```

思考:应用 PROTEUS 仿真调试比较执行项目 1 与执行项目 2 任务过程中发光二极管工作效果是否一样?CPU 在两个项目中承担的角色有何区别?哪种可以提高计算机的利用率、实时性和灵活性。

3.7.3 项目训练

参看 2.8.1 节项目设计及图 3-18,外部中断 0、1 允许中断,要求:
1)按下 K5 键发光二极管全亮之后,完成发光二极管三种亮灯控制模式。
2)按下 K6 键所有二极管闪烁发光,使用软件延时子程序控制闪烁时间。

本章总结

(1) 中断是计算机应用中的一种重要技术手段,在自动检测、实时控制等方面常用到中断功能。中断包括中断请求、中断响应、中断服务、中断返回四个环节。中断的使用使计算机系统具有如下优点:

① 计算机与其他设备多任务同时工作、分时操作,提高了计算机的利用率。
② 实时处理控制系统中的各种信息,提高了计算机的灵活性。
③ 使计算机及时处理故障等突发事件,提高了可靠性。
(2) MCS-51 有 5 个中断源,即两个外部中断:$\overline{INT0}$、$\overline{INT1}$ 和三个内部中断源 T0、T1、串行口中断(发送中断 TI 或接收中断 RI)。单片机 5 个中断源有其固定的入口地址。

中断源	入口地址	中断优先级
外部中断 0($\overline{INT0}$)	0003H	高
定时器 T0	000BH	
外部中断 1($\overline{INT1}$)	0013H	↓
定时器 T1	001BH	
串行口中断	0023H	低

优先级依上所述从高到低,使用时可根据事件的紧急程度设置相应的中断。由于中断源之间的入口地址间隔只有几个字节,不能容纳每个中断源的中断服务程序,所以在中断服务程序的入口地址处一般只放一条长转移指令,这样可以使中断服务程序灵活地安排在程序存储器 64 KB 的任何地方。有中断源的系统编程结构如下:

```
        ORG     0000H
        LJMP    MAIN
        ORG     0003H
        LJMP    外部中断 0 中断服务程序名(中断服务程序入口)
        ORG     000BH
        LJMP    定时器 0 中断服务程序名(中断服务程序入口)
        ORG     0013H
        LJMP    外部中断 1 中断服务程序名(中断服务程序入口)
        ORG     001BH
        LJMP    定时器 1 中断服务程序名(中断服务程序入口)
        ORG     0023H
        LJMP    串口中断服务程序名(中断服务程序入口)
MAIN:           主程序(CPU 完成的主要任务)
                …
外部中断 0 中断服务程序名:CPU 执行的外部中断 0 中断任务
                …
                RETI
定时器 0 中断服务程序名:CPU 执行定时器 T0 中断任务
                …
                RETI
外部中断 1 中断服务程序名:CPU 执行的外部中断 1 中断任务
                …
                RETI
```

定时器 1 中断服务程序名:CPU 执行定时器 T1 中断任务
　　　　　　　　　⋮
　　　　　　　　　RETI
串口中断服务程序名：　CPU 执行串口中断任务
　　　　　　　　　⋮
　　　　　　　　　RETI

主程序主要包括对有中断申请的中断源初始化、优先级设定及完成系统任务。中断服务程序主要让 CPU 帮忙处理紧急事件。

（3）CPU 对所有中断源以及某个中断源的开放和禁止是由中断允许寄存器 IE 管理的。开放任何中断源需要对 IE 中的相应位进行置位操作。

（4）51 系列单片机每个中断源均有两个中断优先级别,可以实现两级中断嵌套。用户可以根据各中断源的重要程度,通过中断优先级寄存器 IP 设定优先级别,同一级别的中断优先权由中断系统硬件确定。

（5）单片机产生外部中断的外部控制电路有两种触发方式可选,即电平触发和边沿触发。

思考与练习

（1）MCS-51 有几个中断源,各中断标志是如何产生的？如何复位各中断标志？CPU 响应中断时如何转去中断入口地址？

（2）MCS-51 单片机外部中断源的中断响应时间是否固定？为什么？

（3）设有一个显示器,用查询方式接口与 CPU 相连,其数据端口地址为 0030H,状态端口地址为 0031H,状态字的 D7 位为"准备好"标志,它为 1 表示可以接收新的数据。试编写程序,把从单片机内部数据存储区 BUFFER 开始存放的 50 个字节的字符,送显示器端口地址中。

（4）若将题 2 的显示器用中断方式接口与 CPU 相连,即显示器"准备好"状态以负脉冲形式送至 $\overline{INT1}$ 引脚,数据端口地址仍为 0030H,试编写中断控制程序。

（5）图 3-24 可实现系统的故障指示。当系统各部分工作正常时,四个故障源输入端全为低电平,显示灯全熄灭。只有当某部分出现故障时,则对应的输入线由低电平变为高电平,从而引起单片机外部中断 0 的中断,在中断服务中通过查询即可判断故障源,并进行相应的 LED 显示。

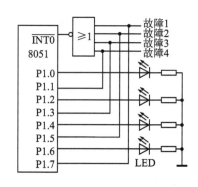

图 3-24　多故障指示原理图

第4章 单片机定时/计数器原理及应用

CPU与外围设备之间的速度差异较大,定时器的重要任务之一就是生成一定的时间间隔即定时,来协调彼此之间的工作。计算机常用的定时有软件定时、纯硬件定时及软硬件结合的定时方法。纯硬件定时欠灵活,软件定时占用CPU时间(参看3.2.2节子程序设计中的软件延时程序)。软硬件结合的方法即配置专门的定时/计数器逻辑电路,这种定时/计数器逻辑电路称为可编程定时/计数器。可编程定时/计数器工作时,通过软件编程调整定时时间及软件编程控制硬件工作。定时/计数器是单片机内部的一个独立的硬件,它可与CPU同时工作,需要CPU介入时,定时/计数器向CPU申请服务,再由CPU用手动执行相应的操作。

MCS-51单片机内部配置了两个专用的16位可编程定时/计数器。本章讲解单片机可编程定时/计数器原理及应用,希望读者完成以下内容。

1. 教学目标

最终目标:学会使用单片机定时功能获取相应的时间,学会使用单片机计数器接收外部脉冲信息。

促成目标:
① 单片机内部两个专用的16位可编程定时/计数器的定时应用。
② 单片机内部两个专用的16位可编程定时/计数器的计数应用。
③ 内部中断源T0、T1的中断应用。

2. 工作任务

① 学会叙述单片机内部的定时/计数器组成及工作原理。
② 单片机内部中断源:定时/计数器T0、T1中断开放方法及中断申请条件。
③ 学会设计并调试定时器中断服务程序。
④ 学会设计并调试查询方式时获取的定时时间。
⑤ 学会使用示波器测试定时器定时脉冲信号。
⑥ 有定时器中断源的主程序及中断服务程序设计。
⑦ 有中断申请的系统程序调试。

4.1 单片机定时/计数器结构组成和工作原理

4.1.1 定时/计数器结构组成

51系列单片机内部有两个可编程定时/计数器T0和T1,是单片机的两个内部中断源。每个定时/计数器内部有一个 16 位加"1"计数器,属于特殊功能寄存器。由高 8 位 TH1/TH0 和低 8 位 TL1/TL0 两个寄存器组成。T1 和 T0 工作在定时方式时进入 TH1、TL1 或 TH0、TL0 计数器的信号来自于晶振 OSC 经 12 分频后的脉冲。T1 和 T0 工作在计数方式时,进入 TH1、TL1 或 TH0、TL0 的信号来自于外部引脚 P3.4 或 P3.5 的脉冲,如图 4-1 所示。

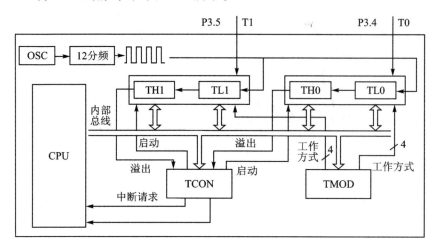

图 4-1 定时/计数器结构框图

T0、T1 的工作主要由特殊功能寄存器 TMOD、TCON 控制。

控制寄存器 TCON 低四位功能见 3.5.3 节介绍,高四位有如下功能:

1) 启动定时/计数器工作。TR1 启动定时/计数器 T1 工作,TR0 启动 T0 定时/计数器工作。

2) 存储定时/计数器的溢出标志位。TF1 定时/计数器 T1 13 位、16 位、8 位计数器计满溢出标志。TF0 定时/计数器 T0 13 位、16 位、8 位计数器计满溢出标志。

工作方式寄存器 TMOD 的如下功能:

1) 定时/计数工作受内部 TR1、TR0 控制还是受内部 TR1、TR0 和外部中断引脚 $\overline{INT0}$ 共同控制。

2) 设定 T0 或 T1 工作在定时功能还是计数功能。

3) 设定定时/计数器工作在四种工作方式的哪一种。

通过编程 TMOD、TCON 可设定任意一个或两个定时/计数器工作,并使其工作在定时、计数功能。所以 T0 和 T1 均有定时或事件计数的功能,可用于定时控制、延时、对外部事件计数和检测等场合。

4.1.2 定时/计数器工作原理

定时/计数器的核心部件是一个加 1 计数器,进入计数器的脉冲的来源有两个:一个来自系统时钟振荡器输出经 12 分频的脉冲;一个是 T0(P3.4 引脚)或 T1(P3.5

引脚)输入的外部脉冲源。其逻辑结构如图 4-2 所示。每来一个脉冲,加 1 计数器从计数初值开始加 1,当加到计数器全满时(即计数器中的值全为 1),再来一个脉冲,计数器回零,且最高位的溢出脉冲使控制寄存器 TCON 中的溢出中断标志位 TF0 或 TF1 置 1,向 CPU 发出中断请求(若定时/计数器中断源允许闭合)。此时,如果定时/计数器工作于定时功能(由工作方式寄存器 TMOD 设定),则表示定时时间到;若工作于计数功能,则表示计数值满。满计数值减去计数初值即是计数器的计数值。

作定时器使用时,图 4-2 中的电子软开关 K1 打向上方,加 1 计数器实际是对内部脉冲计数,由于单片机晶振已知(参看 2.4.1 节 8051 单片机的几种周期及相互关系中对机器周期的介绍),所以计数值乘以单片机机器周期就是定时时间。

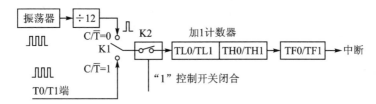

图 4-2 定时/计数器内部逻辑结构图

作计数器用时,外部事件计数脉冲由单片机 P3 口的 P3.4(T0)、P3.5(T1)引脚输入到加 1 计数器中,在每个机器周期的 S5P2 期间采样该引脚电平,若上一周期的采样值为 1,本周期的采样值为 0,则计数值加 1,计数器所计的脉冲个数就是对外部事件的计数。

4.2 单片机定时/计数器工作寄存器

51 单片机中的两个定时/计数器均有四种工作方式,定时、计数时每次只能工作在一种方式,且在不需要工作时是禁止的。所以一定要通过编程控制工作在哪种方式及何时开始"定时"、"计数"。设定定时/计数器工作方式及控制其工作的寄存器是工作方式寄存器 TMOD 和控制寄存器 TCON。

4.2.1 工作方式寄存器 TMOD

工作方式寄存器 TMOD,字节地址 89H。用于设定定时/计数器 T0、T1 的工作方式,低四位用于 T0,高四位用于 T1,格式如图 4-3 所示。这里只介绍低四位定时器 T0,高四位与低四位各位功能相同,只是用来设定 T1 的工作方式。

1) GATE 门控位。该位用来设定时/计数工作受内部 TR0 控制还是受内部 TR0 和外部中断引脚 $\overline{INT0}$ 共同控制。

GATE=0,定时/计数工作受内部 TR0 控制。由软件编程 TR0=1,即启动 T0 工作。

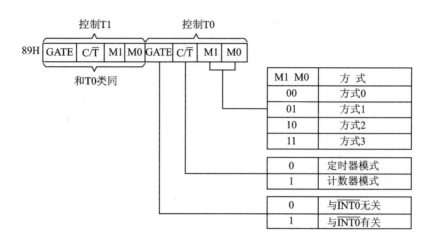

图 4-3 工作方式寄存器各位定义

GATE=1,由外部中断引脚$\overline{INT0}$和 TR0 共同控制 T0 工作。此时$\overline{INT0}$应发出高电平信号。

一般应用中,定时/计数器工作仅受内部 TR0 控制。

2)C/$\overline{T}$ 定时/计数器功能选择位

C/$\overline{T}$=0 为定时功能,C/$\overline{T}$=1 为计数功能。

当定时/计数器用来完成时间计时时,应编程 C/$\overline{T}$=0。

当定时/计数器用来对外部事件进行计数时,即单片机系统接收 P3.4 引脚或 P3.5 引脚的脉冲信号时,应编程 C/$\overline{T}$=1。

3)M1M0 定时/计数器工作方式设定

M1M0=00,方式 0 工作,加 1 计数器 13 位工作。TL0 仅低 5 位计数,TH0 8 位计数。低 5 位计数脉冲计满后向高 8 位进位。满计数值 2^{13}=8192,初值不能自动重装。

M1M0=01,方式 1 工作,加 1 计数器 16 位工作。TL0 的 8 位计数,TH0 的 8 位计数。满计数值 2^{16}=65 536,初值不能自动重装。

M1M0=10,方式 2 工作,加 1 计数器 8 位工作。TL0 的 8 位用来计数,TH0 的 8 位用来备份计数初值。当 TL0 的 8 位计满(256 个脉冲)溢出时,TH0 的 8 位备份的初值自动装入 TL0 计数器。所以定时/计数器方式 2 工作时初值能自动重装。满计数值 2^8=256。

M1M0=11,方式 3 工作,T0 分成两个 8 位定时/计数器,T1 只工作在定时功能,停止计数。四种工作方式工作过程详见 4.3 定时/计数器工作过程分析。

4.2.2 控制寄存器 TCON

控制寄存器 TCON,字节地址 88H,格式如图 4-4 所示。高四位用于 T0、T1 的工作启动及存储 T0、T1 的中断标志,低四位用于外部中断 0、1 的设定(见 3.5.3 节介绍)。

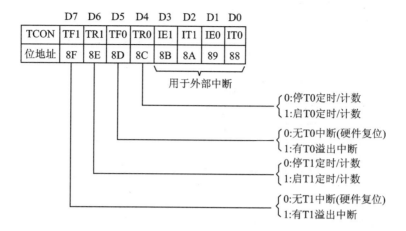

图 4-4 控制寄存器 TCON 各位定义

TF1(TCON.7):定时/计数器 T1 的溢出标志位。T1 中的加 1 计数器加 1 至全满时,硬件置位 TF1。这时若允许 T1 向 CPU 申请中断,软件编程 EA=1、ET1=1, CPU 具备响应 T1 的中断条件时,清除 TF1 溢出标志并转入 T1 中断入口响应其中断服务程序。若 T1 中断不开放,CPU 只能通过查询 TF1 位的状态判断定时时间或计数值。查询方式工作时,TF1=1 的标志位必须通过软件清零。

TR1(TCON.6):定时/计数器 T1 运行控制位。TR1=1 时,T1 工作;TR1=0, T1 停止工作。定时/计数器的启动、停止由软件编程控制。

TF0(TCON.5):定时/计数器 T0 溢出标志位,功能与 TF1 相同。

TR0(TCON.4):定时/计数器 T0 运行控制位,功能与 TR1 相同。

4.3 定时/计数器工作过程分析

定时/计数器 T0、T1 均有四种工作方式。工作方式的选择是通过对工作方式寄存器 TMOD 的 M1M0 两位编码来实现的。定时/计数器 T0、T1 选择方式 0、方式 1 工作时,除了其中的加 1 计数器位数不同外,其他操作完全相同。方式 2 与方式 0、方式 1 相比,加 1 计数器只用了低 8 位,且具有计数初值自动重装功能。下面详细介绍方式 0、方式 1、方式 2 的工作过程。

4.3.1 定时/计数器方式 0 工作过程分析

定时/计数器 T0 与 T1 结构图与工作原理完全相同,这里仅分析 T0。

T0 工作在方式 0 时的逻辑结构如图 4-5 所示。编程设定 M1M0=00,16 位加 1 计数器 TH0、TL0 只用了 13 位,由 TH0 的 8 位和 TL0 的 5 位组成。脉冲从 TL0 的低位进入,低 5 位计满向 TH0 进位,TH0 溢出时自动置位 TF0=1。

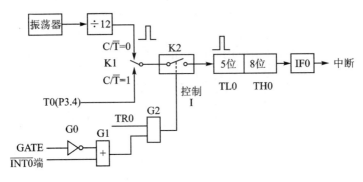

图 4-5 定时器 T0 的方式 0 工作逻辑结构图

T0 的方式 0 工作分析：

1) T0 方式 0 工作，定时功能。从定时/计数器工作原理可知，定时功能时，编程 $C/\overline{T}=0$，K1 开关打在上方，计数脉冲来自内部振荡器 12 分频后的脉冲。

① 定时器的启动和停止仅受 TR0 控制。若要使内部振荡器 12 分频后的脉冲进入 13 位加 1 计数器，K2 应闭合，K2 控制信号 $I=(GATE\oplus\overline{INT0})\cdot TR0=1$，即编程设置 TR0=1，GATE=0，$\overline{INT0}$ 信号不起作用。或门 G1 输出 1，与门 G2 输出 1，开关 K2 闭合，加 1 计数器开始工作。当进入 13 位加 1 计数器的脉冲计满溢出时，TF0 自动置"1"。此时定时器的启动和停止仅与 TR0、GATE 有关。所以 TR0 称为定时器的启动位，GATE 称为定时器的门控位。

若要定时器停止工作，编程使 TR0=0，与门 G2 输出 0，K2 断开，停止计数。

② 定时器的启动和停止受 $\overline{INT0}$ 及 TR0 共同控制。$\overline{INT0}=1$(P3.2 引脚输入高电平)，编程 GATE=1，$\overline{GATE}=0$，TR0=1，$I=(GATE\oplus\overline{INT0})\cdot TR0=1$，此时，外部中断信号 $\overline{INT0}$ 与 TR0 共同控制定时器的启动和停止。

$\overline{INT0}$ 变为"0"电平时停止计数。常用这种方式测量 $\overline{INT0}$ 引脚上正脉冲的宽度。

方式 0 工作时：定时时间 $t=(2^{13}-T0$ 初值$)*$ 机器周期

$\qquad$ 计数值 $N=(2^{13}-T0$ 初值$)$

机器周期的计算参看 1.5.1 节 8051 单片机的几种周期及相互关系介绍。

例 4-1 编程设定定时器 T0，使方式 0 工作，定时 5 ms，选用 12 MHz 晶振。

解：机器周期 $T=\dfrac{1}{f_{osc}}\times 12=\dfrac{12}{12\ MHz}=1\ \mu s$

定时时间 $t=(2^{13}-T0$ 初值$)\times$ 机器周期

5 ms=$(2^{13}-$ T0 初值$)\times 1\ \mu s$

T0 初值=$2^{13}-5$ ms/1 μs=8 192-5 000=3 192D=0C78H=0000110001111000B

T0 定时，工作在方式 0，加 1 计数器 13 位计数。定时器开始工作时，来自内部的脉冲从初值低 5 位 11000B 开始加 1 计数，当低 5 位加至 11111B 时，进位到高 8 位，开始对 01100011 加 1 计数，低 5 位+高 8 位全满时(1111111100011111)，产生溢出 TF0=1。装入初值时,将 T0 初值的 11000 低 5 位前面补 000,即 00011000=18H 装入 TL0=18H;高 8 位 01100011 装入 TH0=63H。定时器 T0,方式 0 工作的初始化编程:

```
Init_T0: MOV    TMOD,#00H      ;T0 方式 0 工作
         MOV    TL0,#18H
         MOV    TH0,#63H       ;定时 5 ms 初值
         SETB   TR0            ;启动定时器
         RET
```

CPU 在主程序中完成对定时器 T0 初始化工作后,定时器即可独立于 CPU,开始单独完成定时工作。当 5 ms 定时时间到,即 13 位定时器计满时 TH0=FFH,TL0=1FH 时,再来一脉冲单片机中的硬件电路自动置位使 TF0=1。此时因为没有开放定时器 T0 中断,CPU 是不具备响应 T0 中断条件的。但可以通过查询 TF0 的状态判断定时时间是否完成。

例 4-2 定时器 T0 方式 0 工作,定时 5 ms,允许中断,如何初始化 T0。选用 12 MHz 晶振。

解: 此题除允许中断外,其他与例 4.1 条件相同。所以对定时器 T0 工作在方式 0 的初始化编程如下:

```
Init_T0:  SETB   EA             ;总中断允许
          SETB   ET0            ;定时器 T0 中断允许
          MOV    TMOD,#00H
          MOV    TL0,#18H
          MOV    TH0,#63H
          SETB   TR0
          RET
```

由于允许定时器 T0 申请中断,所以,当 5 ms 定时时间到时,TF0=1 时,CPU 执行完当前指令,即响应 T0 的中断服务。首先清除 TF0,然后转入程序存储区 000BH 处响应 T0 的中断服务。

2) T0 方式 0 计数功能工作。定时/计数器 T0 工作在计数功能时,编程 $C/\overline{T}=1$,电子开关 K1 打在下方,如图 4-5 所示。外部脉冲信号通过引脚 T0(P3.4)和 T1(P3.5)进入至 13 位加 1 计数器。当外部输入脉冲信号从 1 到 0 负跳变时,计数器自动加 1。

注意:由于检测从 0 到 1 的下降沿需要两个机器周期,所以采样的电平要维持二个机器周期以上。

计数脉冲 $N=(2^{13}-x)$

X:计数初值,$x=0$ 时,计数脉冲为 8 192 个。

X 装入某一值,当 TF0=1,即可算出计数脉冲。

13位计数器的启动和停止分析过程与定时器相同。

定时器T1工作过程与T0相同,读者可仿照T0的工作过程自行分析,以加深理解。

4.3.2 定时/计数器方式1工作过程分析

以T0为例分析了定时/计数器方式0工作过程,为了方便读者理解,这里再分析定时/计数器T1方式1的工作过程。T0与T1方式1工作的逻辑结构图与工作过程相同。其逻辑结构如图4-6所示,与图4-5比较,电路结构和操作方式与方式0基本相同,差别仅在于加1计数器的位数为16位,由TH1的8位和TL1的8位组成。

定时时间 $t=(2^{16}-T1\text{初值})\times\text{机器周期}$;

计数脉冲 $N=(2^{16}-T1\text{初值})$。

下面我们以一个例题来分析定时器T1方式1工作的定时过程。

例4-3 启动定时器T1定时,10 ms到时,通过P1口送出00H。要求定时器在T1方式1工作,选用6 MHz晶振。

解:T1工作在方式1时的逻辑结构如图4-6所示。根据定时器工作原理,编程设定M1M0=01,T1即可工作在方式1,16位加1计数器TH1的8位和TL1的8位均参与计数。编程设定$C/\overline{T}=0$,K1打在上端,来自内部振荡器12分频后的脉冲从TL0的低位进入,低8位计满向TH0进位,TH0的8位再计满溢出时自动置位TF1=1。

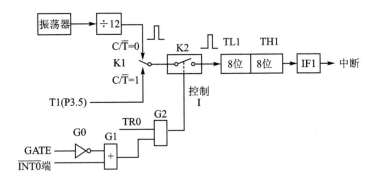

图4-6 T1方式1逻辑结构图

机器周期 $T=\dfrac{1}{f_{\text{OSC}}}\times12=\dfrac{12}{6\text{ MHz}}=2\ \mu s$;

定时时间 $t=(2^{16}-T1\text{初值})\times\text{机器周期}$;

$10\text{ ms}=(2^{16}-T1\text{初值})\times2\ \mu s$;

T1初值$=2^{16}-10\text{ ms}/2\ \mu s=65\ 536-5\ 000=60\ 536\text{D}=\text{EC78H}$。

定时器方式1工作时,16位加1计数器全部参与计数,所以将T1初值的低8位

78H 装入 TL1;高 8 位 ECH 装入 TH1。

1) 如果不允许 T1 申请中断,定时器 T1 定时 10 ms 方式 1 工作,编程如下：

```
            ORG     0000H
            MOV     TMOD,#10H       ;T1 定时,方式 1 工作
MAIN:       MOV     TH1,#0ECH       ;定时初值高 8 位装入 TH1
            MOV     TL1,#78H        ;定时初值低 8 位装入 TL1
            SETB    TR1             ;启动 T1 工作
            JNB     TF1,$           ;10 ms 定时时间未到
            MOV     P1,#00H         ;10 ms 定时时间到,通过 P1 口送出 00H
            CLR     TF1
            SJMP    MAIN
```

如果允许 T1 申请中断,定时器 T1 定时 10ms 方式 1 工作,编程如下：

```
            ORG     0000H
            AJMP    MAIN
            ORG     001BH           ;定时器 T1 中断入口
            AJMP    TIME1_10ms
MAIN:       SETB    EA
            SETB    ET1
            MOV     TMOD,#10H       ;T1 定时,方式 1 工作
START:      MOV     TH1,#0ECH       ;定时初值高 8 位装入 TH1
            MOV     TL1,#78H        ;定时初值低 8 位装入 TL1
            SETB    TR1             ;启动 T1 工作
            SJMP    $
TIME1_10ms: MOV     TH1,#0ECH       ;重装定时初值高位
            MOV     TL1,#78H        ;重装定时初值低 8 位
            MOV     P1,#00H
            RETI
```

例 4-4 启动定时/计数器 T1 接收外部脉冲信号,当计满 300 个脉冲时,通过 P1 口送出 00H。要求 T1 方式 1 工作,不允许中断。

解:根据定时/计数器工作原理及本例要求,定时/计数器 T1 计数功能,接收外部脉冲信号,所以应设定 $C/\overline{T}=1$。T1 方式 1 工作,应设定 M1M0=01,计外部脉冲 300 个,$300=(2^{16}-N)$,$N=65\,236D=FED4H$,所以 TH1=FEH,TL1=D4H。

计数器 T1 计 300 个脉冲,方式 1 工作,编程如下：

```
            ORG     0000H
            MOV     TMOD,#50H       ;T1 计数,方式 1 工作
START:      MOV     TH1,#0FEH       ;定时初值高 8 位装入 TH1
            MOV     TL1,#0D4H       ;定时初值低 8 位装入 TL1
            SETB    TR1             ;启动 T1 工作
```

```
            JNB      TF1,$              ;300 个脉冲未满,等待
            MOV      P1,#00H            ;300 个脉冲计满通过 P1 口送出 00H
            SJMP     START
```

读者可结合单片机中断、定时器、计数器工作原理认真分析领会例 4.3、例 4.4 编程方法并仿照 3.7.1 节项目设计 1 及训练中介绍的程序调试方法调试验证定时/计数器运行过程。

4.3.3 定时/计数器方式 2、3 工作过程分析

(1) 定时/计数器(T0/T1)方式 2 工作过程分析

定时/计数器(T0/T1)方式 2 工作的电路结构和操作方式与方式 0、方式 1 不同之处在于方式 2 加 1 计数器的位数为 8 位且具有自动重装功能,其逻辑结构如图 4-7 所示。即当装入 8 位计数器 TL0 满值溢出时,其内部电路会自动将 TH0 的值赋给 TL0。所以,在进行定时/计数器方式 2 初始化工作时,定时器的初值既要赋给 TL0,也要赋给 TH0,以实现初值重装。

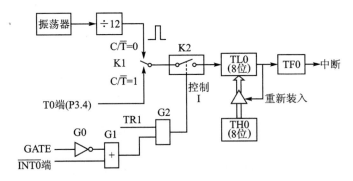

图 4-7 T0 方式 2 逻辑结构图

T0 方式 2 定时方式工作。从定时/计数器工作原理知道,T0 在定时功能时,编程 C/$\overline{\text{T}}$=0,K1 开关打在上方,计数脉冲来自内部振荡器 12 分频后的脉冲。

这里仅分析定时器的启动和停止受 TR0 控制。若要使内部振荡器 12 分频后的脉冲进入 8 位加 1 计数器,K2 应闭合,K2 控制信号 I=$\overline{(\text{GATE} \oplus \overline{\text{INT0}})}$ · TR0=1,即应编程设置 TR0=1,GATE=0,$\overline{\text{INT0}}$ 信号不起作用。加 1 计数器开始工作。当进入 8 位加 1 计数器脉冲计满溢出时,TF0 自动置"1"。编程 TR0=0,与门 G2 输出 0,K2 断开,停止计数,定时器停止工作。

例 4-5 如果单片机选用 12 MHz 晶振,T0 方式 2 工作,定时 0.2 ms,如何初始化定时器?

解: 根据定时/计数器定时时间计算:

定时时间 $t=(2^8-\text{T0 初值}) \times$ 机器周期;

机器周期 $T = \dfrac{1}{f_{\text{osc}}} \times 12 = \dfrac{12}{12 \text{ MHz}} = 1\ \mu\text{s}$;

现定时 0.2 ms,即 0.2 ms×10^{-3}＝(256－T0 初值)×1×10^{-6};
T0 初值＝256－200＝56,转换为 16 进制,T0 初值＝38H。
T0 方式 2 工作,定时 0.2 ms,初始化编程如下:

```
Init_TimeMode2:    MOV    TMOD,#02H      ;T0 定时,方式 2 工作
                   MOV    TH0,#38H       ;定时初值装入 TH0
                   MOV    TL0,#38H       ;定时初值装入 TL0
                   SETB   TR0
                   RET
```

如果允许 T0 定时器申请中断,初始化编程如下:

```
Init_TimeMode2_int:  MOV   TMOD,#02H    ;T0 定时,方式 2 工作
                     MOV   TH0,#38H     ;定时初值装入 TH0
                     MOV   TL0,#38H     ;定时初值装入 TL0
                     SETB  TR0          ;启动定时器 T0
                     SETB  EA           ;总中断源允许
                     SETB  ET0          ;T0 中断源允许
                     RET
```

方式 2 非常适合较准确的脉冲信号发生器或定时器,应用中定时器方式 2 工作常用作串口波特率发生器(详细内容可参看第 6 章相关章节)。

(2) 定时/计数器(T0/T1)方式 3 工作过程分析

在前 3 种工作模式下,T0 和 T1 两个定时/计数器具有相同的功能。但在方式 3,T0 和 T1 功能完全不同。方式 3 只适用于定时/计数器 T0。如果定时器 T1 为工作方式 3,则 TR1 和 TF1 被 TH0 占用。T0 方式 3 的结构如图 4-8 所示。

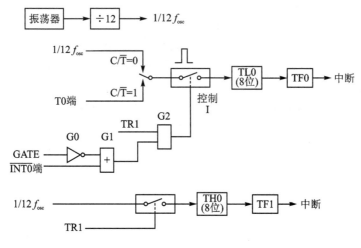

图 4-8 T0 方式 3 工作结构图

① T0 方式 3 工作:当 T0 方式 3 工作时,TH0 和 TL0 分成 2 个独立的 8 位计数

器。其中，TL0 既可用作定时器，又可用作计数器，并使用原 T0 的所有控制位及溢出标志和中断源。TH0 只能用作定时器，并使用 T1 的控制位 TR1、溢出标志 TF1 和中断源，如图 4-8 所示。因此在工作方式 3 下，定时/计数器 T0 可以构成两个独立的定时器或 1 个定时器、1 个计数器。

② T0 方式 3 工作时，T1 的工作模式：如果 T0 运行于工作方式 3，T1 的运行控制位 TR1、溢出标志位 TF1 及中断源均被 T0 借用，T1 只能工作在方式 0、方式 1、方式 2 且不要求中断的条件下，这时只能把计数溢出直接送给串行口，作为串行口的波特率发生器使用。其工作结构图如图 4-9、图 4-10、图 4-11 所示。这时只需设置好 T1 的工作方式便可自动运行。若要 T1 停止工作，则需送入一个将 T1 设置为工作 3 的控制字即可。如 T0 定时方式 3 工作，T1 用来做波特率发生器，应设定 TMOD=0X23，欲停止 T1 工作，写入 TMOD=0X33。

方式 3 是为了使单片机有 1 个独立的定时/计数器、1 个定时器以及 1 个串行口波特率发生器的应用场合而特地提供的。

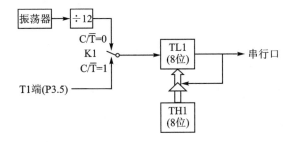

图 4-9 T0 工作在方式 3 时 T1 方式 2 工作结构图

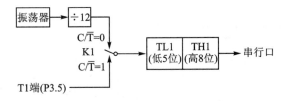

图 4-10 T3 工作在方式 0 时 T1 方式 0 工作结构图

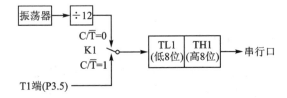

图 4-11 T0 工作在方式 3 时 T1 方式 1 工作结构图

4.4 MCS-51单片机定时/计数器典型应用

MCS-51单片机的定时/计数器是可编程的。因此,在利用定时/计数器进行定时/计数之前,首先通过软件对定时/计数器初始化。

初始化程序包括下述几部分:

1) 根据需要选用 T0 或 T1,选用定时或计数功能,定义工作方式,对工作寄存器 TMOD 赋值。

2) 将定时/计数初值写入加"1"计数器 TH0/TH1、TL0/TL1。

3) 中断方式时,需要对总中断允许寄存器 IE 赋值,开放相应中断源。

4) 置位 TR0/TR1,启动定时/计数器开始定时或计数。

下面通过一些实例进一步领会定时/计数器应用。

例 4-6 单片机晶振选用 6 MHz,试计算 T0 或 T1 工作在方式 0、方式 1、方式 2 时定时器的最大定时时间;若定时 25 ms,试计算定时器初值,初始化定时器。

解:定时/计数器是一个加"1"计数器,其定时时间可由装在计数器中的初值决定。

定时器初值计算:定时时间 $t=(2^x-初值)\times$ 机器周期。

x:由定时器工作方式决定,分别为 13、16、8。

机器周期 $T=\dfrac{12}{f_{osc}}$,f_{osc} 为系统晶振频率。

(1) 最大定时时间计算

① 定时器 T0 工作在方式 0 时,TMOD=00H:定时器初值为 0 时,得到的定时时间即为最大定时时间,选用 6 MHz 晶振时:

机器周期 $T=\dfrac{12}{f_{osc}}=\dfrac{12}{6\text{ MHz}}=2\times10^{-6}\text{s}=2\text{ }\mu\text{s}$;

最大定时时间 $t_{max}=(2^{13}-初值)\times$ 机器周期 $=(2^{13}-0)\times 2\text{ }\mu\text{s}=8\ 192\times 2\text{ }\mu\text{s}=16.384\text{ ms}$。

定时器 T0 工作在方式 1 时,TMOD=01H:最大定时时间 $t_{max}=(2^{16}-初值)\times$ 机器周期 $=(2^{16}-0)\times 2\text{ }\mu\text{s}=65\ 536\times 2\text{ }\mu\text{s}=131.072\text{ ms}$。

定时器 T0 工作在方式 2 时,TMOD=02H:最大定时时间 $t_{max}=(2^8-初值)\times$ 机器周期 $=(2^8-0)\times 2\text{ }\mu\text{s}=256\times 2\text{ }\mu\text{s}=0.512\text{ ms}$。

② 定时器 T1 工作在方式 0、方式 1、方式 2 时,最大定时时间与定时器 T0 完全相同,区别只是特殊功能寄存器 TMOD 的设定不同,即

定时器 T1 方式 0 工作,TMOD=00H:最大定时时间 $t_{max}=(2^{13}-初值)\times$ 机器周期 $=(2^{13}-0)\times 2\text{ }\mu\text{s}=8\ 192\times 2\text{ }\mu\text{s}=16.384\text{ ms}$。

定时器 T1 方式 1 工作,TMOD=10H:最大定时时间 $t_{max}=(2^{16}-初值)\times$ 机器

周期 $=(2^{16}-0)\times 2$ $\mu s=65\ 536\times 2$ $\mu s=131.072$ ms。

定时器 T1 方式 2 工作时,TMOD=20H;最大定时时间 $t_{max}=(2^8-$初值$)\times$机器周期$=(2^8-0)\times 2$ $\mu s=256\times 2$ $\mu s=0.512$ ms。

(2) 25 ms 定时

从定时/计数器工作方式 0、1、2 看,若要一次定时 25 ms,只能选择 T0/T1 方式 1 工作,若选择方式 0、2,则需增加定时次数,即通过选择定时时间×定时次数得到 25 ms 时间。如,选择定时器 T0 方式 0 工作,一次定时 5 ms,定时 5 次,即可得到定时时间 25 ms。再如,选择定时器 T0 方式 2 工作,一次定时 0.5 ms,定时 50 次或一次定时 0.25 ms,定时 100 次等。

① 选用定时器 T0,方式 1 工作时,

$25\times 10^{-3}=(2^{16}-$初值$)\times$机器周期,式中,机器周期 $T=2$ μs,代入上式得

初值$=2^{16}-\dfrac{25\times 10^{-3}}{2\times 10^{-6}}=65\ 536-12\ 500=53\ 036D=$CF2CH

将计算初值装入定时器寄存器:TH0=CFH;TL0=2CH。

定时器 T0 查询方式(不允许中断)初始化子程序:

```
InitT0_INQ:   MOV    TMOD,#01H      ;T0 定时,方式 1 工作
              MOV    TH0,#0CFH      ;定时初值高 8 位装入 TH0
              MOV    TL0,#2CH       ;定时初值低 8 位装入 TL0
              SETB   TR0            ;启动 T0 工作
              RET
```

② 选用定时器 T0,方式 0 工作。由于定时器方式 0 工作时,一次最大定时时间只有 16.384 ms,要定时 25 ms,可选择定时时间 5 ms 或 1 ms,连续定时 5 次或 25 次,即可以满足需要,现选择定时 5 ms。

5 ms 定时器初值的计算:

$5\times 10^{-3}=(2^{13}-$初值$)\times$机器周期,式中,机器周期 $T=2$ μs,代入上式得

初值$=2^{13}-\dfrac{5\times 10^{-3}}{2\times 10^{-6}}=8\ 192-2\ 500=5\ 692D=163CH=0001011000111100$B

将计算初值装入定时器寄存器(选择 13 位定时/计数器初值的装入见例 4-1。TH0=B1H;TL0=1CH

A) T0 允许中断,初始化代码如下:

```
Time0_Init:   MOV    TMOD,#00H      ;T0 定时,方式 0 工作
              MOV    TH0,#0B1H      ;定时初值高 8 位装入 TH0
              MOV    TL0,#1CH       ;定时初值低 8 位装入 TL0
              MOV    R7,#5H         ;定时次数
              SETB   EA             ;总中断允许
              SETB   ET0            ;T0 中断允许
              SETB   TR0            ;启动 T0
```

```
            RET
```

为了让读者看清 25 ms 的获取过程,这里加入条件:25 ms 时间到时,从 P2 口输出低电平。实现编程如下:

```
            ORG     0000H
            AJMP    MAIN
            ORG     000BH
            AJMP    Time_ISR        ;T0 中断服务程序
  MAIN:     LCALL   Time0_Init      ;定时器 T0 初始化子程序
            SJMP    $
;T0 中断服务程序
Time_ISR:   MOV     TH0,#0B1H       ;定时初值高 8 位重装入 TH0
            MOV     TL0,#1CH        ;定时初值低 8 位重装入 TL0
            DJNZ    R7,RETU         ;25 ms 时间未到,中断返回
            MOV     P2,#00H         ;25 ms 时间到,P2=0X00
            MOV     R7,#5H
  RETU:     RETI
            END
```

程序执行过程:主程序执行定时器 T0 初始化子程序后,CPU 处于无事状态。此时定时器已开始工作,待 5 ms 定时时间到,CPU 响应定时器 T0 中断,转入 T0 中断服务。由于一次定时只有 5 ms,即定时器 5 ms 向 CPU 申请一次中断。CPU 进入 T0 中断服务 5 次后将 P2 口输出低电平,注意这时要恢复 5 次计数值,等待下一个 25 ms。T0 方式 0 工作时,初值不能重装,每次进入中断都需重装 T0 初值,以保证得到准确的 5 ms 定时。

B) T0 不允许中断,初始化程序代码如下:

```
            ORG     0000H
            AJMP    MAIN
  MAIN:     MOV     TMOD,#00H       ;T0 定时,方式 0 工作
            MOV     R7,#5H          ;定时次数
            SETB    TR0             ;启动 T0
  START:    MOV     TH0,#0B1H       ;定时初值高 8 位装入 TH0
            MOV     TL0,#1CH        ;定时初值低 8 位装入 TL0
            JNB     TF0,$           ;5 ms 未到,等待
            CLR     TF0             ;查询方式,需要软件清除 TF0
            DJNZ    R7,START
            MOV     P2,#00H
            MOV     R7,#5H
            SJMP    $
            END
```

③ 选用定时器 T1,方式 2 工作

由于方式 2 一次最大定时时间只有 0.512 ms,要定时 25 ms,可选择定时时间 0.2 ms,连续定时 125 次(也可选择定时时间 0.25 ms,连续定时 100 次或定时 0.5 ms,50 次等),即可以满足需要。0.2 ms 定时器初值的计算:

$0.2 \times 10^{-3} = (2^8 - 初值) \times 机器周期$,式中,机器周期 $T = 2 \mu s$,代入上式得

$$初值 = 2^8 - \frac{0.2 \times 10^{-3}}{2 \times 10^{-6}} = 256 - 100 = 156D = 9CH。$$

将计算初值装入定时器寄存器:TH1=9CH,TL1=9CH(TL1 用于计数脉冲,TH1 用于初值重装)。

定时器 T1 方式 2 工作,初始化程序代码如下:

```
Init_Time1Mode2:MOV    TMOD,#20H      ;T1 定时,方式 2 工作
                MOV    R7,#125        ;定时次数
                MOV    TH1,#9CH       ;定时初值高 8 位装入 TH1
                MOV    TL1,#9CH       ;定时初值低 8 位装入 TL1
                SETB   TR1            ;启动 T1 工作
                RET
                END
```

例 4-7 利用定时/计数器 T0 定时,在 P1.0 引脚输出周期为 120 ms 的方波,系统晶振选 12 MHz。

解:根据题意及周期性方波概念,若在 P1.0 引脚输出周期为 120 ms 的方波,应该选择 60 ms 定时。当定时时间到时在 P1.0 端口取反一次,即可得到周期为 120 ms 的方波,方波波形如图 4-12 所示。

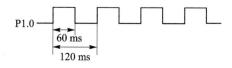

图 4-12 周期为 120 ms 的方波

从定时器工作方式分析,定时 60 ms,最好选用 T0 或 T1 方式 1 工作。若选用方式 0、方式 2 工作,则需增加定时次数,为编程带来麻烦。

现在选用 T0,定时,方式 1 工作,采用中断方式或查询方式均可完成输出周期为 120 ms 的方波任务。

选用 12 MHz 晶振,定时/计数器初值计算:机器周期 $T = \frac{12}{f_{osc}} = \frac{12}{12 \text{ MHz}} =$

$1 \mu s$;T0 初值 $= 2^{16} - \frac{60 \times 10^{-3}}{1 \times 10^{-6}} = 65\,536 - 60\,000 = 5536D = 15A0H。$

① 采用查询方式,程序框图如图 4-13 所示。编程如下:

```
ORG    0000H
```

```
        MOV    TMOD,#01H      ;T0 定时,方式 1 工作
        MOV    TH0,#15H       ;定时初值高 8 位装入 TH0
        MOV    TL0,#0A0H      ;定时初值低 8 位装入 TL0
        SETB   TR0            ;启动 T0 工作,定时开始
        CLR    P1.0           ;置 P1.0 低电平
RUNL:   JNB    TF0,$          ;60 ms 定时未到,等待
        CLR    TF0            ;60 ms 定时到,清除溢出标志
        MOV    TL0,#0A0H      ;重装定时初值 TL0
        MOV    TH0,#15H       ;重装定时初值 TH0
        CPL    P1.0           ;P1.0 取反,产生方波信号
        SJMP   RUNL
        END
```

程序分析:启动定时器 T0 后,每当 TH0、TL0 从初值加 1 计数至 TH0=FFH、TL0=FFH 时,再来一脉冲,定时器溢出标志 TF0 自动置 1,即执行将 P1.0 取反操作,一直执行下去即产生方波信号。

注意:由于定时器方式 1 工作不能重装初值,计数器溢出后,TH0=00H、TL0=00H 时,要实现再次 60 ms 定时,应再次将定时器初值重新装入;使用查询方式时,当 TF0 置 1 时,不能自动清 0,所以要用软件清 0 即 CLR TF0。

② 采用中断方式,程序框图如图 4-14(a)、(b)所示。编程如下:

```
              ORG    0000H
              AJMP   MAIN
              ORG    000BH          ;T0 中断服务程序入口
              AJMP   Timer0_int     ;T0 中断服务程序
MAIN:         MOV    TMOD,#01H      ;T0 定时,方式 1 工作
              MOV    TH0,#15H       ;定时初值高 8 位装入 TH0
              MOV    TL0,#0A0H      ;定时初值低 8 位装入 TL0
              CLR    P1.0           ;置 P1.0 低电平
              SETB   EA             ;打开总中断
              SETB   ET0            ;开放 T0 中断
              SETB   TR0            ;启动 T0,定时开始
              SJMP   $              ;CPU 无事
;T0 中断服务程序
Timer0_int:   MOV    TH0,#15H       ;定时初值高 8 位装入 TH0
              MOV    TL0,#0A0H      ;定时初值低 8 位装入 TL0
              CPL    P1.0           ;P1.0 取反
              RETI                  ;中断返回
              END
```

程序分析:启动定时器 T0 后,每当 TH0、TL0 从初值加 1 计数至 TH0=FFH、TL0=FFH 时,再来一脉冲,TF0 自动置 1。由于允许 T0 中断(见图 3-11 单片机

中断系统图),程序中设置 EA=1,ET0=1,总中断允许开关和定时器 T0 中断允许开关闭合,CPU 在机器周期 S6 期间查询到 T0 中断源申请中断,在下一个机器周期 S1 期间响应 T0 的中断服务程序。在中断服务程序中,重装 TH0、TL0 初值,并将 P1.0 取反,周而往复,P1.0 端口就会输出周期为 120 ms 的方波。

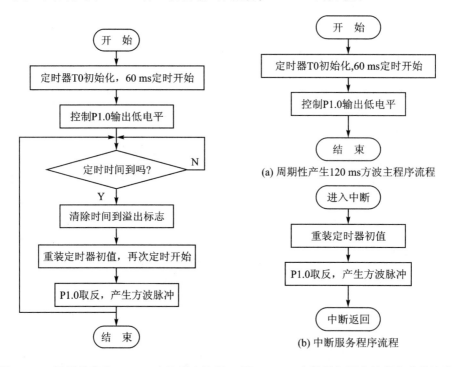

图 4-13 周期性产生 120 ms 方波程序流程　　图 4-14 中断服务程序流程和方波流程

请读者仔细观察查询方式与中断方式程序编程的不同之处。注意中断服务程序是不会在主程序中发生的。主程序中定时器的初始化为中断服务程序的发生设置了初始条件。60 ms 定时时间到时,溢出标志 TF0 为 1,T0 向 CPU 发出中断申请,CPU 才从主程序转入中断服务程序,执行定时器 T0 的中断服务——将 P1.0 取反。读者可再回到 3.6.1 节 CPU 响应中断的条件,并仔细体会中断响应条件及响应过程。

可以将定时器 T0 初始化写成子程序形式,参考程序清单如下:

```
        ORG     0000H
        AJMP    MAIN
        ORG     000BH           ;T0 中断服务程序入口
        AJMP    Timer0_int      ;T0 中断服务程序
MAIN:   LCALL   Initial_T0
        SJMP    $
;T0 中断方式初始化子程序
```

```
Initial_T0:   MOV    TMOD,#01H      ;T0定时,方式1工作
              MOV    TH0,#15H       ;定时初值高8位装入TH0
              MOV    TL0,#0A0H      ;定时初值低8位装入TL0
              SETB   EA             ;打开总中断
              SETB   ET0            ;开放T0中断
              SETB   TR0            ;启动T0工作
              RET
Timer0_int:   MOV    TH0,#15H       ;定时初值高8位装入TH0
              MOV    TL0,#0A0H      ;定时初值低8位装入TL0
              CPL    P1.0           ;P1.0取反
              RETI
              END
```

思考:若在 P1.0 产生 1 s 周期方波,应如何改写上述程序?

例 4-8 利用定时/计数器 T1 的门控位,测量 $\overline{INT0}$ 引脚上出现正脉冲的宽度,并将结果存放在 30H、31H 单元。

解: 根据题意,将定时/计数器 T1 设定为定时,方式 1 工作,且设定 GATE=1,定时受 $\overline{INT0}$(P3.2) 引脚控制。计数器初值设为 0,启动 T1 工作。当 $\overline{INT0}$(P3.2) 上出现高电平时,加 1 计数器开始计数,当 $\overline{INT0}$(P3.2) 上出现低电平时,停止计数,然后读 TH1、TL1 的值,读出的 TH1、TL1 的值即为 $\overline{INT0}$(P3.2) 引脚上脉冲的宽度,正脉冲测试过程如图 4-15 所示。

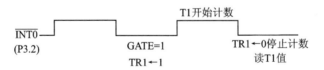

图 4-15 外部正脉冲宽度测量

程序设计框图如图 4-16 所示。程序清单如下:

```
              ORG    0000H
              AJMP   MAIN
MAIN:         MOV    TMOD,#90H      ;T1定时,方式1工作,GATE=1
              MOV    TH1,#00H       ;定时初值设置为00H
              MOV    TL1,#00H       ;定时初值设置为00H
              MOV    R0,#30H        ;地址指针指向30H单元
WAIT1:        JB     P3.2,WAIT1     ;P3.2=1,等待
WAIT2:        JNB    P3.2,WAIT2     ;P3.2=0,等待
              SETB   TR1            ;启动T1工作
WAIT3:        JB     P3.2,WAIT3     ;P3.2=1,等待
              CLR    TR1            ;P3.2=0,停止T1
              MOV    @R0,TL1        ;读计数值低8位
```

```
        INC    R0                   ;指向 31H 单元
        MOV    @R0,TH1              ;读计数值高 8 位
        SJMP   $
        END
```

注意：由于 16 位计数器长度有限，被测脉冲宽度应小于 65 536 个机器周期。

例 4-9 试利用定时/计数器扩展外部中断源，通过扩展的外部中断源控制 P1 口输出全高。

解：从第 3 章中断系统及应用可知，MCS-51 单片机只有两个外部中断源，在实际应用中需要两个以上外部中断源时，如果片内定时/计数器不够用，可利用定时/计数器来扩展外部中断源。扩展的方法是，将定时/计数器置成计数器方式，方式 2 工作。计数器初值设定为全满即 FFH，将待扩展的外部中断源接到定时/计数器(P3.4/P3.5)引脚，从该引脚输入一个脉冲信号，计数器加 1 后，便产生定时/计数器的溢出中断。

现利用定时/计数器 T1 扩展一个外部中断源，设 T1 计数功能，方式 2 工作，允许中断，其编程如下：

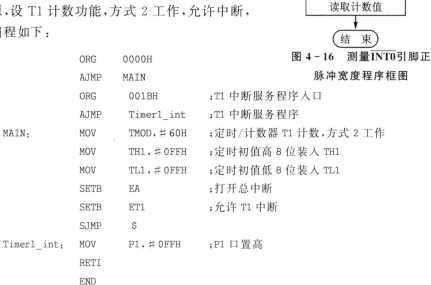

图 4-16 测量INT0引脚正脉冲宽度程序框图

```
              ORG    0000H
              AJMP   MAIN
              ORG    001BH         ;T1 中断服务程序入口
              AJMP   Timer1_int    ;T1 中断服务程序
MAIN:         MOV    TMOD,#60H     ;定时/计数器 T1 计数,方式 2 工作
              MOV    TH1,#0FFH     ;定时初值高 8 位装入 TH1
              MOV    TL1,#0FFH     ;定时初值低 8 位装入 TL1
              SETB   EA            ;打开总中断
              SETB   ET1           ;允许 T1 中断
              SJMP   $
Timer1_int:   MOV    P1,#0FFH      ;P1 口置高
              RETI
              END
```

程序分析：程序执行后，当从 P3.5 引脚接入的外部中断源来一个高电平时，定时/计数器 T1 溢出中断标志 TF1=1，CPU 响应 T1 中断，在 T1 中断服务程序中将 P1 口置高。

4.5 MCS-51 单片机定时/计数器应用设计

项目引入:8051 单片机定时应用

1. 8051 单片机定时电路的应用

参看第 3 章图 3-18 电路设计,系统时钟选用 12 MHz,要求完成以下工作:

1) 开机二极管全亮,按下 K1 键后,启动定时/计数器定时控制 D1~D4、D5~D8 循环发光,二极管发光间隔时间 1 s。

2) 按下 K5 键后,所有二极管闪烁发光,似报警状态。

3) 按下 K6 键后,二极管重新恢复至 D1~D4、D5~D8 循环发光状态。

2. 项目分析

(1) 硬件电路分析

① 从图 3-18 电路设计可以看到三个按键,K1 键、K5 键、K6 键为输入功能;K5 键、K6 键也可以使用外部中断 0、1。

② K1 键做输入功能使用时,由于 P0 口外接上拉电阻,当未按 K1 键,P0.0 为高电平,按下 K1 键时,P0.0 端口呈现低电平。

③ K5 键、K6 键即可做基本输入也可以做外部中断 0、1 使用。K5 键、K6 键做输入功能使用时,由于 P3 口内部有上拉电阻,当未按 K5 或 K6 键,P3.2 或 P3.3 为高电平,按下 K5 或 K6 键时,P3.2 或 P3.3 端口呈现低电平。本设计让 K5 键、K6 键做中断功能使用,外接电路触发方式为边沿触发方式。

④ P1 口外接 8 个发光二极管,其阴极接 P1 口。R2~R9 为二极管的限流电阻。

(2) 软件编程分析

① 系统时钟选用 12 MHz,T0、T1 均参加定时,方式 1 工作。最大定时时间只有 65.536 ms,要想得到 1 s 的定时,可以用 1 ms、2 ms、5 ms、10 ms、20 ms、50 ms 进行计时,再加上定时次数来完成 1 s 的定时任务。

② 开机后如果按下 K1 键,即设定 T0 定时 10 ms 并启动其工作,定时 100 次后,驱动 D1~D4、D5~D8 循环发光。

③ 按下 K5 键,设定 T1 定时 10 ms 并启动其工作,定时 100 次后,驱动 D1~D8 闪烁发光(似报警状态),此时应停止 T0 工作。

④ 按下 K6 键,重新恢复 T0 工作,再次驱动 D1~D4、D5~D8 循环发光,此时应停止 T1 工作。

⑤ 允许 $\overline{INT0}$、$\overline{INT1}$、T0、T1 申请中断。设计中用到 4 个中断源。程序流程如图 4-17(a)、(b)、(c)、(d)、(e)所示。

定时初值计算:机器周期 $T = \dfrac{12}{f_{SOC}} = \dfrac{12}{12 \text{ MHz}} = 1 \text{ μs}$

10 ms＝(2^{16}－T0 初值)×机器周期

T0 初值＝$2^{16} - \dfrac{10 \times 10^{-3}}{1 \times 10^{-6}}$＝65 536－10 000＝55 536D＝D8F0H。

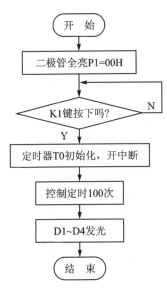

(a) 二极管循环发光主程序流程

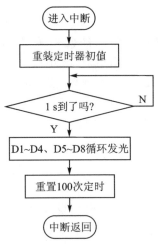

(b) T0中断服务程序流程

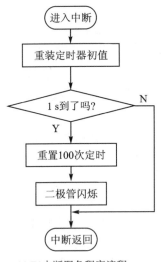

(c) T1中断服务程序流程

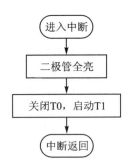

(d) 外部中断0中断服务程序流程

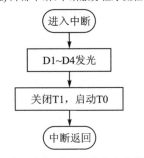

(e) 外部中断1中断服务程序流程

图 4-17 8051 单片机定时应用程序流程

(3) 编写录入程序：Circle_Led.ASM

```
        ORG     0000H
        LJMP    MAIN
```

```
              ORG       0003H              ;外部中断 0 服务程序入口
              LJMP      Alarm_Lamp
              ORG       000BH              ;T0 中断服务程序入口
              LJMP      Timer0_int         ;T0 中断服务程序
              ORG       0013H              ;外部中断 1 服务程序入口
              LJMP      Circle_Lamp
              ORG       001BH              ;T1 中断服务程序入口
              LJMP      Timer1_int         ;T1 中断服务程序
MAIN:         MOV       P1,#00H            ;二极管全亮
              JB        P0.0,$             ;等待按下 K1 键
              MOV       R7,#64H            ;设置 R0 的初值 100 次
              MOV       TMOD,#11H          ;定时器 T0T1 方式 1 工作
              MOV       TH0,#0D8H          ;定时器 T0 赋初值 10 ms
              MOV       TL0,#0F0H
              MOV       TH1,#0D8H          ;T1 赋初值 10 ms
              MOV       TL1,#0F0H
              SETB      EA                 ;开放总中断
              SETB      EX0                ;外部中断 0 开中断
              SETB      EX1                ;外部中断 1 开中断
              SETB      IT1                ;外部中断 1 边沿触发方式
              SETB      IT0                ;外部中断 0 边沿触发方式
              SETB      ET0                ;开放 T0 中断
              SETB      ET1                ;开放 T1 中断
              SETB      TR0                ;启动定时器 T0
              MOV       P1,#0F0H
              SJMP      $
;T0 中断服务程序,D1～D4、D5～D8 循环发光
Timer0_int:   MOV       TH0,#0D8H          ;重装定时器 0 初值 10 ms
              MOV       TL0,#0F0H
              DJNZ      R7,RETN            ;1s 时间未到,中断返回
              MOV       R7,#100            ;重赋定时次数
              MOV       A,P1
              CPL       A
              MOV       P1,A
RETN:         RETI
;外部中断 0 中断服务程序,启动 T1,停止 T0
Alarm_Lamp:   MOV       P1,#00H
              CLR       TR0
              SETB      TR1
              RETI
;T 中断服务程序,D1～D8 闪烁发光,报警状态
Timer1_int:   MOV       TH1,#0D8H          ;重装定时器 0 初值 10 ms
```

```
            MOV     TL1,#0F0H
            DJNZ    R7,RETN1           ;1 s 时间未到,中断返回
            MOV     R7,#100            ;重赋定时次数
            MOV     A,P1
            CPL     A
            MOV     P1,A               ;二极管 1 s 闪烁一次
RETN1:      RETI
;外部中断 1 服务程序,启动 T0,停止 T1,D1~D4、D5~D8 循环发光
Circle_Lamp: MOV    P1,#0F0H
            CLR     TR1
            SETB    TR0
            RETI
            END
```

(4) 程序调试

将编写的程序编译、调试,若编译无错误,则生成目标文件 Circle_Led.hex。程序调试可采用 MedWin 模拟调试及 PROTEUS 软件仿真调试。MedWin 模拟调试可参看 3.7 项目设计及训练相关内容。这里可叙述一下 PROTEUS 软件仿真调试:

① 启动 PROTEUS 仿真软件,打开图 3-18 原理图,装入目标文件 Circle_Led.hex。

② 运行仿真软件,可以看到 8 个二极管全部发光。在仿真界面下,按下 K1,二极管 D1~D4、D5~D8 循环点亮。

③ 按下 K5,8 个发光二极管闪烁,似报警状态。

④ 按下 K6 键,D1~D4、D5~D8 再次循环发光。

图 4-17 所示为 8051 单片机定时应用程序流程图。

4.6　项目设计及训练

继续参看第 3 章图 3-18 的电路设计,系统时钟选用 6 MHz。要求完成以下工作:

(1) 将 Circle_Led.ASM 代码中涉及的 $\overline{INT0}$、$\overline{INT1}$、T0、T1 有关设置改为初始化子程序,并在程序中调用(复习 3.2.2 节子程序设计有关概念)。

(2) 不允许外部中断 0、1 申请中断,依然完成①开机二极管全亮,按下 K1 键后,D1~D8 循环发光(间隔时间 1 s)。②按下 K5 键后,所有二极管闪烁发光。③按下 K6 键后,D1~D8 再次循环发光。

(3) 再关闭 T0、T1 中断申请,继续完成上述任务。

(4) 画出程序流程图,编写程序代码并验证结果。

本章总结

(1) MCS-51 单片机内部有两个可编程定时/计数器 T0、T1。每个定时/计数器内部有一个特殊功能寄存器——16 位加"1"计数器。T0 由高 8 位 TH0 和低 8 位 TL0 两个寄存器组成；T1 由高 8 位 TH1 和低 8 位 TL1 两个寄存器组成，参看图 4-1 定时/计数器结构框图。

(2) 每个定时/计数器均可以编程作为定时器或计数器使用。定时器用来产生实时时钟信号，计数器用来对外部事件计数。T1 和 T0 工作在定时功能时进入 TH1、TL1 或 TH0、TL0 计数器的信号来于晶振 OSC 经 12 分频后的脉冲。T1 和 T0 工作在计数功能时，进入 TH1、TL1 或 TH0、TL0 的信号来自外部引脚 P3.4 或 P3.5 的脉冲。

(3) T0、T1 的工作主要由特殊功能寄存器 TMOD、TCON 控制。

控制寄存器 TCON 低四位：IT0 外部中断 0 触发方式，IE0 外部中断 0 中断申请标志。IT1 外部中断 1 触发方式；IE1 外部中断 1 中断申请标志。

控制寄存器 TCON 高四位：TR0 启动定时/计数器 T0 工作，TF0 定时/计数器 T0 的 13 位、16 位、8 位计数器计满溢出标志。TR1 启动定时/计数器 T1 工作，TF1 定时/计数器 T1 的 13 位、16 位、8 位计数器计满溢出标志。

工作方式寄存器 TMOD 用来设定定时/计数器 T0、T1 定时、计数及工作方式。低四位用于 T0：GATE 定时/计数时受内部控制还是外部引脚 $\overline{INT0}$ 控制，C/T 定时/计数器工作在定时还是计数，M1M0 设定定时/计数的四种工作方式。

定时/计数器编程作为定时器或计数器使用时，均有四种工作方式：

方式 0：13 位计数器，初值不能自动重装。

方式 1：16 位计数器，初值不能自动重装。

方式 2：具有自动重装的 8 位计数器。

方式 3：T0 分为两个独立的 8 位计数器，T1 停止工作。

高四位用于 T1，各位与 T0 相同。

(4) 通过编程 TMOD、TCON 可设定任意一个或两个定时器工作，并使其工作在定时/计数方式。所以 T0 和 T1 均有定时器或事件计数的功能，可用于定时控制、延时、对外部事件计数和检测等场合。

(5) 定时/计数器的运行控制

软件控制：工作寄存器 TMOD 中的门控位 GATE 和控制方式寄存器 TCON 中的 TR0/TR1。

硬件控制：$\overline{INT0}$(P3.2)外部引脚输入信号，如图 4-18 所示。

(6) 定时/计数器的功能、工作方式及运行控制是由工作寄存器 TMOD 中和控制方式寄存器 TCON 中的状态决定的，在启动定时/计数器工作之前必须通过编程

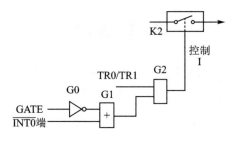

图 4-18 定时/计数器运行控制

对其初始化。当定时/计数器工作在方式 2 以外的其他三种工作方式时,计数器回零后,必须重新赋初值才能工作。

(7) 定时/计数器如果允许中断,则 CPU 响应中断后会自动清除定时时间到溢出标志。如果不允许中断,定时时间到溢出标志必须经过软件清除。

(8) 在启动定时/计数器工作之前必须通过编程对其初始化,包括门控位 GATE,定时或计数、工作方式、初值计算并装入。定时器当定时/计数器工作在方式 2 以外的其他三种工作方式时,计数器回零后,还需重新赋初值才能工作。

思考与练习

(1) 如何通过编程设定定时/计数器工作在定时还是计数功能?

(2) 定时/计数器的四种工作方式有何异同?

(3) 定时/计数器 T0 运行控制完全由 TR0 控制时,其初始化工作如何处理?定时/计数器 T1 运行控制如果由外部引脚 $\overline{INT0}$ 控制时,其初始化工作又如何处理?

(4) 当定时/计数器 T0 工作在方式 3 时,TR1 和 TF1 已被 TH0 占用,这时应如何控制定时/计数器 T1 的开启和关闭。

(5) 试利用定时/计数器 T0 和 P1.2 口输出如图 4-19 所示波形,设晶振频率为 12 MHz,建议用方式 2。

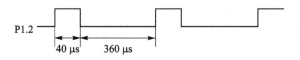

图 4-19 习题(5)用图

(6) 试利用定时/计数器 T1 对外部事件计数,要求每计数 100,就将 T1 改成定时方式,控制 P1.7 输出一个脉冲宽度为 10 ms 的正脉冲,然后又转为计数方式,如此反复循环。设晶振频率为 6 MHz。

(7) 利用定时/计数器 T0 产生定时时钟,由 P1 口外接 5 个 LED 的 D1~D5 指示灯,使 5 个指示灯依次一个一个闪动,闪动频率为 20 次/s。试通过 Proteus 仿真软件调试、验证结果。

第 5 章　单片机 C51 语言及人机接口应用

为了加深学习者对单片机基本功能和运行机理的理解,在第 2 章到第 4 章安排了 MedWin 开发环境下的汇编语言编程,MedWin 模拟调试及 Proteus 仿真软件验证。随着单片机广泛使用及日益复杂化,如何提高程序的开发效率是开发设计人员首要考虑的问题。单片机 C51 语言即是开发者首选开发工具。从本章开始,我们进入 C51 开发环境,硬件平台选用本学院自行开发的实验板完成后续课程的学习,目的是将学习者带入真实的单片机开发领域,训练学习人员尽快融入市场对开发设计人员的需求。

1. 教学目标

最终目标:应用 C51 编程技术,实现单片机人机接口——多位数码管显示。

促成目标:

① C51 编程技术应用。

② 单片机 I/O 端口静态驱动数码管电路设计、编程控制。

③ 单片机 I/O 端口动态驱动数码管电路设计、编程控制。

2. 工作任务

① 正确理解标准 C 语言 32 个关键字、34 种运算符及 9 大语句。

② 正确理解 C51 在标准 C 语言基础上的扩展技术,包括中断函数、重入函数等。

③ 使用万用表对 1 个、2 个至多个数码管段码测试,能查找并排除数码管硬件故障。

④ 应用单片机 I/O 端口设计多位静态、动态驱动数码管电路。

⑤ 应用 C51 技术,编程控制通过单片机 I/O 端口驱动 LED 显示。

⑥ Keil μVision4 集成开发环境应用。

⑦ Keil μVision4 集成开发环境模拟在线调试。

⑧ Keil μVision4 集成开发环境硬件在线调试。

5.1　汇编语言与 C51 语言

5.1.1　学习汇编语言的重要性

汇编语言是最接近于机器语言的编程语言。如果说机器语言是计算机操作的本质,那么汇编语言就是最接近本质的语言。汇编语言操作直接面向硬件,所以,在使用汇编语言时,我们能够感知计算机的运行过程和原理,从而能够对计算机硬件和应用程序之间的联系和交互形成一个清晰的认识。这也是最能够锻炼编程者编程思维逻辑的,只有这样,学习者才能形成一个软、硬兼备的编程知识体系,这是任何高级语言都无法给予的。相对于繁杂的高级语言,汇编语言指令集合更简约,指令操作更直接,从汇编开始学习更符合循序渐进的学习原理。所以,对于计算机技术初学者或者自学者,汇编语言重要性无可替代。

汇编语言的特点:

1) 面向机器的低级语言,通常是为特定的计算机或系列计算机专门设计的。
2) 保持了机器语言的优点,具有直接和简捷的特点。
3) 可有效地访问、控制计算机的各种硬件设备,如磁盘、存储器、CPU、I/O端口等。
4) 目标代码简短,占用内存少,执行速度快,是高效的程序设计语言。
5) 经常与高级语言配合使用,应用十分广泛。
6) 对于不同型号的计算机,有着不同结构的汇编语言,学习难度大。

作为符号化的机器语言,汇编语言不适宜承载编程技术的发展,历史证明,这个任务更合适由高级语言来完成,这也正是汇编语言早已不是主流编程工具的根本原因。但是:

(1) 汇编语言将长期存在

如果基于存储(机器指令)程序式计算机的原理结构不变,汇编语言将一直存在,这是其他高级语言无法企及的。

(2) 汇编语言是计算机原理的重要内容

通过汇编语言指令才能正确全面地了解计算机的基本功能和行为方式;任何其他编程语言都必须编译成机器语言(本质上也可以说是汇编语言)代码才能被计算机接受和执行,所以,汇编语言在计算机中居于顶天(软件)立地(硬件)的重要地位,是计算机原理的重要内容,是多门计算机专业课的重要基础。

(3) 汇编语言适合初学者学习

汇编语言是一门功能基本完备、涉及面全、小巧玲珑的编程语言,且门槛不高,比较适合初学者学习。通过学习汇编语言,能使我们从CPU的层面思考问题,可有效提高计算机科研及应用开发的思维深度。

(4) 透析高级语言功能机理的有效工具

任何高级语言都必须翻译成机器(或汇编)语言才能执行,所以任何高级语言的功能和实现机理,最终都将以机器(或汇编)代码的形式——简明无二义性地表述出来。这就是说,可以通过反汇编代码,透析和研究任何高级语言的功能和实现机理。

5.1.2 应用 C51 编程的优势

1. 单片机高级语言应用

随着单片机广泛使用及单片机的日益复杂化,单片机的开发应用已逐渐引入了高级语言,以使单片机移植性提高,从而提高程序的开发效率,C 语言就是一种。对于习惯了汇编语言编程的人来说,高级语言的可控性不好,不如汇编语言那样随心所欲。但是使用汇编语言会遇到很多问题,首先它的可读性和可维护性不强,特别是当程序没有很好标注的时候。其次就是代码的可重用性比较低。而 C 语言就可以很好地解决这些问题。应用 C 语言编写程序有如下优点:

① 不要求了解处理器的指令集,也不必了解存储器的结构。寄存器分配和寻址方式由编译器管理,编程时不需要考虑存储器的寻址等。

② 可使用与人的思维更接近的关键字和操作函数。

③ 可使用 C 语言中库文件的许多标准函数。

④ 通过 C 语言的模块化编程技术,可以将已编制好的程序加入到新的程序中。

⑤ C 语言编译器几乎适用于所有的目标系统,已完成的软件项目可以很容易地转移到其他微处理器和环境中。

2. C51 语言程序基本技巧

单片机 C51 语言是由 C 语言继承而来的。和 C 语言不同的是,C51 语言运行于单片机平台,而 C 语言则运行于普通的桌面平台。C51 语言具有 C 语言结构清晰的优点,便于学习,同时具有汇编语言的硬件操作能力。C51 编程和汇编语言编程过程一样,源程序经过编辑、编译、连接后生成目标程序(.BIN 和.HEX)文件,然后运行即可。调试 51 单片机常用 Keil C51 编译器。

对于具有 C 语言编程基础的读者,能够轻松地掌握单片机 C51 语言的程序设计。C51 语言主要有以下特点:

① 可管理内部寄存器和存储器的分配。编程时,无须考虑不同存储器的寻址和数据类型等细节问题。

② 有单片机 C51 语言提供了完备的数据类型、运算符及函数供使用。语法结构和标准 C 语言基本一致,语言简洁,便于学习。

③ 运行于单片机平台,支持的微处理器种类繁多,可移植性好。对于兼容的 8051 系列单片机,只要将一个硬件型号下的程序稍加修改,甚至不加改变,就可移植到另一个不同型号的单片机中运行。

④ 具有高级语言的特点,尽量减少底层硬件寄存器的操作。

⑤ 程序由若干函数组成,具有良好的模块化结构、可移植性好、便于项目维护管理。

⑥ C51 语言代码执行的效率方面十分接近汇编语言,且比汇编语言的程序易于理解,便于代码共享。

采用C51语言设计单片机应用系统程序时,首先要尽可能地采用结构化的程序设计方法,这样可使整个应用系统程序结构清晰,易于调试和维护。对于一个较大的程序,可将整个程序按功能分成若干个模块,不同的模块完成不同的功能。对于不同的功能模块,分别指定相应的入口参数和出口参数,而经常使用的一些程序最好编成函数,这样既不会引起整个程序管理的混乱,还可以使程序增强可读性,移植性也好。

在程序设计过程中,要充分利用C51语言的预处理命令。对于一些常用的常数,如TRUE,FALSE,PI以及各种特殊功能寄存器,或程序中一些重要的依据外界条件可变的常量,可采用宏定义"♯define"或集中起来放在一个头文件中进行定义,再采用文件包含命令"♯include"将其加入到程序中去。这样当需要修改某个参量时,只须修改相应的包含文件或宏定义,而不必对使用每个程序文件都作修改,从而有利于文件的维护和更新。现举例说明如下:

例 5-1 对于不同的单片机晶振,程序取不同的延迟时间,而且可根据外界条件的变化修改延时时间的长短。对于这样的程序,可利用宏定义和条件编译来实现。程序如下:

```
#define flag 1
#ifdef flag == 1
#define fosc 6M
delay = 10;
#elif flag == 0
#define fosc 8M
delay = 12;
#else
#define fosc 12M
delay = 20;
#endif
main()
  {
    for(I = 0;I<delay;I++);
  }
```

这样源程序不作任何修改就可适用于不同时钟频率的单片机系统,并可根据情况的不同取不同的delay值,完成不同的目的。

5.1.3 单片机汇编语言与C语言程序设计对照范例

编程将外部数据存储器的000CH和000DH单元的内容相互交换。

(1) 单片机的汇编语言编程

```
        ORG     000H
        MOV     P2,♯00H        ;送高八位地址至P2口
```

```
        MOV     R0,#0CH         ;R0 = 0CH
        MOV     R1,#0DH         ;R1 = 0DH
        MOVX    A,@R0           ;A = (000CH)
        MOV     20H,A           ;(20H) = 000CH
        MOVX    A,@R1           ;A = (000DH)
        XCH     A,20H           ;(20H)< - >A
        MOVX    @R1,A
        MOV     A,20H
        MOVX    @R0,A           ;交换后的数据送各单元
        SJMP    $
        END
```

C语言对地址的指示方法可以采用指针变量,也可以引用头文件 absacc.h 作为绝对地址访问。下面的程序采用绝对地址访问方法。

看#include<absacc.h> 头函数

absacc.h 提供了下列方便的宏(Macro)定义。

```
#define CBYTE ((unsigned char volatile code  *)0)
#define DBYTE ((unsigned char volatile data  *)0)
#define PBYTE ((unsigned char volatile pdata *)0)
#define XBYTE ((unsigned char volatile xdata *)0)
#define CWORD ((unsigned int  volatile code  *)0)
#define DWORD ((unsigned int  volatile data  *)0)
#define PWORD ((unsigned int  volatile pdata *)0)
#define XWORD ((unsigned int  volatile xdata *)0)
#define XBYTE ((unsigned char volatile xdata *)0) 分析:
```

XBYTE 为指向 xdata 地址空间 unsigned char 数据类型的指针,指针值为 0。这样,可以直接用 XBYTE[0xnnnn]或 *(XBYTE+0xnnnn)访问外部 RAM。即使用 XBYTE 指向外部数据存储器的首地址。如:程序中用 XBYTE[11],即用来指向外部数据存储器的 0011H 地址。

再如:int rval= DBYTE[13]   //指向内部数据存储器的 13H
在程序中,用#include<absacc.h> 可使其中声明的宏来访问绝对地址。
(2) C 语言编程

```
#include<absacc.h>              //绝对地址访问头文件
void main(void)
{
    char   c;                   //定义字符型变量
    do                          // do   while(表达式)循环
    {
        c = XBYTE[12];          //将外部 0012H 中的数据赋值给字符变量 c
```

```
        XBYTE[12] = XBYTE[13];      //将外部 0013H 中的数据赋值给外部 0012H
        XBYTE[13] = c;               //将字符变量 c 赋值给外部 0013H,实现数据交换
    }while(1);
}
```

程序中为了方便反复观察,使用了无限循环语句 while(1),只要使用"Ctrl+C"即可退出死循环。

在 KEIL 中,汇编是从 ORG000H 开始启动,那么它在 C51 中是如何启动 MAIN()函数的呢?实际上是 C51 中有一个启动程序 STARTUP.A51,它总是和 C 程序一起编译和链接的。80C51 在电源重置后(Power On Reset)所执行的第一个程序模块并不是使用者的主程序 main(),而是一个隐藏在 KEIL-C51 标准链接库中称为 startup.a51 的程序模块。启动文件 STARTUP.A51 中包含目标板启动代码,可在每个 project 中加入这个文件,只要复位,则该文件立即执行,其功能包括:

① 定义内部 RAM 大小、外部 RAM 大小、可重入堆栈位置;
② 清除内部、外部或者以此页为单元的外部存储器;
③ 按存储模式初始化重入堆栈及堆栈指针;
④ 初始化 8051 硬件堆栈指针;
⑤ 向 main()函数交权。

有兴趣的读者可以在 Keil 集成环境中观看 startup.a51 文件详细内容。

上面的程序通过编译,生成的反汇编程序如下:

```
C:0x0000    020810      LJMP      STARTUP1(C:0810)
C:0x0003    00          NOP
..........
C:0x0800    90000C      MOV       DPTR,#0x000C
C:0x0803    E0          MOVX      A,@DPTR
C:0x0804    FF          MOV       R7,A
C:0x0805    A3          INC       DPTR
C:0x0806    E0          MOVX      A,@DPTR
C:0x0807    90000C      MOV       DPTR,#0x000C
C:0x080A    F0          MOVX      @DPTR,A
C:0x080B    A3          INC       DPTR
C:0x080C    EF          MOV       A,R7
C:0x080D    F0          MOVX      @DPTR,A
C:0x080E    80F0        SJMP      main(C:0800)
C:0x0810    787F        MOV       R0,#0x7F
C:0x0812    E4          CLR       A
C:0x0813    F6          MOV       @R0,A
C:0x0814    D8FD        DJNZ      R0,IDATALOOP(C:0813)
C:0x0816    758107      MOV       SP(0x81),#0x07
```

```
C:0x0819    020800    LJMP    main(C:0800)
```

对照 C 语言编写的程序与反汇编程序,可以看出:

① 进入 C 程序后,首先执行 STARTUP.A51,即将 RAM 地址为 00～7FH 的 128 个单元清零,然后置 SP(堆栈指针为 07H)。

② 对于 C 程序设定的变量,C51 编译器自行安排寄存器或存储器作参数传递区,通常在 R0～R7(一组或两组,根据参数多少而定)。因此,如果对具体地址置数,应该避开 R0～R7 这些地址。

③ 如果不特别制定变量的存储类型,变量通常被安排在内部 RAM 区。

(3) 单片机汇编语言与 C 语言程序设计的比较

① 汇编语言编制的每一个程序都与计算机的某一条具体指令对应,所以必须熟悉单片机的指令系统。

② 使用 C 语言进行单片机应用系统开发,具有编程灵活、可读性好、移植容易、易学易用等优势。

虽然汇编语言在实时性、执行效率上有不可替代的优势。但大部分情况下 C 语言可以满足要求。对反应灵敏、控制及时、实时检测等控制系统都是用汇编语言和 C 语言联合编写的。对时钟要求严格时,使用汇编语言是唯一的方法。

据统计有经验的程序员用汇编语言、高级语言编制的程序译成机器语言后,长度比较上:高级语言长汇编语言 15%～200%;执行时间比较上:高级语言增长汇编语言 50%～300%。

5.1.4 汇编语言与 C51 混合编程

C51 编译器能对 C 语言源程序进行高效率的编译,生成高效简洁的代码,在绝大多数场合采用 C 语言编程即可完成预期的目的。但有时为了编程直观或某些特殊地址的处理,还须采用一定的汇编语言编程。而在另一些场合,出于某种目的,汇编语言也可调用 C 语言。所以,在开发设计中,常用汇编语言编写与硬件有关的程序,用 C51 编写与硬件无关的运算程序,充分发挥两种语言的长处,提高开发效率。汇编语言与 C51 混合编程本书不作讲解,有兴趣的学习者可查阅相关资料。

5.2 C51 对标准 C 语言的扩展

C 语言一共只有 32 个关键字,9 种控制语句,34 种运算符。C 语言的数据类型有:整型、实型、字符型、数组类型、指针类型、结构体类型、共用体类型等。能用来实现各种复杂的数据结构的运算。C51 编译器针对 MCS-51 单片机硬件,在下列几方面对 ANSI C 进行了扩展:

1) 扩展了专门访问 MCS-51 单片机硬件的数据类型;
2) 存储类型按 MCS-51 单片机存储空间分类;

3) 存储模式遵循存储空间选定编译器模式;
4) 指针分为通用指针和存储器指针;
5) 函数增加了中断函数和再入函数。

5.2.1 C51 语法基础

C51 完全兼容 C 语言,包括 C 语言的基本数据类型、C 语言的基本运算符、C 语言语句的使用。同时由于运行环境不同,C51 对标准 C 语言进行了扩展。在学习 C51 对标准 C 语言扩展之前,先回顾一下 C 语言的标识符和关键字,基本数据类型,C 语言的基本运算符,C 语言语句的使用。

1. 标识符和关键字

标识符用来标识源程序中某个对象的名字,这些对象可以是语句、数据类型、函数、变量、数组等。标识符由字符串、数字和下画线等组成,应该注意的是第一个字符必须是字母或下画线,不能用数字开头,如"1_a"是错误的,编译时会有错误提示。在 C51 编译器中只支持标识符的前 32 位为有效标识。

C51 语言是区分大小写的一种高级语言,如"a_1"和"A_1"是两个完全不同的标识符。

C51 中有些库函数的标识符是以下画线开头的,所以一般不要以下画线开头命名用户自定义标识符。标识符在命名时应当简单,含义清晰,这样有助于阅读理解程序。

关键字则是编程语言保留的特殊标识符,它们具有固定的名称和含义,在程序编写中不允许将关键字另做他用。C51 中的关键字除了有 ANSI C 标准的 32 个关键字外,还根据 MCS-51 单片机的特点扩展了相关的关键字。C 语言中 32 个关键字如表 5-1 所列。

表 5-1 C 语言中的 32 个关键字

关键字	用 途	说 明
auto	声明自动变量　一般不使用	用以说明局部自动变量,通常可忽略此关键字
break	程序语句　跳出当前循环	退出最内层循环和 switch 语句
case	程序语句　开关语句分支	switch 语句中的选择项
char	数据类型说明　声明字符型变量或函数	单字节整型数或字符型数据
const	存储类型说明　声明只读变量	在程序执行过程中不可更改的常量值
continue	程序语句　结束当前循环,开始下一轮循环	转向下一次循环
default	程序语句　开关语句中的"其他"分支	switch 语句中的失败选择项
do	程序语句　循环语句的循环体	构成 do...while 循环结构
double	数据类型说明　声明双精度变量或函数	双精度浮点数

续表 5-1

关键字	用 途	说 明
else	程序语句　条件语句否定分支(与 if 连用)	构成 if...else 选择结构
enutn	数据类型说明　声明枚举类型	枚举
extern	存储种类说明　声明变量是在其他文件中声明	在其他程序模块中说明全局变量
float	数据类型说明　声明浮点型变量或函数	单精度浮点数
for	程序语句　一种循环语句	构成 for 循环结构
goto	程序语句　无条件跳转语句	构成 goto 转移结构
if	程序语句　条件语句分支	构成 if...else 选择结构
int	数据类型说明　声明整型变量或函数	基本整型数
long	数据类型说明　声明长整型变量或函数	长整型数
register	存储种类说明　声明寄存器变量	使用 CPU 内部寄存器变量
return	程序语句　子程序返回语句	函数返回
short	数据类型说明　声明短整型变量或函数	短整型数
signed	数据类型说明　声明有符号类型变量或函数	有符号数,二进制数据的最高位为符号位
sizeof	运算符　计算数据类型长度	计算表达式或数据类型的字节数
static	存储种类说明　声明静态变量	静态变量
struct	数据类型说明　声明结构体变量或函数	结构类型数据
switch	程序语句　用于开关语句	构成 switch 选择结构
typedef	数据类型说明　用以给数据类型取别名	重新进行数据类型定义
union	数据类型说明　声明联合数据类型	联合类型数据
unsigned	数据类型说明　声明无符号类型变量或函数	无符号数
void	数据类型说明　声明函数无返回值或无参数	无类型数据
volatile	数据类型说明　变量在程序执行中可被隐含地改变	该变量在程序执行中可被隐含地改变
while	程序语句　循环语句的循环条件	构成 while 和 do-while 循环结构

此外,依据 MCS-51 单片机的特点扩展了自身相关的关键字,如表 5-2 所列。

表 5-2 C51 扩展的相关关键字

关键字	用途	说明
sfr	特殊功能寄存器声明	声明一个特殊功能寄存器
sfr16	特殊功能寄存器声明	声明一个 16 位的特殊功能寄存器
data	存储器类型说明	直接寻址的内部数据存储器
bdata	存储器类型说明	可位寻址的内部数据存储器
idata	存储器类型说明	间接寻址的内部数据存储器
pdata	存储器类型说明	分页寻址的外部数据存储器
xdata	存储器类型说明	外部数据存储器
code	存储器类型说明	程序存储器
interrupt	中断函数说明	定义一个中断函数
reentrant	再入函数说明	定义一个再入函数
using	寄存器组定义	定义芯片的工作寄存器

2. C51 语言的基本数据类型

C51 具有 ANSI C 的所有标准数据类型。其基本数据类型包括：char、int、short、long、float 和 double。对 C51 编译器来说，short 类型和 int 类型相同，double 类型和 float 类型相同。除此之外，为了更加有利地利用 MCS-51 的结构，C51 还增加了一些特殊的数据类型，包括 bit、sbit、sfr、sfr16。C51 的数据类型如表 5-3 所列。

表 5-3 C 语言及 C51 语言基本数据类型

数据类型	数据类型关键字	位数	数值范围
有符号字符型	signed char	8	$-128\sim+127$
无符号字符型	unsigned char	8	$0\sim255$
有符号整型	signed int	16	$-32\,768\sim+32\,767$
无符号整型	unsigned int	16	$0\sim65\,535$
有符号长整型	signed long	32	$-2\,147\,483\,648\sim +2\,147\,483\,647$
无符号长整型	unsigned long	32	$0\sim4\,294\,967\,295$
浮点型	float	32	$1.176E-38\sim3.40E+38$
位类型	bit	1	0 或 1
SFR 位类型	sbit	1	0 或 1
SFR 字节类型	sfr	8	$0\sim255$
SFR 字类型	sfr16	16	$0\sim65\,535$

(1) char 字符类型

char 类型的长度是 1B(字节)，通常用于定义处理字符数据的变量或常量。

unsigned char 类型用字节中所有的位表示数值,可以表达的数值范围是 0～255。unsigned char 常用于处理 ASCII 字符或用于处理小于或等于 255 的整型数。

signed char 类型用字节中最高位表示数据的符号,0 表示正数,1 表示负数,负数用补码表示,能表示的数值范围是 －128～＋127。

(2) int 整型

int 整型长度为 2B(字节),用于存放一个双字节数据。

unsigned int 表示的数值范围是 0～65 535。

signed int 表示的数值范围是－32 768～＋32 767,字节中最高位表示数据的符号,0 表示正数,1 表示负数。

(3) long 长整型

long 长整型长度为 4B(字节),分有符号 long 长整型 signed long 和无符号 long 长整型 unsigned long,默认值为 signed long 类型。用于存放一个四字节数据。

unsigned long 表示的数值范围是 0～4 294 967 295。

signed int 表示的数值范围是－2 147 483 648～＋2 147 483 647,字节中最高位表示数据的符号,0 表示正数,1 表示负数。

(4) float 浮点型

float 浮点型在十进制中具有 7 位有效数字,是符合 IEEE－754 标准(32)的单精度浮点型数据,占用 4B。具有 24 位精度。

(5) * 指针型

指针型本身就是一个变量,在这个变量中存放着指向另一个数据的地址。这个指针变量要占据一定的内存单元,对不同的处理器长度也不尽相同,在 C51 中其长度一般为 1～3 个字节。

(6) bit 位标量

bit 位标量是 C51 编译器的一种扩充数据类型,利用它可定义一个位标量。它的值是一个二进制位,不是 0,就是 1,类似一些高级语言中的 boolean 型数据的 True 和 False。

(7) sfr 特殊功能寄存器

sfr:声明字节寻址的特殊功能寄存器。sfr 是一种 C51 扩充数据类型,占用一个内存单元。利用它可以访问 MCS－51 单片机内部的所有特殊功能寄存器。

如用 sfr P1 = 0x90 定义一个特殊功能寄存器变量"P1",0x90 是指 51 单片机的 P1 端口地址 90H,变量 P1 即指 51 单片机的 P1 端口。

51 系列单片机提供 128 字节的 SFR 寻址区,地址为 80H～FFH。除了程序计数器 PC 和 4 组通用寄存器之外,其他所有的寄存器均为 SFR,并位于片内特殊寄存器区。这个区域部分可位寻址、字节寻址或字寻址,用以控制定时器、计数器、串口、I/O 等特殊功能寄存器。

注意:"sfr"后面必须跟一个特殊寄存器名;"="后面的地址必须是常数,不允许带有运算符的表达式,这个常数值的范围必须在特殊功能寄存器地址范围内,位于 0X80H 到 0XFFH 之间。

如 sfr TCON = 0x88;定义特殊功能寄存器 TCON,位于内部 RAM 88H 单元
sfr TMOD = 0x89;定义特殊功能寄存器 TMOD,位于内部 RAM 89H 单元

(8)sfr16 16 位特殊功能寄存器

sfr16 也是一种 C51 扩充数据类型,用于定义存在于 MCS-51 单片机内部 RAM 的 16 位特殊功能寄存器。许多新的 8051 派生系列单片机用两个连续地址的 SFR 来指定 16 位值,例如 8052 用地址 0XCC 和 0XCD 表示定时器/计数器 2 的低和高字节。

sfr16T2L=0XCC   ;表示 T2 口地址的低字节地址
sfr16T2L=0XCD   ;表示 T2 口高字节地址

sfr16 声明和 sfr 声明遵循相同的原则,任何符号名都可用在 sfr16 的声明中。声明中名字后面不是赋值语句,而是一个 sfr 地址,其高字节必须位于低字节之后,这种声明适用于所有新的 SFR,但不能用于定时/计数器 T0 和计数器 T1。sfr16 型数据占用 2 个内存单元,取值范围为 0~65 535。

(9)sbit 可寻址位

sbit 也是一种 C51 扩充数据类型,利用它可以访问单片机内部 RAM 中的可寻址位或特殊功能寄存器中的可寻址位。定义方法有如下三种:

① sbit 变量名=sfr_name^int_constant

如:sbit   OV=PSW^2;   //声明溢出位变量 OV,是 PSW 的第 2 位
    sbit   P10=P1^0;   //声明位变量 P10,是 P1 口的第 0 位

该变量用一个已声明的 sfr_name 作为 sbit 地基基地址,"^"后面的表达式指定了位的位置,必须是 0~7 之间的一个数字。

② sbit 变量名=int_constant^int_constant

例如:sbit   CY=0XD0^7;
      sbit   OV=0XD0^2;
      sbit   P10=0X90^0;

该变量用一个整常数作为 sbit 的基地址,"^"后面的表达式指定位的位置,必须在 0~7 之间。

③ sbit 变量名=int_constant

例如:sbit OV=0XD2;
      sbit P11=0X91;

MCS-51 单片机中的特殊功能寄存器及其可寻址位,已被预先定义放在文件 reg51.h 中,在程序的开头只需加上 #include<reg51.h> 或 #include<reg52.h> 即可。若编程时已将 8051 微处理器头文件包含 #include<reg51.h>,则

sfr   PSW = 0xD0;

```
sfr    IE = 0xA8;
sbit   OV = PSW^2;
sbit   P1_0 = P1^0;
sbit   P1_1 = P1^1;
```

可以不用声明 PSW 为特殊功能寄存器,因头文件中已定义。可直接在程序中使用 PSW、IE、OV 等。但 P1_0、P1_1 是一个头文件中没有的变量,要求它指向 P1 的第 0 位、第 1 位。所以使用时应定义。

注意:<reg51.h>文件中的寄存器、特殊功能寄存器均是大写。所以 P1^0、P1^1 中的 P1 一定要大写。但 P1_0 、P1_1 由于是用户自定义变量,所以大小写随意,也可是其他标识符。

另外,bit 还可访问 MCS-51 单片机片内 20H~2FH 范围内的位对象。C51 编译器提供了一个 bdata 存储器类型,允许将具有 bdata 类型的对象放入 MCS-51 单片机片内可位寻址区。

sbit 和 bit 的区别:sbit 定义特殊功能寄存器中的可寻址位;而 bit 则定义了一个普通的位变量,一个函数中可包含 bit 类型的参数,函数返回值也可为 bit 类型。

3. C51 的运算符和表达式

(1) C51 的算术运算符

C51 的算术运算符用于各类数值运算。包括加(+)、减(-)、乘(*)、除(/)、求余(或称模运算,%)、自增(++)、自减(--)共七种。

自增、自减运算符可以在变量的前面或后面使用。如,++i 或 --i,意为在使用 i 之前,先使 i 值加 1 或减 1。如,i++ 或 i--,意为在使用变量 i 之后,再使 i 值加 1 或减 1。

例如,定义整型变量:int i=6,并有 j=++i,则 j 值为 7,i 值也为 7。而如有 j=i++,则 j 值为 6,i 值为 7。

优先级:先乘除,后加减,先括号内,再括号外。

结合性:自左至右方向。

模运算即求余数,如 7%3,结果是 7 除以 3 所得余数 1。

(2) C51 关系运算符

C51 关系运算符用于比较运算。包括大于(>)、小于(<)、大于等于(>=)、小于等于(<=)、等于(= =)和不等于(! =)共六种。

优先级:前四个高,后两个"= ="和"! ="级别低。

结合性:自左至右方向。

关系表达式的结果是逻辑值"真"或"假",C51 中以"1"代表真,"0"代表假。

(3) C51 逻辑运算符

C51 逻辑运算符用于逻辑运算。包括与(&&)、或(||)、非(!)三种。

优先级:逻辑非"!"最高。

结合性:"&&"和"||"自左至右方向。"!"自右至左方向。

运算符的两边为关系表达式。逻辑表达式和关系表达式的值相同,以"0"代表假,以"1"代表真。

(4) 按位操作运算符

按位操作运算符参与运算的量,按二进制位进行运算。包括位与(&)、位或(|)、位非(~)、位异或(^)、左移(<<)、右移(>>)共六种。

移位操作为补零移位。位运算符只能对整型和字符型运算,不能对实型数据运算。

如:char a = 0x0f;表达式 a =~ a 值为 0xf0。

如:char a = 0x22;表达式 a<<2 值为 0x88,即 a 值左移两位,移位后空白位补 0。

(5) C51 赋值运算符

C51 赋值运算符用于赋值运算,分为简单赋值(=)、复合算术赋值(+=,-=,*=,/=,%=)和复合位运算赋值(&=,|=,^=,>>=,<<=)三类共十一种。

= 赋值:将"="右边的值赋给"="左边的变量(不是相等运算符)。

采用复合赋值运算的目的是为了简化程序,提高 C51 程序的编译效率。

例:a+=b 相当于 a=a+b。a>>=b 相当于 a=a>>b。

(6) C51 条件运算符

这是一个三目运算符,用于条件求值(?:)。

表达式:表达式1? 表达式2:表达式3

先求解表达式1,若其值为真(非0)则将表达式2的值作为整个表达式的取值,否则(表达式1的值为0)将表达式3的值作为整个表达式的取值。

例 5-2　max=(a>b)? a:b 是将 a 和 b 二者中较大的一个赋给 max。

例 5-3　min=(a<b)? a:b 是将 a 和 b 二者中较小的一个赋给 min。

优先级:条件运算符优先级高于赋值、逗号运算符,低于其他运算符。

例 5-4　m<n? x : a+3 等价于:(m<n)? (x) :(a+3)。

例 5-5　a++>=10 && b-->20? a :b 等价于:(a++>=10 && b-->20)? a :b。

例 5-6　x=3+a>5? 100 : 200 等价于:x=((3+a>5)? 100 : 200)。

结合性:条件运算符具有右结合性。当一个表达式中出现多个条件运算符时,应该将位于最右边的问号与离它最近的冒号配对,并按这一原则正确区分各条件运算符的运算对象。例如:

w<x? x+w : x<y? x : y

与 w<x? x+w :(x<y? x : y) 等价

与 (w<x? x+w : x<y)? x : y 不等价

(7) C51 逗号运算符

C51 逗号运算符用于把若干表达式组合成一个表达式(,)。

在 C 语言中,多个表达式可以用逗号分开,其中用逗号分开的表达式值分别结算,但整个表达式的值是最后一个表达式的值。

假设 b=2,c=7,d=5,

a1=(++b,c--,d+3)

a2=++b,c--,d+3

对于第一行代码,有三个表达式,用逗号分开,所以最终的值应该是最后一个表达式的值,也就是 d+3 为 8,所以 a1=8。

对于第二行代码,也有三个表达式,这时的三个表达式为 a2=++b、c--、d+3(这是因为赋值运算符比逗号运算符优先级高)所以最终表达式的值虽然也为 8,但 a2=3。

(8) 指针运算符

指针运算符用于取内容(*)和取地址(&)二种运算。

指针是一种数据类型,具有指针类型的变量称为指针变量。指针变量存放的是另一个对象的地址,这个地址中的值就是另一个对象的内容。

C++程序中与地址相关的两个运算符是取址运算符 & 和指针运算符 *。这两个运算符与前面所见的运算符不同,因为它们是单值运算符,也就是说它们只带一个操作数。

用地址 & 可取得一个变量或对象的地址。& 在其操作数的左边,如:&myAge;这行代码返回变量 myAge 的地址。

指针运算符 * 与地址符 & 的功能相反。* 也在其操作数的左边,该操作数是一地址,用 * 可取得该地址处存储的变量的值。

例如,下面这行程序先用 & 取得变量 myAge 的地址,再用 * 访问该地址处的变量,即 myAge,并对该变量赋值为 42。

*(&myAge)=42;

注意 & 与 * 的用法意义如下:

① "&"与按位与运算符的差别。如果"&"为"与"运算,& 运算符的两边必须为变量或常量,如 a=c&b。"&"是取地址运算时,如 a=&b。

② "*"与指针定义时指针前的 "*" 的差别。如 char * pt,这里的 "*" 只表示 pt 为指针变量,不代表间址取内容的运算。而 c=*b,是将以 b 的内容为地址的单元内容送 c 变量。

C51 运算的优先级如下所示:

!(非)→算术运算→关系运算→&& 和 ||→赋值运算

4. C51 九大语句

(1) if() ～else～(条件语句)

① if(满足某个条件)

　　　{ 某个动作 }

如果满足某个条件,就执行动作。

② if(条件表达式)

　　　{ 动作1 }

　else

　　　{ 动作2 }

如果满足条件表达式,就执行动作1;否则就执行动作2。

(2) for()～(循环语句)

for　(表达式1;表达式2;表达式3)

　　　{ 动作 }

for 通常用来作循环使用,可以改写为:

for　(循环初始化;循环条件;循环调整语句)

　　　{ 循环体语句 }

如:for　(i=1;i<=100;i++)

　　　　{ sum=sum+i }

(3) while()～(循环语句)

while(条件表达式)

　　　{ 动作 }

while()通常用来作循环使用,条件表达式为真,即执行动作,直到条件表达式为假,退出循环。

如:

```
int i = 1;
int sum = 0;
while(i <= 10)
{
    sum += i;        //求和
    i++;
}
```

(4) do～while()(循环语句)

do { 动作 }

　　　while(条件表达式);

do～while()也用来作循环使用,与 while()不同的是,do～while()不管条件表达式是否真,先执行一次动作,然后判断条件表达式,若为真,继续执行动作,直到为假,退出循环。

如:

```
int i = 1;
int sum = 0;              //保存 1 加到 10 的和
do
{
    sum + = i;            //求和
    i ++ ;
}while(i< = 10);
```

(5) switch(多分支选择语句)

if 语句处理两个分支,处理多个分支时需使用 if~else~if 结构。但如果分支较多,则嵌套的 if 语句层就越多,程序不但庞大而且理解也比较困难。因此,C/C++语言又提供了一个专门用于处理多分支结构的条件选择语句,称为 switch 语句,又称开关语句。它可以很方便地来实现深层嵌套的 if/else 逻辑。使用 switch 语句直接处理多个分支(当然包括两个分支)。其一般形式为:

```
switch(表达式)
{
    case 常量表达式 1:
    语句 1;
    break;
    case 常量表达式 2:
    语句 2;
    break;
    ……
    case 常量表达式 n:
    语句 n;
    break;
    default:
    语句 n+1;
    break;
}
```

switch 语句的执行流程是:首先计算 switch 后面圆括号中表达式的值,然后用此值依次与各个 case 的常量表达式比较,若圆括号中表达式的值与某个 case 后面的常量表达式的值相等,就执行此 case 后面的语句,执行后遇 break 语句就退出 switch 语句;若圆括号中表达式的值与所有 case 后面的常量表达式都不等,则执行 default 后面的语句 n+1,然后退出 switch 语句,程序流程转向开关语句的下一个语句。

(6) continue(结束本次循环语句)

continue 语句只能在 while、do...while、for 或 for...in 循环内使用。执行 con-

tinue 语句会停止当前循环的迭代,并从循环的开始处继续程序流。
如:

```
var s = "";
for(var i = 1; i < 10; i++)
{
    if(i < 5)
    {
        continue;
    }
    s += i + " ";
}
print(s);
// Output: 5 6 7 8 9
```

在此示例中,循环从 1 迭代到 9。由于将 continue 语句与表达式（i < 5）一起使用,因此将跳过 continue 与 for 循环体末尾之间的语句。

(7) break(终止执行 switch 或循环语句)

break 语句通常用在循环语句和开关语句中。当 break 用于开关语句 switch 中时,可使程序跳出 switch 而执行 switch 以后的语句;如果没有 break 语句,则将成为一个死循环而无法退出。

当 break 语句用于 do-while、for、while 循环语句时,可使程序终止循环而执行循环后面的语句,通常 break 语句总是与 if 语句联在一起。即满足条件时便跳出循环。在多层循环中,一个 break 语句只向外跳一层。

(8) goto(转向语句)

goto 语句也称为无条件转移语句,其一般格式如下:goto 语句标号;其中语句标号是按标识符规定书写的符号,放在某一语句行的前面,标号后加冒号(:)。语句标号起标识语句的作用,与 goto 语句配合使用。

C 语言不限制程序中使用标号的次数,但各标号不得重名。goto 语句的语义是改变程序流向,转去执行语句标号所标识的语句。

goto 语句通常与条件语句配合使用。可用来实现条件转移,构成循环,跳出循环体等功能。但是,在结构化程序设计中一般不主张使用 goto 语句,以免造成程序流程的混乱,使理解和调试程序都产生困难。

(9) return(从函数返回语句)

在函数中,如果碰到 return 语句,程序就会返回调用该函数的下一条语句执行,也就是说,跳出函数的执行,回到原来的地方继续执行下去。但是如果在主函数中碰到 return 语句,则用于说明程序的退出状态。如果返回 0,则代表程序正常退出,否则代表程序异常退出。

5.2.2 C51 存储类型及存储区

1. 存储类型及存储区描述

C51 编译器提供对 8051 所有存储区的访问。存储区可分为内部数据存储区、外部数据存储区以及程序存储区。存储区描述如表 5-4 所列。

表 5-4 MCS-51 单片机存储区描述

存储区	描述
data	RAM 的低 128 字节,可在一个周期内直接寻址
bdata	data 区可字节、位混合寻址的 16 字节区
idata	RAM 区的高 128 字节,必须采用间接寻址
xdata	外部存储区,使用 DPTR 间接寻址
pdata	外部存储区的 256 字节,通过 P0 口的地址对其寻址使用指令 MOVX @Rn,需要两个指令周期
code	程序存储区使用 DPTR 寻址

(1) 内部数据存储区

8051CPU 内部的数据存储区是可读写的,8051 派生系列最多可有 256 字节内部存储区,其中低 128 字节可直接寻址,高 128 字节(从 0x80 到 0xFF)只能间接寻址,从 20H 开始的 16 字节可位寻址。

内部数据区又可分为 3 个不同的存储类型:data、idata、bdata。

(2) 外部数据存储区

外部数据也是可读写的,访问外部数据区比访问内部数据区慢,因为外部数据区是通过数据指针加载地址来间接访问的。

C51 编译器提供两种不同的存储类型 xdata(64 KB)和 pdata(一页,256 字节),以访问外部数据。

(3) 程序 CODE 存储区

程序 CODE 存储区是只读不写的。程序存储区可能在单片机内部或者在外部或者内外都有,具体要看设计时选择的 CPU 型号来决定程序存储区在单片机内、外分布的情况;及根据程序容量决定是否需要程序存储器扩展。

2. 存储类型及存储区使用举例

(1) DATA 区

DATA 区声明中的存储类型标识符为 data。

DATA 指低 128 字节的内部数据区。DATA 区可直接寻址,所以对其存取是最快的,应该把经常使用的变量放在 DATA 区;但是 DATA 区的空间是有限的,DATA 区除了包含程序变量外,还包括了堆栈和存储器组。

举例:

```
unsigned char data system_status = 0;    //定义无符号字符型变量 system_status,初值为 0
                                         //使其存储在内部低 128 字节
unsigned int data unit_id[2];            //定义无符号整型数组 unit_id,存储在内部 RAM
char data inp_string[16];                //字符型变量 inp_string,使其存储在内部 128 字节
```

标准变量和用户自声明变量都可存储在 DATA 区中只要不超过 DATA 区范围即可。

(2) BDATA 区

BDATA 区声明中的存储类型标识符为 bdata,指内部可位寻址的 16 字节储区(20H 到 2FH)可位寻址变量的数据类型。

BDATA 区实际就是 DATA 区中的位寻址区,在这个区声明变量就可进行位寻址。位变量的声明对状态寄存器来说是十分有用的,因为它可能仅仅需要使用某一位,而不是整字节。

在 BDATA 区中声明的位变量和使用位变量的例子:

```
unsigned char bdata status_byte;         //定义无符号字符型变量 status_byte,使其存
                                         //储在 20H 到 2FH 区,可进行位寻址
unsigned int bdata status_word;          //定义无符号整型变量 status_word,使其存储
                                         //在 20H 到 2FH 区
sbit   start_flag = status_byte^4;       //将 status_byte ^4 的第 4 位赋值给位变量 sbit
                                         //start_flag
if(status_word^15)
{
    start_flag = 0;
}
    start_flag = 1;                      //否则 stat_flag = 1
```

(3) IDATA 区

IDATA 区声明中的存储类型标识符为 idata,指内部的 256 字节的存储区,但是只能间接寻址,速度比直接寻址慢。

举例如下:

```
unsigned char idata system_status = 0;
unsigned int idata unit_id[2];
char idata inp_string[16];
float idata outp_value;
```

(4) PDATA 和 XDATA 区

PDATA 和 XDATA 区均属于外部存储区,该区是可读写的存储区,最多可有 64 KB。访问外部数据存储区比访问内部数据存储区慢,因为外部数据存储区是通过数据指针加载地址来间接访问的。

在这两个区,变量的声明和在其他区的语法是一样的,但 PDATA 区只有 256 字

节而 XDATA 区可达 65 536 字节。对 PDATA 和 XDATA 的操作相似,对 PDATA 区的寻址比对 XDATA 区的寻址要快,因为对 PDATA 区的寻址只需要装入 8 位地址,而对 XDATA 区的寻址需装入 16 位地址,所以要尽量把外部数据存储在 PDATA 段中。

PDATA 和 XDATA 区声明中的存储类型标识分别为 pdata 和 xdata。xdata 存储类型标识符可以指定外部数据区 64 KB 内的任何地址,而 pdata 存储类型标识符仅指定 1 页或 256 字节的外部数据区。

声明举例如下:

unsigned char xdata system_status = 0;
unsigned int pdata unit_id[2];
char xdata inp_string[16];
float pdata outp_value;

(5) 程序存储区 CODE

程序存储区 CODE 声明中的标识符为 code。在 C51 编译器中可用 code 存储区类型标识符来访问程序存储区。程序存储区的数据是不可改变的,编译时要对程序存储区中的对象进行初始化,否则就会产生错误。

程序存储区声明的举例:

unsigned char code a[ ] = {0x00,0x01,0x02,0x03,0x04,0x05,0x06,0x07,0x08,0x09,0x10,
0x11,0x12,0x13,0x14,0x15};

5.2.3 C51 存储器模式

存储器模式是函数自变量、自动变量和没有明确规定存储类型的变量的默认存储器类型,指定存储器需要在命令行中使用 SMALL,COMPACT 和 LARGE 3 个控制命令中的 1 个。

例如:void fun(void)small{ };

(1) SMALL 模式

在该模式中,所有变量都默认地位于 51 内部数据存储器,这和使用 data 指定存储类型的方式一样。在此模式下,变量访问的效率很高,但所有的数据对象和堆栈必须适合内部 RAM。确定堆栈的大小是很关键的,因为使用的堆栈空间是由不同函数嵌套的深度决定。如果 BL51 连接器/定位器将变量都配置在内部数据存储器内,则 SMALL 模型是最佳选择。

(2) COMPACT 模式

当使用 COMPACT 模式时,所有变量都被默认为在外部数据存储的一页内,这和使用 pdata 指定存储器类型是一样的。该存储器类型适用于变量不超过 256 字节的情况,此限制是由寻址方式所决定的。和 SMALL 模式相比,该存储器模型的效率比较低,对变量访问的速度也慢一些,但比 LARGE 模式快。

(3) LARGE 模式

在 LARGE 模式中,所有变量都默认为位于外部存储器(这和使用 xdata 指定存储器类型是一样的),并使用数据指针 DPTR 进行寻址。通过数据指针访问外部数据存储器的效率较低,特别是当变量为 2 字节或更多字节时,该模式要比 SMALL 和 COMPACT 产生更多的代码。

5.2.4 函数(FUNCTION)的使用

1. 函数定义

所谓函数,即子程序,也就是"语句的集合"。就是说把经常使用的语句群定义为函数。在程序用到时调用,这样就可以减少重复编写程序的麻烦,也可以减少程序的长度。当程序太大时,建议将其中的一部分改用函数的方式比较好,因为大程序过于繁杂容易出错,而小程序容易调试,也易于阅读和修改。

2. 函数声明

KEIL C51 编译器扩展了标准 C 函数声明,这些扩展有:

1) 指定一个函数作为一个中断函数;

2) 选择所用的寄存器组;

3) 选择存储模式;

4) 指定重入。

3. C51 函数的标准格式

在函数声明中可以包含这些扩展或属性,声明 C51 函数的标准格式如下:

[return_type]funcname([args])[{smalllcompactllarge}][reentrant][interrupt n][using n]

return_type:函数返回值的类型,如果不指定(默认)是 int。

funcname:函数名。

args:函数的参数列表。

small,compact 或 large:函数的存储模式。

reetrant:表示函数是递归的或可重入的。

interrupt:表示是一个中断函数。

using n:指定函数所用的寄存器组,n=0~3。

4. 中断函数

51 单片机的中断系统十分重要,可以用 C51 语言来声明中断和编写中断服务程序,当然也可以用汇编语言来写。中断过程通过使用 interrupt 关键字和中断编号 0~4 来实现。

中断函数的完整语法及示例如下:

返回值　函数名[参数][模式][重入]interrupt n　　[using n]

interrupt n 中的 n 对应中断源的编号:中断编号告诉编译器中断程序的入口地址,它对应着 IE 寄存器中的使能位,即 IE 寄存器中的 0 位对应着外部中断 0,相应的外部中断 0 的编号是 0。在 C51 中可使用 using 指定寄存器组,using 后的变量为 0~3 的常整数,分别表示 51 单片机内的 4 个寄存器组。8051 单片机的中断源以及中断编号如表 5-5 所列。

表 5-5　MCS-51 单片机 C51 中断源编号及入口地址

中断编号	中断源	入口地址
0	外部中断 0	0003H
1	定时器/计数器 T0	000BH
2	外部中断 1	0013H
3	定时器/计数器 T1	001BH
4	串行口中断	0023H

在 51 系列单片机中,有的单片机多达 32 个中断源,所以中断编号是 0~31。

当正在执行一个特定任务时,可能有更紧急的事情需要 CPU 处理,这就涉及中断优先级。高优先级中断可以中断正在处理的低优先级中断程序,因而最好给每种优先程序分配不同的寄存器组。

例如:编写定时器 T0 中断服务程序,使用单片机内 2 组寄存器。

```
unsigned    int    interruptcnt;
unsigned    char    second;
void Timer( )    interrupt 1 using 2
{
    if( ++ interruptcnt == 4000)
        {                                /* 计数到 4000 */
            second ++ ;                  /* 另一个计数器 */
        }
    interruptcnt = 0;                    /* 计数器清零 */
}
```

5. 函数的返回值

return 用来使函数立即结束以返回原调用程序的指令,而且可以把函数内的最后结果数据传回给原调用程序。

6. 使用函数的注意事项:

1) 函数定义时要同时声明其类型;
2) 调用函数前要先声明该函数;
3) 传给函数的参数值,其类型要与函数原定义一致;
4) 接收函数返回值的变量,其类型也要与函数一致。

如：void functionl(void)，此函数无返回值，也不传参数。

void function2(unsign char i , int j)，此函数无返回值，但需要 unsign char 类型的 i 参数和 int 类型的 j 参数。

unsign char function3(unsign char i)，此函数有 unsign char 类型的返回值给原调用程序。

5.3 Keil C51 的代码效率

C51 程序编译生成汇编代码的效率，是由许多因素共同决定的，对于 KEIL C51，主要受以下两种因素影响：存储模式的影响、程序结构的影响。

5.3.1 存储模式的影响

存储模式决定了默认变量的存储空间，而访问各空间变量的汇编代码的繁简程度决定了代码率的高低。就汇编之后的语句而言，对外部存储器的操作较内部存储器操作代码率要低得多，生成的语句为内存的两倍以上，而程序中有大量的这种操作，可见存储模式对代码率的影响了。

因此程序设计的原则是：

1）存储模式从 small～Compactl～arge 依次选择，实在是变量太多，才选 large 模式。

2）即使选择了 large 模式，对一些常用的局部的或者可放于内存中的变量，最好放于内存中，以尽量提高程序的代码效率。

5.3.2 程序结构的影响

程序的结构单元包括模块、函数等。同样的功能，如果结构越复杂，其所涉及的操作、变量、功能模块函数等就越多，较之结构性好，代码简单的程序其代码率自然就低得多。此外程序的运行控制语句，也是影响代码率的关键因素。

例如：switch ～case 语句，许多编译器都把它们译得非常复杂，KEIL C51 也不例外，相对较为简易的 switch～case 语句，编译成跳转指令形式，代码率较高，但对较为复杂的 switch～case，则要调用一个系统库函数 CICASE 进行处理，非常复杂。

再如 if( )、while( )等语句也是代码相对较低的语句，但编译以后比 switch～case 要高得多。因此建议设计者尽量少用 switch～case 之类语句来控制程序结构，以提高代码率除以上两点外，其他因素也会对代码率产生影响。

5.4 使用 C51 的技巧

C51 编译器能从 C 程序源代码中产生高度优化的代码,而通过一些编程上的技巧又可以帮助编译器产生更好的代码。以下总结一些使用技巧。

(1) 使用短型变量

一个提高代码效率的最基本的方式就是减小变量的长度。使用 C 语言编程时若对循环控制变量使用 int 类型,int 型数据为 16 位,这对 8 位单片机来说是一种极大的浪费。如果使用 unsigned char 型的变量,只使用一字节(8 位)。

(2) 使用无符号类型

由于 51 单片机不支持符号运算,所以程序中也不要使用带符号型变量的外部代码。除了根据变量长度来选择变量类型外,还要考虑变量是否会出现负数,如果程序中不需要负数,就可以把变量都声明成无符号类的。

(3) 使用位变量

对于某些标志位,应使用位变量而不是 unsingned char 型变量,这将节省 7 位存储区,节省内存,而且在 RAM 中访问位变量只需要一个处理周期。

(4) 用局部变量代替全局变量

把变量声明成局部变量比声明成全局变量更有效,因为编译器在内部存储区中为局部变量分配存储空间,而在外部存储区中为全局变量分配存储空间,这会降低访问全局变量的速度。

用局部变量代替全局变量的原因是在中断系统和多任务系统中,会有多个函数使用全局变量,这需要在系统的处理中调节使用全局变量,增加了编程的难度。

(5) 为变量分配内部存储区

经常使用的变量放在内部 RAM 中时,可使程序执行的速度得到提高。除此之外,这样做还缩短了代码,因为写外部存储区寻址的指令相对要麻烦一些,考虑到存储速度,一般按下面的顺序使用存储器,既 DATA,IDATA,PDATA 和 XDATA 同时要留出足够的堆栈空间。

(6) 使用特定指针

在程序中使用指针时,应指定指针的类型,确定它们指向哪个区域,如 XDATA 或 CODE 区,这样编译器就不必去确定指针所指向的存储区,所以代码也会更加紧凑。

(7) 使用宏替代函数

对小段代码,像使用某些电路或从锁存器中读取数据,可通过宏来替代函数,以使程序有更好的可读性。也可以把代码声明在宏中,这样看上去更像函数。编译器在碰到宏时按照事先声明好的代码去替代宏。宏的名字应能够描述宏的操作。当需要改变宏时,只要在宏的声明处修改即可。

例如

```
#define led_on()
{
    led_state = LED_ON;
    XBYTE[LED_CNTRL] = 0x01;
}
```

宏使得访问多层结构和数组更加容易,可以用宏来替代程序中经常使用的复杂语句,以减少工作量,并使程序具有更好的可读性和可维护性。

5.5 C51 使用规范

为了增加程序的可读性,便于源程序的交流,减少合作开发中的障碍,应当在编写 C51 程序时遵循一定的规范。

5.5.1 注 释

1. 开始的注释

文件(模块)注释内容:公司名称,版权,作者名称,修改时间,模块功能,背景介绍等,复杂的算法需要加上流程说明。

例如:

```
/**************************************************/
/* 公司名称 */
/* 模 块 名:LCD 模块    HD44780 */
/* 创 始 人:chenming    日期:2013-06-06 */
/* 修 改 人:    日期:2013-07-03 */
/* 功能描述: */
/* 其他说明: */
/* 版本: 
/**************************************************/
```

2. 函数开头的注释内容

函数名称,功能,说明,输入,返回,函数描述,流程处理,全局变量,调用样例等,复杂的函数需要加上变量用途说明。

```
/**************************************************/
* 函数名:v_LcdInit
* 功能描述:LCD 初始化
* 函数说明:初始化命令:0x3c,0x08,0x01,0x06,0x10,0x0c
* 调用函数:v_Delaymsec(),v_LcdCmd()
```

```
 *  全局变量：
 *  输入 :无
 *  返回 :无
 *  设计者:wu ming    日期:2013-06-06
 *  修改者:zhaoqing   日期:2013-08-08
 *  版本:
/****************************************************/
```

3. 程序中的注释内容

修改时间和作者,方便理解的注释等。注释内容应简练,清楚,明了,对一目了然的语句不加注释。

5.5.2 命　名

命名必须具有一定的实际意义。

1) 常量的命名:全部用大写。

2) 变量的命名:变量名加前缀,前缀反映变量的数据类型,用小写。反映变量意义的第一个字母大写,其他小写。

例如：

```
ucReceivData              //无符号字符型接收数据
```

3) 函数的命名:函数名首字母大写,函数名若包含两个单词,则每个单词首字母大写。

例如：

```
PowerOnInitial( );        //打开电源的初始动作
InitialCpu( );            //初始微处理器内部缓存器
DelayX10ms( );            //10 ms 延时
Timer40msDelay( )         //利用定时器产生 40 ms 延时
```

函数原形说明包括:引用外来函数及内部函数,外部引用内必须在右侧著名函数来源(模块名及文件名),内部函数只要注释其声明文件名。

5.5.3 编辑风格

(1) 缩　进

缩进以 TAB 为单位,一个 TAB 为 4 个空格大小。预处理语句,全局数据,函数原形,标题,附加说明,函数说明,标号等均顶格书写。语句块的"{""}"配对对齐,并与其前一行对齐。

(2) 空　格

数据和函数在其类型、修饰名称之前适当空格并依情况对齐。关键字原则上空一格,如:if(…)等。运算符的空格规定:"—>"、"["、"]"、"++"、"——"、"~"、"!"、

"+"、"—"(指正负号)、"—"(取址或引用)、"*"(指使用指针时)等几个运算符两边不空格(其中单目运算符系指与操作数相连的一边),其他运算符(包括大多数二目运算符和三目运算符"?:"两边均空一格。"(",")"运算符在其内侧空一格,在作函数声明时还可根据情况多空或不空格来对齐,但在函数实现时可以不用。","运算符在其后空一格,对语句行后加的注释应用适当空格与语句隔开并尽可能对齐。

(3) 对　　齐

原则上关系密切的行应对齐,对齐包括类型、修饰、名称、参数等各部分对齐。另一个行的长度不应超过屏幕太多,必要时适当换行。换行时尽可能在","处或运算符处。换行后最好以运算符打头,并且以下各行均以该语句首行缩进,但该语句仍以首行的缩进为准,即如其下一行为"{"应与首行对齐。

(4) 空　　行

程序文件结构各部分之间空两行,若不必要也可只空一行,各函数实现之间一般空两行。

(5) 修　　改

版本封存以后的修改一定要将旧语句用:"/* */"封闭,不能自行删除或修改,并要在文件及函数的修改记录中加以记录。

(6) 形　　参

在声明函数时,在函数名后面括号中直接进行形式参数说明,不再另行说明。

5.5.4　C51 编程实例

将 Circle_Led.ASM 改写为 C51 程序 Circle_Led.C

从 2.6.2 节汇编语言开发环境介绍,应用万利电子有限公司集成开发环境 MedWin 进行了汇编语言的编程、调试及运行。现在应用 KEIL C51 完成编程调试开发工作。Keil C51 详细应用请读者参考相关资料,这里选用 Keil μVision4 集成开发环境。

① 启动 Keil μVision4,创建项目 Circle_led.μVproj,选用与51单片机兼容的微处理器。

② 新建文件 Circle_led.c 并存储在 Circle_led.μVproj 项目下。

```
/*****************************************/
//程序名 Circle_led.C
//功能描述:
//1)开机二极管全亮,按下 K1 键后,启动定时/计数器定时控制
// D1~D4、D5~D8 循环发光,二极管发光间隔时间 1 s
//2)按下 K5 键后,所有二极管闪烁发光,似报警状态
//3)按下 K6 键后,二极管重新恢复至 D1~D4、D5~D8 循环发光状态
//硬件电路参看第 3 章图 3-18 电路设计,系统时钟选用 12 MHz
/*****************************************/
```

```c
#include<reg51.h>
#define uchar unsigned char
#define uint  unsigned int
sbit K1 = P0^0;
sbit K5 = P3^2;
sbit K6 = P3^3;
uchar n = 0;
Set_Init_Timer( );                    //函数声明
Set_Init_Xint();                      //函数声明
int main()
{
    P1 = 0X00;
        do
        {
            if(K1 == 1){;}
            else
            {
                Set_Init_Xint();
                Set_Init_Timer( );
                P1 = 0X0F;
            }
        }while(1);
}
Set_Init_Timer( )                     //定时器T0T1初始化函数
{
    TMOD = 0x11;                      //定时器T0、T1 Mode 1
    TH0 = 0xd8;                       //T0 10 ms定时
    TL0 = 0xF0;
    TH1 = 0xd8;                       //T1 10 ms定时
    TL1 = 0xF0;
    ET0 = 1;
    ET1 = 1;
    TR0 = 1;
}
Set_Init_Xint()                       //外部中断初始化函数
{
    IT0 = 1;                          //外部中断0,边沿触发方式
    EX0 = 1;                          //外部中断0,开中断
    IT1 = 1;                          //外部中断1,边沿触发方式
    EX1 = 1;                          //外部中断1,开中断
    EA = 1;                           //打开总中断
}
```

```
Run_Xint0() interrupt 0    using 1           //外部中断 0 中断函数
{
    P1 = 0X00;
    TR0 = 0;
    TR1 = 1;
}
Run_Timer0( ) interrupt 1 using 2            //定时器 T0 中断函数
{
    TH0 = 0xD8;
    TL0 = 0xF0;
    n++;
        if(n==100)                           //LED 每秒闪一次
            {
                P1 = ~P1;
                n = 0;
            }
}
Run_Xint1() interrupt 2    using 3           //外部中断 1 中断函数
{
    P1 = 0x0F;
    TR0 = 1;
    TR1 = 0;
}
Run_Timer1( ) interrupt 3 using 1            //定时器 T1 中断函数
{
    TH0 = 0xD8;
    TL0 = 0xF0;
    n++;
        if(n==100)                           //LED 每秒闪一次
            {
                P1 = ~P1;
                n = 0;
            }
}
```

5.6 单片机人机接口及显示应用

项目引入:根据实验板原理图,编程控制实验板开机四位数码管显示 OP51。

显示是一项重要的人机交互方式。计算机系统通过显示设备以声、光、数码(LED)、汉字、动态画等多种方式向外部输出各种信息,如字符、图形和表格等计算机数据处理的结果。一般的计算机系统主要采用 CRT(CathodeRayTube 阴极射线管)显示器,但在一些简单或专用的单片机系统中,一般都使用 LED、七段数码管或 LCD 液晶数码管显示相关信息。本节主要介绍 MCS-51 单片机人机接口作用,LED 结构组成,单片机 I/O 端口静态、动态驱动 LED 显示电路原理及编程。

5.6.1 发光二极管介绍

50 年前人们已经了解半导体材料可产生光线的基本知识,第一个商用二极管产生于 1960 年。它的基本结构是一块电致发光的半导体材料(由镓(Ga)与砷(AS)、磷(P)的化合物制成),置于一个有引线的架子上,然后四周用环氧树脂密封,起到保护内部芯线的作用,所以 LED 的抗震性能好。发光二极管图形符号及构造图如图 5-1 所示。

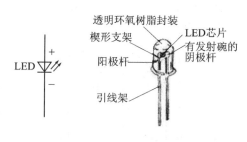

(a) 新图形符号　　(b) 发光二极管的构造

图 5-1　发光二极管电路图形符号及构造图

发光二极管的核心部分是由 P 型半导体和 N 型半导体组成的晶片,在 P 型半导体和 N 型半导体之间有一个过渡层,称为 PN 结。在某些半导体材料的 PN 结中,注入的少数载流子与多数载流子复合时会把多余的能量以光的形式释放出来,从而把电能直接转换为光能。PN 结加反向电压,少数载流子难以注入,故不发光。这种利用注入式电致发光原理制作的二极管称为发光二极管,通称 LED(Light Emitting Diode)。当它处于正向工作状态时(即两端加上正向电压),电流从 LED 阳极流向阴极时,半导体晶体就发出从紫外到红外不同颜色的光线,光的强弱与电流有关。磷砷化镓二极管发红光,磷化镓二极管发绿光,碳化硅二极管发黄光。一般使用砷化稼半导体二极管,电流为 50~10 mA。

发光二极管的两根引线中较长的一根为正极,应接电源正极。有的发光二极管的两根引线一样长,但管壳上有一凸起的小舌,靠近小舌的引线是正极。与小白炽灯和氖灯相比,发光二极管的特点是:工作电压很低(有的仅一点几伏);工作电流很小(有的仅零点几毫安即可发光);抗冲击和抗震性能好,可靠性高,寿命长;通过调制的电流强弱可以方便地调制发光的强弱。由于这些特点,发光二极管在一些光电控制设备中用作光源,在许多电子设备中用作信号显示器。把它的管心制成条状,用 7 条条状的发光管组成 7 段式半导体数码管,每个数码管可显示 0~9 十个数字。

5.6.2 数码管介绍

LED 数码管是由多个发光二极管封装在一起组成"8"字型的器件,引线已在内部连接完成,只需引出它们的各个段码及公共端。LED 数码管常用段数为 7 段,也有的另加一个小数点。8 段码(7 段+小数点)各段定义及内部接线图如图 5-2 所示。常用数码管为"8"字型。数码管连接方式有共阳极、共阴极两种。共阴和共阳极数码管的发光原理是一样的,只是它们的电源极性不同而已。共阳极就是把所有 LED 的阳极连接到共同段 COM,而每个 LED 的阴极分别为 a、b、c、d、e、f、g 及 dp(小数点),如图 5-2 中的(b)及图 5-3 中的(b)。共阴极则是把所有 LED 的阴极连接到共同接点 COM,而每个 LED 的阳极分别为 a、b、c、d、e、f、g 及 dp(小数点),如图 5-2 中的(c)及图 5-3 中的(c)。依据图 5-3(a)引脚排列可进行原理图设计,通过控制各个 LED 的亮灭来显示相应数字。数码管的管脚排列顺序:从数码管的正面观看,以第一脚为起点,逆时针排列。

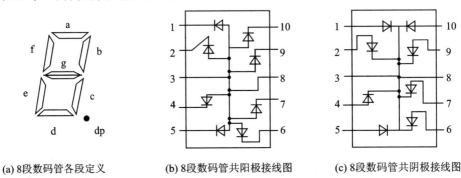

图 5-2 8 段数码管各段定义及内部连接图

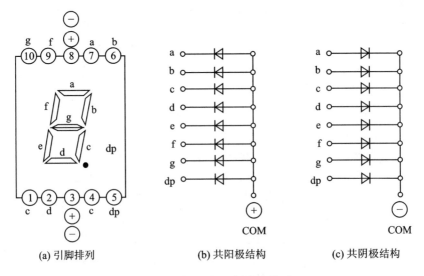

图 5-3 常见数码管引脚排列

可以根据需要将两位、四位封装在一起等。如图5-4、图5-5和图5-6所示。了解 LED 的特性,对编程是很重要的,因为不同类型的数码管,除了其硬件电路有差异外,编程方法也是不同的。LED 数码管广泛用于仪表,时钟,车站,家电等场合。

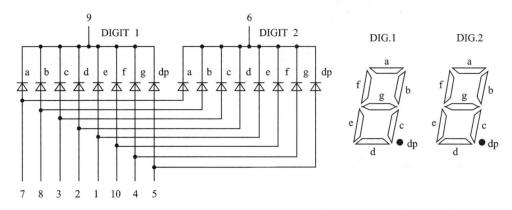

图5-4　7段2位10引脚 LED 数码管内部接线图——共阴极连接

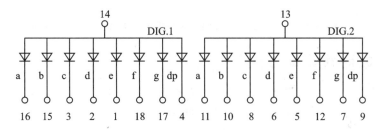

图5-5　7段2位18脚位的 LED 数码管内部接线图——共阳极连接

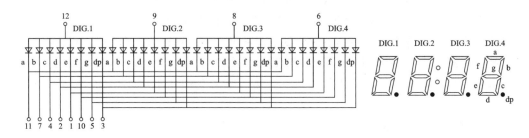

图5-6　7段4位12脚位带冒号的时钟 LED 数码管共阳极内部接线图

图5-6 是四位专用于时钟的共阳极 LED 数码管内部接线图。从图中可知,由于该四位数码管专用于时钟显示,时钟显示的冒号为公共端9脚(阳极)与第二个数码管的 dp 段构成的二极管控制,此段小数点不起作用。

由此可以引申到多位数码管构成的点阵连接方式。图5-7是8×8点阵共阴极单色 LED 点阵模块内部引线图。读者可根据接线图,查阅相关资料自行设计学习点阵模块电路设计。

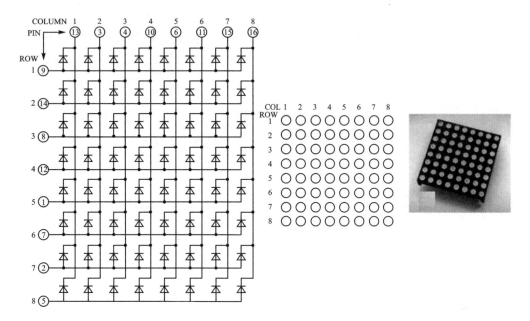

图 5-7 8×8 点阵 17.5 mm(0.69 in)共阴极单色 LED 点阵模块内部引脚图

5.6.3 数码管驱动方式

数码管要正常显示,需要用驱动电路来驱动数码管的各个段码,从而显示出相应的数字,数码管的驱动方式有静态和动态两类。

1. 静态显示驱动

静态驱动也称直流驱动。静态驱动是指每个数码管的每一个段码都由一个单片机的 I/O 端口进行驱动,或者使用如 BCD 码二—十进制译码器译码进行驱动。静态驱动的优点是编程简单,显示亮度高;缺点是占用 I/O 端口多,如驱动 5 个数码管静态显示则需要 5×8=40 根 I/O 端口来驱动。要知道一个 89S51 单片机可用的 I/O 端口最多只有 32 个,实际应用时必须增加译码驱动器进行驱动,增加了硬件电路的复杂性。

2. 动态显示驱动

数码管动态显示接口是单片机中应用最为广泛的一种显示方式之一,动态驱动是将所有数码管的 8 个显示笔画"a,b,c,d,e,f,g,dp"的同名端连在一起,另外为每个数码管的公共极 COM 增加位选通控制电路,位选通由各自独立的 I/O 线控制,当单片机输出字形码时,所有数码管都接收到相同的字形码,但究竟是哪个数码管会显示出字形,取决于单片机对位选通 COM 端电路的控制,所以只要将需要显示的数码管的选通控制打开,该位就显示出字形,没有选通的数码管就不会亮。通过分时轮流控制各个数码管的 COM 端,就使各个数码管轮流受控显示,这就是动态驱动。在轮流显示过程中,每位数码管的点亮时间为 20 ms 左右,由于人的视觉暂留现象及发光二极管的余辉效应,尽管实际上各位数码管并非同时点亮,但只要扫描的速度足够快,给人的印象就是一组稳定的显示数据,不会有闪烁感,动态显示的效果和静态显示是一样的,能够节省大量的I/O端口,而且功耗更低。

5.6.4　LED数码管的检测方法

将数字万用表置于二极管挡时,其开路电压为+2.8 V。用此挡测量LED数码管各引脚之间是否导通,可以识别该数码管是共阴极型还是共阳极型,并可判别各引脚所对应的笔段有无损坏。

1) 检测已知引脚排列的LED数码管,共阴极连接,检测接线如图5-8所示。将数字万用表置于二极管挡,黑表笔与数码管的3脚或8脚(LED的共阴极)相接,然后用红表笔依次去触碰数码管的其他引脚,触到哪个引脚,哪个笔段就应发光。若触到某个引脚时,所对应的笔段不发光,则说明该笔段已经损坏。

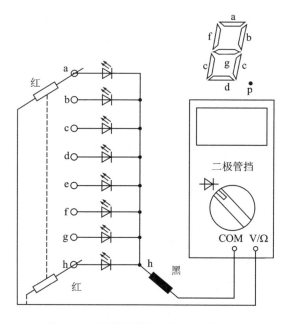

图5-8　检测引脚排列的LED数码管

2) 检测引脚排列不明的LED数码管。当有的数码管不注明型号,也无法提供引脚排列图时,可使用数字万用表方便地检测出数码管的结构类型、引脚排列。

① 检测共阴、共阳数码管:将数字万用表置于二极管挡,红表笔接在1脚,然后用黑表笔去接触其他各引脚,只有当接触到使数码管的e笔段发光时,与黑表笔相接的引脚即为共阴极公共端。

② 检测数码管各段引脚排列:仍使用数字万用表二极管挡,然后黑表笔接公共端,用红表笔依次去触碰数码管的其他引脚,触到哪个引脚,看是哪个笔段发光,就可判断该引脚连接哪个笔段。如将黑表笔固定接在3脚或8脚,用红表笔依次接触2、

4、5、6、7、9、10 脚时,数码管的 d、c、dp、b、a、f、g 笔段先后分别发光,据此绘出该数码管的内部结构和引脚排列(正面观看),如图 5-3(a)所示。

③ 当红表笔接在 1 脚,用黑表笔去接触其他各引脚均未发生段码发光,则将黑表笔与红表笔对调,重复上述过程。

5.7 MCS-51 单片机 LED 显示电路设计及编程方法

在单片机应用系统中,普遍使用成本低廉、配置灵活的数码管(LED)做显示器,以方便用户观察应用系统相关数据、动态等情况。

5.7.1 单片机 I/O 口静态驱动 LED 数码管显示电路设计

1. 单片机 I/O 驱动一个 LED 数码管显示电路设计

图 5-9 电路中可知,共阴极数码管 8 段连接到单片机 P1 口,由于数码管工作电流在 50~10 mA 之间,考虑到数码管亮度及寿命,通常在电路中接一限流电阻 330 Ω。

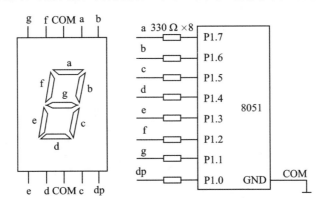

图 5-9 单片机与数码管接口

现在我们思考如何通过 P1 口驱动数码管分别显示 0~9。

字形码定义:"输出点亮相应段的数码称字形码"。字形码与硬件接线有直接关系,依据图 5-9 单片机与数码管接口电路,电路中选用的是共阴极数码管,数码管各段与 P1 口管脚对应关系如表 5-6 所列。

表 5-6 P1 口与数码管各段对应关系

P1.7	P1.6	P1.5	P1.4	P1.3	P1.2	P1.1	P1.0
a	b	c	d	e	f	g	dp

2. 0 的字型码分析

8 段码 a、b、c、d、e、f、g、dp 中,g 与 dp 不亮即可显示 0。由于选用的是共阴极数码管,当 a、b、c、d、e、f 为"1"时,其相应段即可发光,g 与 dp 为"0",相应段熄灭。由此推断 0 的字型码如表 5-7 所列。写成十六进制为 FCH。同理,1 的字型码为 60H,如表 5-8 所列。

表 5-7 0 的字型码推导表

P1.7	P1.6	P1.5	P1.4	P1.3	P1.2	P1.1	P1.0
a	b	c	d	e	f	g	dp
1	1	1	1	1	1	0	0

表 5-8 1 的字型码推导表

P1.7	P1.6	P1.5	P1.4	P1.3	P1.2	P1.1	P1.0
a	b	c	d	e	f	g	dp
0	1	1	0	0	0	0	0

依此方法,8 段共阴极数码管 a、b、c、d、e、f、g、dp 与单片机 P1.7、P1.6、P1.5、P1.4、P1.3、P1.2、P1.1、P1.0 对应相接 0~9 字型码,如表 5-9 所列。

表 5-9 图 5-9 单片机与数码管接口电路设计推导的 0~9 字型码

字型码	0	1	2	3	4	5	6	7	8	9
共阴极	FCH	60H	DAH	F2H	66H	B6H	BEH	E0H	FEH	F6H

3. 单片机 I/O 驱动一个 LED 数码管显示控制

项目引入:通过根据图 5-9 单片机与数码管接口电路,编程控制数码管分时显示 0~9 字型码。

编程分析:根据图 5-9 单片机与数码管接口,已经推算出 0~9 字型码如表 5-9 所列。通过 P1 口输出相应字型码即可。当硬件电路设计完成时,字型码即成为常量,编程时应将其存放在程序存储区内。为了编程方便,我们将其制成一组数组,参看 Disp_led.uvproj 项目中的 Disp_led.c 文件。

① 启动 KEIL uVision4,创建项目 Disp_led.uvproj,选择所用微处理器,这里选用与 51 单片机兼容的微处理器即可,如图 5-10 所示。

② 新建文件 Disp_led.c 并存储在 Disp_led.uvproj 项目下。

```
/*****************************************************/
//程序名 Disp_led.C
//功能描述:通过 P1 口控制数码管显示 0~9,软件延时显示
//硬件电路参看图 5-9
//调用函数:DelayX1ms(),软件延时函数
/*****************************************************/
#include<reg51.h>
```

```c
#define uchar unsigned char
#define uint  unsigned int
sbit dp = P1^0;                //二极管 dp 共阴极
sbit g = P1^1;                 //二极管 g  共阴极
sbit f = P1^2;                 //二极管 f  共阴极
sbit e = P1^3;                 //二极管 e  共阴极
sbit d = P1^4;                 //二极管 d  共阴极
sbit c = P1^5;                 //二极管 c  共阴极
sbit b = P1^6;                 //二极管 b  共阴极
sbit a = P1^7;                 //二极管 a  共阴极
uchar code dis_playp1[16] = {0xfc,0x60,0xda,0xf2,0x66,0xb6,0xbe,
0xe0,0xfe,0xf6};               //0~9
void DelayX1ms(uint count);    //函数声明
void main()
{
   do
   {
       uint i;
       for(i = 0;i<10;i++)
       {
         P1 = dis_playp1[i];
         DelayX1ms(1000);
       }
   }while(1);
}
/*************************************************************/
//函数名： void DelayX1 ms(uint count)
//功能：   延时时间为 1 ms
//输入参数:count,1 ms 计数
//输出参数:
//说明:总共延时时间为 1 ms 乘以 count
/*************************************************************/
void DelayX1ms(uint count)       //crystal = 12 MHz
{
    uint j;
    while(count -- ! = 0)
    {
        for(j = 0;j<72;j++);
    }
}
```

③ 执行编译/汇编功能,执行编译/汇编功能时,应设定:

Target1—>options for Target "Target 1"—> output 目录中的 Create HEX File 选中,以生成 16 进制文件,如图 5-10 所示。

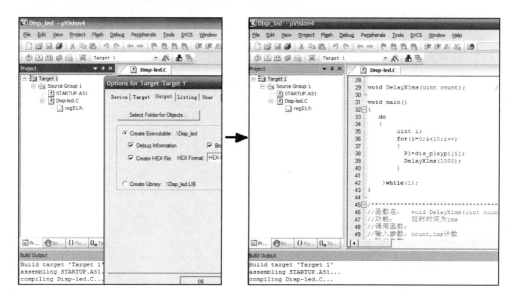

图 5-10　KEIL uVision4 项目文件创建示意图

④ 启动 Proteus 软件,绘制图 5-9 单片机与数码管接口原理图,调试验证。

从图 5-9 电路可知,单片机 I/O 采用静态驱动方式驱动一个数码管需要 8 位 I/O 端口,这种驱动方式虽然简单、亮度高,但耗电且浪费 I/O 端口资源。当需要驱动 4 个以上数码管时,就必须扩展 I/O 端口或增加译码驱动器进行驱动,硬件电路设计复杂且耗费资源。所以常选用单片机与数码管动态显示接口。动态显示的特点是当显示位数较多时,节省硬件,接口电路简单,但显示占用 CPU 时间。参看实验板原理图中用于时钟显示的集成 4 位 LED 电路设计或图 5-11 所示。

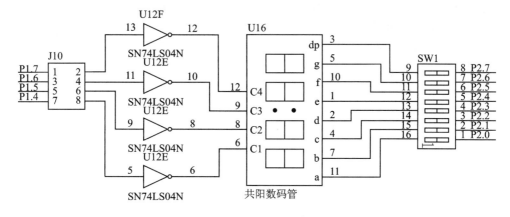

图 5-11　单片机与 4 位时钟数码管接口

5.7.2 单片机 I/O 口动态驱动 LED 数码管显示电路设计

项目训练 1：查阅实验板四位数码管电路设计或图 5-11,编程开机显示 OP51。

1. 硬件电路分析

① 参看实验板电路原理图或图 5-11,图中 4 位数码管的 8 段 dp、g、f、e、d、c、b、a 共同受单片机 P2.7~P2.0 控制,每个数码管的公共端 COM 位选通由 P1 口 P1.7、P1.6、P1.5、P1.4 通过非门 SN74LS04N 控制。

② 根据 P2 口与数码管的连接关系计算 OP51,数码管选用共阳极：

P2 口：	P2.7	P2.6	P2.5	P2.4	P2.3	P2.2	P2.1	P2.0	
8 段码：	dp	g	f	e	d	c	b	a	
字型码 O:	1	1	0	0	0	0	0	0	C0H
字型码 P:	1	0	0	0	1	1	0	0	8CH
字型码 5:	1	1	0	1	0	0	1	0	D2H
字型码 1:	1	1	1	1	1	0	0	1	F9H

2. 软件编程分析

① 若控制数码管显示 OP51,单片机 P2 口输出字型码 O 时,P1.7 输出"0",经过 SN74LS04N 非门,控制左起第一个数码管的公共端为"1",从而控制第一个数码管显示 O。同理,单片机 P2 口输出字型码 P 时,P1.6 输出"0",经过 SN74LS04N 非门,控制左起第二个数码管的公共端为"1",其数码管显示 P。此时第一个数码管公共端应为"0",使其处于熄灭状态。同理,当单片机 P2 口输出字型码 5 时,P1.5 输出"0",第三个数码管显示 5。第一、二个数码管均处于熄灭状态。单片机 P2 口输出字型码 1 时,P1.4 输出"0",第四个数码管显示 1。前三个数码管均处于熄灭状态。

② 要使四个数码管同时显示 OP51,通过分时轮流控制各个数码管的 COM 端即动态驱动,将前一次熄灭的数码管再次点亮。尽管各位数码管并非同时点亮,但只要扫描的速度足够快,给人的印象就是一组稳定的显示数据。

3. 编写录入程序

启动 Keil μVision4,创建项目 Disp_op51.uvproj,编写录入程序：Disp_op51.C。

```
/*******************************************************/
//程序名 Disp_led4.C
//功能描述：通过 P2 口控制数码管开机显示 OP51
//硬件电路参看实验板时钟电路设计
/*******************************************************/
#include<reg51.h>
#define uchar unsigned char
#define uint  unsigned int
sbit dp = P2^7;                    //数码管段码控制 dp
sbit g = P2^6;                     //数码管段码控制 g
```

```c
sbit f = P2^5;                              //数码管段码控制 f
sbit e = P2^4;                              //数码管段码控制 e
sbit d = P2^3;                              //数码管段码控制 d
sbit c = P2^2;                              //数码管段码控制 c
sbit b = P2^2;                              //数码管段码控制 b
sbit a = P2^0;                              //数码管段码控制 a
sbit P1_7 = P1^7;                           //数码管位控左起 1,共阳极
sbit P1_6 = P1^6;                           //数码管位控 2
sbit P1_5 = P1^5;                           //数码管位控 3
sbit P1_4 = P1^4;                           //数码管位控 4
void DelayX1ms(uint count);                 //函数声明
void Disp_OP51();                           //函数声明
void DelayX1ms(uint count);                 //函数声明
uchar code dis_OP51[ ] = {0xc0,0x8c,0x92,0xf9};  //OP51
void main()
{
    do
       {
            Disp_OP51();
       }while(1);
}
void Disp_OP51()                            //OP51 显示函数
{
        P1 = 0x7F;
        P2 = dis_OP51[0];
        DelayX1ms(5);
        P1 = 0xBF;
        P2 = dis_OP51[1];
        DelayX1ms(5);
        P1 = 0xDF;
        P2 = dis_OP51[2];
        DelayX1ms(5);
        P1 = 0xEF;
        P2 = dis_OP51[3];
        DelayX1ms(5);
    }
/****************************************************************/
//函数名:   void DelayX1ms(uint count)
//功能:     延时时间为 1 ms
//输入参数:count,1 ms 计数
//说明:总共延时时间为 1 ms 乘以 count
/****************************************************************/
```

```
void DelayX1ms(uint count)        //crystal = 12 MHz
{
    uint j;
    while(count -- ！ = 0)
    {
        for(j = 0;j<72;j ++ );
    }
}
```

4. 程序调试

将编写的程序编译、调试,若编译无错误,则生成目标文件 Disp_op51.hex。

① 在线仿真模拟调试。

a) 在对工程成功进行汇编、连接以后,按 Ctrl+F5 或者使用菜单 Debug—> Start/Stop Debug Session 即可进入调试状态,Keil 内建了一个仿真 CPU 用来模拟执行程序。如图 5-12 所示。

图 5-12 Keil 软件调试界面

b) Debug 菜单上的大部分命令可以在此找到对应的快捷按钮,从左到右依次是复位、运行、暂停、单步、过程单步、执行完当前子程序、运行到当前行、下一状态、打开跟踪、观察跟踪、反汇编窗口、观察窗口、代码作用范围分析、1♯串行窗口、内存窗口、性能分析、工具按钮等命令。如图 5-13 所示。

图 5-13 调试状态的快捷键按钮排列

c) 程序运行结果可以通过 Peripherals —> I/O_Ports —> Port1(Port2) 观察,按下快捷运行按钮,观察运行结果。

d) 可通过单步、断点、观察窗口查看程序运行过程中的状态。

② 烧写程序到单片机。

程序在仿真界面下调试没有问题后,即可将 Keil 编译后生成的 16 进制文件(hex 文件)烧写到单片机中。

a) 对 STC 的单片机采用串口烧写方式,需先从 STC 官网下载烧写软件 STC-ISP,将实验板用串口线连接到计算机,如果采用串口转 USB 线则计算机要安装驱动(驱动程序在 STC-ISP 压缩文件加压后的 USB to UART Driver 文件夹中),连接好后实验板保持在断电状态。

b) 通过"我的电脑"打开"设备管理器",确认实验板串口线连接到 PC 机的串口号是多少,如图 5-14 所示。

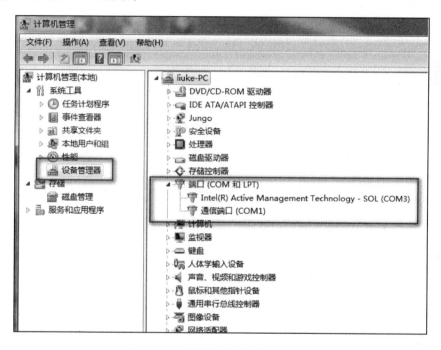

图 5-14 我的电脑设备管理器界面

c) 打开 STC-ISP 软件,首先选择实验板上的单片机型号(STC89C52RC);然后设置连接到实验板对应的串口号;接着单击"打开程序文件"按钮,找到下载的目标 hex 文件;最后单击"下载/编程"按钮,如图 5-15 所示。

当软件显示提示信息"正在检测目标单片机…"时,打开实验板上的电源开关对单片机进行上电复位,如果此时下载软件有检测到目标单片机则会出现对应的信息,并且将程序烧写到单片机中,进度条走完(即烧写成功)后程序直接运行。对单片机进行复位操作或者断电后程序仍然存在。

d) 运行程序,在实验板上观察程序运行结果。

如果程序烧写失败,则可能存在下列的问题,需要逐一排查:

1) STC-ISP 软件上单片机型号选择错误;

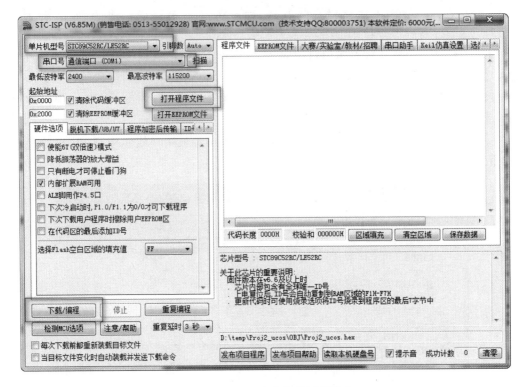

图 5-15　STI-ISP 软件界面设定

2）STC-ISP 软件上串口号选择错误；

3）串口转 USB 线的驱动没有安装或安装错误；

4）实验板单片机的复位电路焊接存在问题；

5）实验板单片机的晶振电路焊接存在问题；

6）实验板单片机串口部分的电路存在问题。

5. 增加宏定义

将程序中软件延时改为时间定时函数，增加宏定义。

```
#define OSC_FREQ         12000000
#define __1ms            (65536 - OSC_FREQ/(12000000/980))
//考虑到重装时时间上的误差,将 1000 调整为 980 达到准确定时的目的
/******************************************************/
//函数名:void Timer_1ms(uint count)
//功能:利用定时器精确延时 1ms
//输入参数:count,1ms 计数
//说明:总共延时时间为 1ms 乘以 count
/******************************************************/
void Timer_1ms(uint _1ms)
{
    TMOD = TMOD&(0x0f)|0x10;
```

```
    TR1 = 1;                      //启动定时器工作
    while(_1ms--)
        {
    TH1 = __1ms/256;              //_1 ms 的高位 16 进制数装入 TH1
    TL1 = __1ms%256;              // _1 ms 的低位 16 进制数装入 TL1
    while(!TF1);                  // 1 ms 未到
    TF1 = 0;                      // 1 ms 时间到,清溢出标志
        }
    TR1 = 0;                      //定时器停止工作
}
```

将 OP51 显示函数中 DelayX1ms(5)替换为 Timer_1ms(5),可以获得相同的显示结果。

项目训练 2: 查阅实验板四位数码管电路设计,编程开机显示 OP51,按下实验板中 K16 键,实验板四位数码管后两位开始计数 00～99。

本章总结

(1) 汇编语言直接面向硬件,能充分体现出计算机的运行过程和原理,对计算机硬件和应用程序之间的交互能形成一个清晰的认识。汇编语言指令集合简约,指令操作直接,所以汇编语言重要性无可替代。

(2) 高级语言 C 语言在单片机开发技术中的应用,提高了单片机的移植性,从而使日益复杂化的单片机开发效率得到提高。

(3) 单片机 C51 语言是由 C 语言继承而来的。C51 语言运行于单片机平台,C 语言运行于普通的桌面平台。调试 51 单片机常用 Keil C51 编译器。

(4) C51 语言兼容 C 语言的 32 个关键字,9 种控制语句,34 种运算符及 C 语言的基本数据类型,同时针对 MCS-51 单片机硬件,在下列几方面对 ANSI C 进行了扩展:

① 扩展了 sfr 位类型,关键字 sbit;sfr 字节类型,关键字 sfr;sfr 字类型,关键字 sfr16。

② 存储类型按 MCS-51 单片机存储空间分类。内部数据存储区:data、idata、bdata;外部数据存储区:xdata(64 KB)和 pdata。程序 CODE 存储区。

③ 存储模式遵循存储空间选定编译器模式。SMALL,COMPACT 和 LARGE 3 种编译模式。

④ 指针分为通用指针和存储器指针。

函数增加了中断函数和再入函数。

(5) 通过使用短型变量、使用无符号类型、使用位变量、用局部变量代替全局变量、为变量分配内部存储区、使用特定指针、使用宏替代函数等一些编程上的技巧可以帮助 C51 编译器产生高度优化的代码。

(6) 开发设计中,常用汇编语言编写与硬件有关的程序,用 C51 编写与硬件无关的运

算程序,充分发挥两种语言的长处。需要时,可采用汇编语言与 C 语言混合编程。

(7) 数码管有共阳极、共阴极两种。共阳极就是把所有 LED 的阳极连接到共同段 COM,而每个 LED 的阴极分别为 a、b、c、d、e、f、g 及 dp 的 8 个段码。共阴极是把所有 LED 的阴极连接到共同段 COM,而每个 LED 的阳极分别为 a、b、c、d、e、f、g 及 dp 的 8 个段码。

(8) 单片机 I/O 端口驱动数码管可以设计为静态驱动和动态驱动两类。静态驱动编程简单,显示亮度高;缺点是占用 I/O 端口多,硬件电路复杂。动态驱动显示的效果和静态显示相同,但节省大量的 I/O 端口,功耗更低。所以单片机系统中常选用数码管动态驱动显示。

(9) 使用万用表二极管挡可以测量数码管各段码位置及判断段码好坏。

思考与练习

(1) 复习单片机定时器应用,将项目训练 1 中软件延时函数改写为单片机定时函数,并编程验证效果。

(2) 查阅实验板四位数码管的电路设计,编程开机显示 OP51,按下实验板中 K16 键,实验板四位数码管显示————,按下 K17 键,实验板中 8 个发光二极管 D4~D11 以秒为单位闪烁发光。

第6章 8051单片机串行通信接口

单片机构成的测控系统在进行数据采集或工业控制时,往往作为下位机安装在工业现场,远离主机。现场数据采用串行通信方式发往主机进行处理。PC机与单片机之间的通信如图6-1所示。

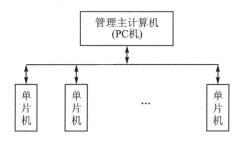

图6-1　PC机与单片机之间的通信

计算机与I/O设备间可以通过软件实现无条件传送方式、查询传送方式、中断传送方式、直接数据信道传送方式四种信息传送。从硬件方面有两种信息传送方式:并行传送和串行传送,也可以说有两种接口,并行接口和串行接口。并行传送是将信息代码按字节或字长传送,传送速度快,但所用传输线多;串行传送不论信息有多少位,只需两条传输线,代码按位分时传送,每次传送一位,费时但节省硬件资源。并行接口和串行接口各有各的适用范围。一般微型计算机都配备了这两种资源。本章主要叙述单片机串行通信接口的基础知识、应用范例及串行通信常规电路连接。

1. 教学目标

最终目标:会使用单片机串行通信接口进行双机、多机数据通信。

促成目标:

(1)单片机串行通信接口串并转换及显示控制。

(2)单片机与单片机近距离、远距离串行通信电路连接及编程控制。

(3)计算机与单片机主从信息交换。

2. 工作任务

(1)认识单片机串行通信接口在测控系统中的作用。

(2)单片机串行通信接口内部结构及工作:

① 单片机串行通信接口波特率设定;

② 单片机串行通信接口移位寄存器工作方式应用;

③ 单片机通信中的电平转换;

④ 串行通信接口标准,单片机近距离双机通信设计。

(3) 远程通信设计：

① 单片机与单片机远距离通信电路设计；

② 单片机与计算机远距离通信编程设计。

6.1 计算机串行口通信基础

6.1.1 通信概述

通信和通讯两个词的使用频率相当高,但词义范围如何界定,并未明确统一。这里引用新版《现汉》(《现代汉语词典》第5版)"通信""通讯"词条的释义：

1) 通信：广义的通信是指用任何方式,通过任何媒介,将信息从一地传达到另一地。狭义则指：通过电子技术将语言、文字、图像等信息,从一地传送给另一地。即通常所谓电信。按业务内容可分为电报、电话、传真、数据通信等。

2) 通讯：比较详尽、生动、形象地报道新闻事件,人物或经验的新闻体裁。一般分为人物通讯、事件通讯、概貌通讯、工作通讯和通讯小故事等。以上两个词要严格区分,不能混用。

本书遵照新版《现汉》(《现代汉语词典》第5版)"通信""通讯"词条的释义,均采用串行口通信一词。

随着多微机系统的广泛应用和计算机网络技术的普及,计算机的通信功能愈来愈显得重要。计算机通信是指计算机与外部设备或计算机与计算机之间的信息交换,可以分为两大类：并行通信与串行通信。

并行通信——数据的各位同时传送,如图6-2所示。特点是通信速度快,但传输线多,成本高,适用于近距离通信。

串行通信——数据的各位一位一位顺序传送,图6-3所示。特点是传输线少(1~2根),通信速度慢,成本低,适用于远距离通信。

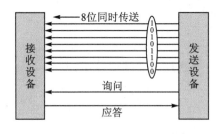

图6-2 并行通信示意图

图6-3 串行通信示意图

6.1.2 串行通信的基本概念

1. 异步通信

异步通信是指通信的发送与接收设备使用各自的时钟来控制数据的发送和接

收。数据的传送是按帧进行的,一帧表示一个数据。用"0"表示传送数据的开始,接着是数据位,且规定低位在前,高位在后,接着是一位校验位,最后发送一个停止位"1",格式如图6-4所示。

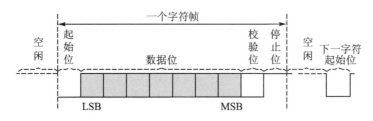

图6-4 异步通信数据格式

在异步传送时,发送与接收数据的同步是利用每一帧的起、止信号建立的。双方靠各自的时钟源控制发送、接收。为使双方的收发协调,要求发送和接收设备的时钟尽可能一致。

异步通信按字符或字节成帧格式进行传送。异步通信协议规定每帧传送的字符由一个起始位,5~8个数据位,一个校验位和1~2个停止位组成。相邻两个字符或两帧之间的间隔时间可以任意长,如图6-5所示。

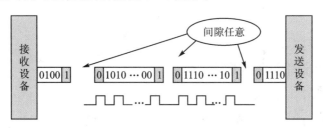

图6-5 异步通信数据间间隙不定

异步通信的特点:不要求收发双方时钟的严格一致,实现容易,设备开销较小,但每个字符要附加2~3位用于起止位,各帧之间还有间隔,因此传输效率不高。

2. 同步传送

同步通信时要建立发送方时钟对接收方时钟的直接控制,使双方达到完全同步。此时,传输数据的位之间的距离均为"位间隔"的整数倍,同时传送的字符间不留间隙,即保持位同步关系,也保持字符同步关系,如图6-6所示。

8051系列单片机采用的是异步传送方式,时钟源由单片机内部的定时器产生。

图6-6 同步通信数据格式

6.1.3 串行通信数据的传送方向

串行通信数据的传送方向有三种。

(1) 单工传送

单工是指数据传输仅能沿一个方向,不能实现反向传输,即一端发送,一端接收,如图6-7(a)所示。

(2) 半双工

串行口的一端可发送可接收,但同一时间只能实现一个功能,双方可通过硬件、软件约定,如图6-7(b)所示。

(3) 全双工

串行口的一端同一时间既可发送又可接收,双方有各自的独立通道,按通信协议完成发送、接收工作,如图6-7(c)所示。

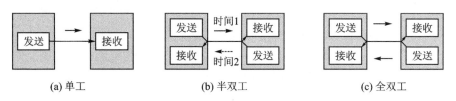

图6-7 串行通信的传输方向

6.1.4 串行通信的数据校验

在数据通信中,可能会因为传输线的寄生效应、外界干扰等原因导致接收数据出错。为了保证传输数据的正确性,在数据传送过程中常伴随数据校验。在单片机数据通信中常用的校验方法有奇偶校验、累加和校验以及循环冗余校验(Cycli Redundancy Check,CRC)。

1. 奇偶校验

在发送数据时,数据位尾随的1位为奇偶校验位(1或0)。奇校验时,数据中"1"的个数与校验位"1"的个数之和应为奇数;偶校验时,数据中"1"的个数与校验位"1"的个数之和应为偶数。接收字符时,对"1"的个数进行校验,若发现不一致,则说明传输数据过程中出现了差错。

2. 累加和校验

累加和校验是发送方将所发数据块求和(或各字节异或),产生一个字节的校验字符(校验和)附加到数据块末尾。接收方接收数据同时对数据块(除校验字节外)求和(或各字节异或),将所得的结果与发送方的"校验和"进行比较,相符则无差错,否则即认为传送过程中出现了差错。

3. 循环冗余校验

循环冗余校验的基本原理是将一个数据块看成一个很长的二进制数。例如,把一个 128 字节的数据块看作是一个 1 024 位的二进制数,然后用一个特定的数去除它,将得到的余数作为校验码附在数据块的后面一起发送。在接收到该数据块和校验码之后,对它作同样的运算,所得的余数应为 0。如果计算结果不为 0,就表示接收有错。

循环冗余校验是通过某种数学运算实现有效信息与校验位之间的循环校验,常用于对磁盘信息的传输、存储区的完整性校验等。这种校验方法纠错能力强,广泛应用于同步通信中。

6.1.5 串行通信的传输速率与传输距离

1. 传输速率

比特率是每秒钟传输二进制代码的位数,单位是:位/秒(bps)。如每秒钟传送 240 个字符,而每个字符格式包含 10 位(1 个起始位、1 个停止位、8 个数据位),这时的比特率为:10 位×240 个/s＝2 400 bps,平均每位传送占用时间:T_d＝ 1/2 400＝0.416 6 ms。

2. 传输距离与传输速率的关系

串行接口或终端直接传送串行信息位流的最大距离与传输速率及传输线的电气特性有关。通信速率和通信距离这两个方面是相互制约的,降低通信速率,可以提高通信距离。当传输线使用每 0.3 m(约 1 ft)有 50 pF 电容的非平衡屏蔽双绞线时,传输距离随传输速率的增加而减小。当比特率超过 1 000 bps 时,最大传输距离迅速下降,如 9 600 bps 时最大距离下降到只有 76 m(约 250 ft)。不同的通信距离,串行通信电路有不同的连接方法。

6.2　8051 单片机串行口结构及工作原理

8051 单片机内部即有并行口也有串行口。P0 口、P1 口、P2 口、P3 口均可作并口使用,图 6-8(a)为 P1 口与外围设备并行通信。8051 单片机有一个可编程的全双工异串行通信接口,它可作 UART 用,也可作同步移位寄存器,其帧格式可有 8 位、10 位或 11 位,并能设置各种波特率。图 6-8(b)为 8051 单片机串行口与外围设备串行通信。

6.2.1　8051 单片机串行口结构组成

8051 系列单片机有一个异步接收/发送器 URAT(Universal Asynchronous Receiver/Transmitter)用于串行全双工异步通信,也可作同步寄存器使用。由控制器(电源控制、发送控制器 TI、接收控制器 RI)、移位寄存器 SBUF、发送缓冲器 SBUF、输出控制门等组成,如图 6-9 所示。接收和发送缓冲器 SBUF(Serial Buffer),两个物理上独立,占用同一地址 99H。引脚 TXD(P3.1)串行数据发送端用来发送数据。

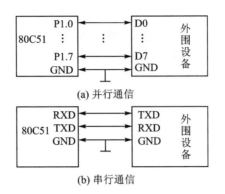

图 6-8 8051 单片机与外围设备通信连接图

RXD(P3.0)串行数据接收端接收数据。发送及接收缓冲器用各自的时钟源控制发送、接收数据。

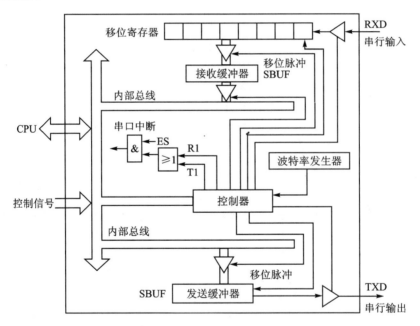

图 6-9 8051 单片机串行口内部结构图

在串行通信中,数据是一位一位按顺序进行传送的,而计算机内部的数据是并行传输的。因此当计算机向外发送数据时,必须先将并行数据通过移位脉冲控制转换为串行数据,然后再发送;反之,当计算机接收数据时,又必须先将串行数据通过移位脉冲转换为并行数据然后再输入计算机内部。

接收数据时,串行数据由 RXD 端(ReceiveData)经接收门进入移位寄存器,再经移位寄存器输出并行数据到接收缓冲器 SBUF,最后通过数据总线送到 CPU,是一个双缓冲结构,以避免接收过程中出现帧重叠错误。

发送信息时,CPU 将数据经过数据总线送给发送缓冲器 SBUF 后,直接由控制器控制 SBUF 移位,经发送门输出至 TXD,为单缓冲结构,由于(CPU 主动)不会发生帧重叠错误。

发送缓冲器与接收缓冲器在物理上是相互独立的,但在逻辑上只有一个,共用地址单元 99H。对发送缓冲器只存在写操作,对接收缓冲器只能读操作。

接收和发送数据的速度由控制器发出的移位脉冲所控制,其可由内部定时器 T1 产生的时钟获得,所以单片机串行口工作在通信方式时,定时器 T1 作为波特率发生器使用。

6.2.2 8051 单片机串行口工作原理

发送、接收控制器 SBUF(Serial Buffer)共享一个地址。发送只写不读、接收只读不写,由所用指令是发送还是接收决定对哪个 SBUF 操作。如 SBUF=0X8B,则 CPU 将十六进制数据通过 TXD 端送出。

发送(输出):串口发送控制器 TI 按波特率发生器(定时器 T1)提供的时钟速率把发送缓冲器 SBUF 中的并行数据(如 8BH,二进制 10001011)一位一位从 TXD 端输出,先发送低位;一帧数据结束时,硬件将 TI 置"1",无论 CPU 能否响应中断,硬件都不能自动清除 TI,所以软件必须将 TI 清零。发送为主动,只要 SBUF 中有数据就发送。

接收(输入):REN=1,RI=0,接收 SBUF(只读不写)。接收控制器 RI 按要求的波特率采样 RXD,待接收到一个完整的字节后,就装入 SBUF。SBUF 具有双缓冲作用,在 CPU 未读入一个接收数据前就开始接收下一个数据,CPU 应在下一个字节接收完毕前读取 SBUF 中的数据。数据接收完,硬件自动置 RI=1,同样必须用软件将 RI 清零。

6.3 串行口涉及的有关寄存器

1. 串行口控制寄存器 SCON(98H)

SCON 是一个特殊功能寄存器,字节地址 98H,可以位寻址,用以设定串行口的工作方式、接收/发送控制以及设置状态标志。SCON 的各位定义如图 6-10 所示。

图 6-10 SCON 各位定义

SM0SM1=00,串行口工作方式 0,同步移位寄存器,波特率 $f_{osc}/12$ 。
SM0SM1=01,串行口工作方式 1,10 位异步通信方式,波特率根据需要设定。
SM0SM1=10、11,串行口工作方式 2、3 ,11 位异步通信方式。方式 2 波特率为

$f_{osc}/64$ 或 $f_{osc}/32$。方式 3 波特率根据需要设定。串行口工作方式如图 6-11 所示。

SM0	SM1	方式	说明	波特率
0	0	0	移位寄存器	$f_{osc}/12$
0	1	1	10位异步收发器(8位数据)	可变
1	0	2	11位异步收发器(9位数据)	$f_{osc}/64$或$f_{osc}/32$
1	1	3	11位异步收发器(9位数据)	可变

图 6-11 串行口的工作方式

SM2,多机通信控制位,主要用于方式 2 和方式 3。当接收机的 SM2＝1 时,可以利用收到的 RB8 来控制是否激活 RI(RB8＝0 时不激活 RI,收到的信息丢弃；RB8＝1 时收到的数据进入 SBUF,并激活 RI,进而在中断服务中将数据从 SBUF 读走)。当 SM2＝0 时,不论收到的 RB8 为 0 和 1,均可以使收到的数据进入 SBUF,并激活 RI(即此时 RB8 不具有控制 RI 激活的功能)。通过控制 SM2,可以实现多机通信。方式 0 时,SM2 必须是 0。方式 1 时,若 SM2＝1,则只有接收到有效停止位时,RI 才置 1。

REN,允许串行接收位。用来设定 8051 单片机单工、半双工、全双工串行数据通信。软件置 REN＝1,则启动串行口接收数据。若软件置 REN＝0,则禁止接收。如双机串行通信,发送方工作方式 1 单工工作,需设定 SCON＝0X40。接收方工作方式 1 单工工作,则 SCON＝0X50。

TB8,在方式 2 或方式 3 中,是发送数据的第 9 位,可以用软件规定其作用。可以用作数据的奇偶校验位,或在多机通信中,作为地址帧/数据帧的标志位。在方式 0 和方式 1 中,该位未用。

RB8,在方式 2 或方式 3 中,是接收到数据的第 9 位,作为奇偶校验位或地址帧/数据帧的标志位。在方式 1 时,若 SM2＝0,则 RB8 是接收到的停止位。方式 0 时,该位不用,默认 0。

TI,发送中断标志位。在方式 0 时,当串行发送第 8 位数据结束时,或在其他方式,串行发送停止位的开始时,由内部硬件使 TI 置 1,向 CPU 发中断申请。在中断服务程序中,必须用软件将其清零,取消此中断申请。

RI,接收中断标志位。在方式 0 时,当串行接收第 8 位数据结束时,或在其他方式,串行接收停止位的中间时,由内部硬件使 RI 置 1,向 CPU 发中断申请。也必须在中断服务程序中,用软件将其清零,取消此中断申请。

2. 电源控制寄存器 PCON(87H)

PCON 主要是为 CHMOS 型单片机的电源控制而设置的专用寄存器,单元地址是 87H,其结构格式如图 6-12 所示。

SMOD				GF1	GF0	PD	IDL

图 6-12 PCON 各位定义

SMOD 是串行口波特率倍增位,当 SMOD=1 时,串行口波特率加倍。系统复位默认为 SMOD=0。IDL 和 PD 这两位分别用来设定是否使单片机进入空闲模式和掉电模式。PCON 各位的定义:

SMOD:串行口波特率倍增位。SMOD=0:串口方式 1,2,3 时,波特率正常。SMOD=1:串口方式 1,2,3 时,波特率加倍。

GF1,GF0:两个通用工作标志位,用户可以自由使用。

PD:掉电模式设定位。PD=0,单片机处于正常工作状态。PD=1,单片机进入掉电(PowerDown)模式,可由外部中断或硬件复位模式唤醒,进入掉电模式后,外部晶振停振,CPU、定时器、串行口全部停止工作,只有外部中断工作。

IDL:空闲模式设定位。IDL=0 单片机处于正常工作状态。IDL=1,单片机进入空闲(Idle)模式,除 CPU 不工作外,其余仍继续工作,在空闲模式下可由任一个中断或硬件复位唤醒。

3. 单片机电源控制寄存器 PCON 的用法

(1) 空闲模式

当单片机进入空闲模式时,除 CPU 处于休眠状态外,其余硬件全部处于活动状态,芯片中程序未涉及的数据存储器和特殊功能寄存器中的数据在空闲模式期间都将保持原值。但假若定时器正在运行,那么计数器寄存器中的值还将会增加。单片机在空闲模式下可由任一个中断或硬件复位唤醒,需要注意的是,使用中断唤醒单片机时,程序从原来停止处继续运行,当使用硬件复位唤醒单片机时,程序将从头开始执行。让单片机进入空闲模式的目的通常是为了降低系统的功耗,举个很简单的例子,大家都用过数字万用表,在正常使用的时候表内部的单片机处于正常工作模式,当不用时,又忘记了关掉万用表的电源,大多数表在等待数分钟后,若没有人为操作,它便会自动将液晶显示关闭,以降低系统功耗,通常类似这种功能的实现就是使用了单片机的空闲模式或是掉电模式。以 STC89 系列单片机为例,当单片机正常工作时的功耗通常为 4~7 mA,进入空闲模式时其功耗降至 2 mA,当进入掉电模式时功耗可降至 0.1 μA 以下。

(2) 休眠模式

当单片机进入掉电模式时,外部晶振停振,CPU、定时器、串行口全部停止工作,只有外部中断继续工作,所以掉电模式也称为休眠模式。使单片机进入休眠模式的指令将成为休眠前单片机执行的最后一条指令,进入休眠模式后,芯片中程序未涉及的数据存储器和特殊功能寄存器中的数据都将保持原值。可由外部中断低电平触发或由下降沿触发中断或者硬件复位模式唤醒单片机。中断唤醒单片机时,程序仍然从原来停止处继续运行;硬件复位唤醒单片机时,程序同样将从头开始执行。

例 6-1 参看附录 1 实验板原理图,四位数码管显示电路设计。开启两个外部中断,设置为边沿触发,用定时器计数并且显示在四位数码管的后两位显示个位十位数,当计到 5 时,使单片机进入空闲模式,同时关闭定时器。单片机响应外部中断,系统从空闲模式返回,同时开启定时器。

创建项目 PCON_Apply.uvproj 及文件 PCON_Apply.c,程序代码如下:

```c
#include <reg51.h>
#define uchar unsigned char
#define uint unsigned int
sbit dula = P1^4;                     //个位数码管公共端
sbit wela = P1^5;                     //十位数码管公共端
uchar code table[] = {0xc0,0xf9,0xa4,0xb0,0x99,0x92,0x82,0xf8,0x80,0x90}; //0~9
uchar num;
void delayms(uint xms)
{
    uint i,j;
    for(i = xms;i>0;i--)              //i = xms 即延时约 xms 毫秒
        for(j = 110;j>0;j--);
}
//显示子函数
void display(uchar tens ,uchar units)
{
    P1 = 0xff;
    P2 = 0xff;                        //送显示数据前关闭所有显示
    wela = 0;                         //十位数码管位控有效
    P2 = table[tens];                 //十位数码管段选数据
    delayms(2);                       //延时
    wela = 1;                         //关闭十位数码管
    dula = 0;                         //个位数码管位控有效
    P2 = table[units];                //个位数码管段选数据
    delayms(2);                       //延时
}
//主函数
void main()
{
    uchar a,b,num1;
    TMOD = 0x01;                      //设置定时器 T0,工作方式 1(0000 0001)
    TH0 = (65536 - 50000)/256;        //定时 5 ms
    TL0 = (65536 - 50000)%256;
    EA = 1;                           //开启中断总允许
    EX0 = 1;                          //开启外部中断 0 源允许
    EX1 = 1;                          //开启外部中断 1 源允许
    ET0 = 1;                          //开启定时器 T0 中断源允许
    IT0 = 0;                          //外部中断 0 电平触发
    IT1 = 0;                          //外部中断 1 电平触发
```

```
        TR0 = 1;                       //启动定时器 T0
         while(1)
         {
             if(num> = 20)
             {
                 num = 0;
                 num1 ++ ;
                 if(num1 == 6)
                 {
                     ET0 = 0;           //关闭定时器 T0 中断源允许
                     PCON = 0x02;       //进入休眠模式
                 }
                 a = num1/10;
                 b = num1 % 10;
             }
             display(a,b);
             if(num1> = 99)             //计数至 99 停止计数
                 break;                 //跳出循环
         }
         for(;;);
}
//定时器 0 中断服务程序
void timer0() interrupt 1
{
    TH0 = (65536 - 50000)/256;
    TL0 = (65536 - 50000) % 256;
    num ++ ;
}
//外部中断 T0 服务程序
void Ex_Int0() interrupt 0
{
    PCON = 0;                          //解除休眠模式
    ET0 = 1;                           //开启定时器 0 中断源允许
}
//外部中断 1 服务程序
void Ex_Int1() interrupt 2
{
    PCON = 0;
    ET0 = 1;
}
```

1) 主程序中有"ET0＝0;"下句是"PCON＝0x02;"意思是在进入休眠模式之前

要先把定时器关闭,这样方可一直等待外部中断的产生,如果不关闭定时器,定时器的中断同样也会唤醒单片机,使其退出休眠模式,这样便看不出进入休眠模式和返回的过程。

2) Void Ex _ Int0( ) interrupt 0
{PCON=0;ET0=1;}

这是外部中断 0 服务程序,当进入外部中断服务程序后,首先将 PCON 中原先设定的休眠控制位清除(如果不清除,程序也可以正常运行,大家最好亲自做实验验证),接下来再重新开启定时器 0。在使用时还是保留中断唤醒的中断服务程序为好。

3) 下载程序后,实验现象如下:数码管从"00"开始递增显示,到"05"后,再过一秒后,数码管变成只显示一个"5",单片机进入休眠或空闲模式,用导线一端连接地,另一端接触 P3.2 或 P3.3,数码管重新从"06"开始显示,递增下去。整个过程演示了单片机从正常工作模式进入休眠模式或空闲模式,然后再从休眠模式或空闲模式返回到正常工作模式。

4) 测试过程可将数字万用表调节到电流挡,然后串接入电路中,观察单片机在正常工作模式、休眠模式、空闲模式下流过系统的总电流变化情况,经测试可发现结果如下:正常工作电流＞空闲模式电流＞休眠模式电流。

6.4 8051 单片机串行口工作方式及工作原理分析

8051 单片机串行口有 4 种工作方式,分别完成同步移位寄存器工作、10 位异步通信、11 位异步通信功能。

1. 方式 0

设定 SCON 中的 SM0=0,SM1=0 时,串行口工作于方式 0,即 8 位移位寄存器输入输出方式。主要用于扩展并行输入或输出口。数据由 RXD(P3.0)引脚输入或输出,同步移位脉冲由 TXD(P3.1)引脚输出。发送和接收均为 8 位数据,低位在先,高位在后。波特率固定为 $f_{osc}/12$。如外接 74LS164 串并移位寄存器可将数据通过串/并转换输出,如图 6-13 所示。串行口工作方式 0 主要用于串行口的 I/O 口扩展。

发送(输出):CPU 将数据写入发送 SBUF,串口将 8 位数据以波特率为 $f_{osc}/12$ 从 RXD 输出,同时 TXD 端输出同步脉冲,一帧数据 8 位结束时,自动将 TI 置"1",要继续发送前,TI 必须由软件清零。发送数据时序

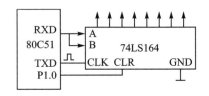

图 6-13 方式 0 发送电路

图如图 6-14 所示。

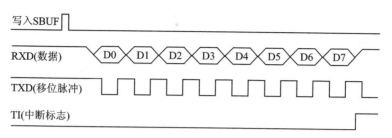

图 6-14　方式 0 发送数据时序图

接收过程：当 SCON 中 RI=0，并置接收允许位 REN=1，就开始接收数据。此时 RXD 为数据输入端，TXD 为同步移位脉冲输入端。接收器以 $f_{osc}/12$ 的波特率接收从 RXD 端输入的数据信息。当接收完一帧信号时 RI=1 发出接收中断申请，这时可以从 SBUF 中把收到的数据读出来。要继续接收数据前必须用指令清除 RI 位，接收数据时序图如图 6-15 所示。

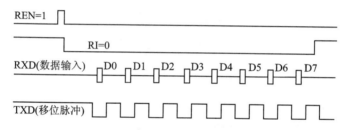

图 6-15　方式 0 接收数据时序图

方式 0 工作时，SCON 寄存器中的 SM2、TB8、RB8 均无意义，默认为 0。发送、接收的是 8 位数据，低位在前。

2. 方式 1

置 SCON 中的 SM0=0，SM1=1 时，串行口设定为工作方式 1，即波特率可变的 10 位异步通信方式。其中 1 位起始位，8 位数据位，1 位停止位。TXD 为数据发送引脚，RXD 为数据接收引脚，传送一帧数据的格式如图 6-16 所示。方式 1 工作时，其波特率可根据发送需要设定。

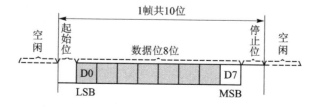

图 6-16　方式 1 发送数据帧格式

波特率为：波特率 = $(2^{SMOD}/32) \times N$

式中：N 为定时器溢出率，每秒定时溢出的次数。

发送过程：初始化设定后，对 SBUF 送入数据，CPU 就启动将数据从 TXD 端输出，发送完数据置中断标志位 TI 为 1。要继续发送前，TI 用指令清零。发送数据时序图如图 6-17 所示。

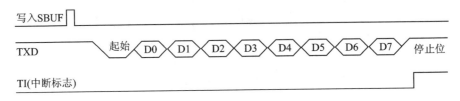

图 6-17　方式 1 发送数据时序图

接收过程：当 REN 置 1 且 RI＝0 时，CPU 检测到 RXD 端有从 1 到 0 的跳变信号就开始接收，并复位内部 16 分频接收器实现同步。计数器的 16 个状态把一位时间等分成 16 分，并在第 7,8,9 个计数状态时采样 RXD 的电平。每位数值采样三次，三次中至少有两次相同才被确认接收，将其移入输入移位寄存器，并开始接收这一帧信息的其余位。接收过程中，数据从输入移位寄存器右边移入，起始位移至输入移位寄存器最左边。在产生最后一次移位脉冲时能满足下列两个条件：①RI＝0；②接收到的停止位为 1；或者 SM2＝0 时停止位进入 RB8，8 位数据进入 SBUF，且置位中断标志 RI。若上述两个条件不能同时满足，则丢失接收的帧。接收中断标志 RI 须由用户在中断服务程序中或再次接收前清零。由于 SM2 是用于方式 2 和方式 3 的多机通信标志位，在方式 1 时，SM2 应设置为 0。接收数据时序图如图 6-18 所示。串行口工作方式 1 一般用于单片微机点对点之间的通信。

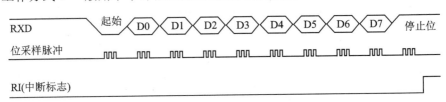

图 6-18　方式 1 接收数据时序图

3. 方式 2 和方式 3

串口工作方式 2 和方式 3 都是 11 位异步收发方式，两者的唯一区别是波特率不同。方式 2 的波特率为固定的 $f_{osc}/64$ 或 $f_{osc}/32$，由 PCON 中的最高位 SMOD＝0 或 SMOD＝1 决定。而方式 3 的波特率与方式 1 一样需要设置。

方式 2 或方式 3 发送数据的帧格式被定义为 9 位数据加起始位和终止位组成。当 SCON 中的 SM0＝1，SM1＝0 时选定工作方式 2；当 SM0＝1，SM1＝1 时，选定工作方式 3。TXD 为数据发送引脚，RXD 为数据接收引脚 。一帧数据的格式如图 6-19 所示。由低电平起始位 0,8 位数据,1 位地址/数据帧识别位或奇偶校验位（RB8/TB8），以及高电平 1 终止位组成。方式 2 和方式 3 发送、接收数据的过程类似于方式 1，所不同的是需要对第 9 位数据进行设置。

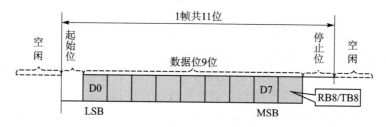

图 6-19　方式 2、3 发送数据帧格式

方式 2 和方式 3 输出（发送数据）：首先将作多机通信的标志位或数据的奇偶校验位装入 TB8（软件置 1 或清零），再将数据写入 SBUF，串口自动将 TB8 位取出装入第 9 位，即启动发送。发送完一帧信息时，硬件将 TI 置 1，CPU 便可以通过查询或中断方式判断 TI，并将其清零后，用相同的方法发送下一帧数据。发送数据时序图如图 6-20 所示。

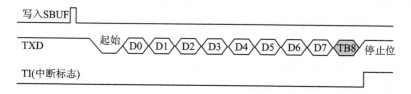

图 6-20　方式 2、3 发送数据时序图

方式 2 和方式 3 输入（接收数据）：接收数据由 RXD 端输入，数据格式与发送数据相同。当 REN 置 1 且 RI=0 时，当接收器采样到 RXD 端从 1 到 0 的跳变并断定有效后，开始接收一帧信息。当接收到第 9 位数据后，若满足 RI=0 且 SM2=0 或者接收到的第 9 位数据为 1，则接收到的数据送入 SBUF，第 9 位数据送 RB8，并置位 RI。若条件不满足，接收信息将丢失且 RI 也不置位。接收电路复位，重新检测 RXD 从"1"到"0"的变化，重新接收数据。方式 2、3 接收时序图如图 6-21 所示。

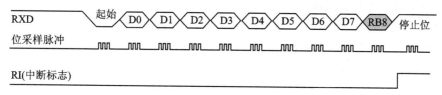

图 6-21　方式 2、3 接收数据时序图

6.5 波特率计算

串口通信的波特率是每位电平持续的时间,波特率越高,持续的时间越短。如波特率为 9 600 bps,即每一位传送时间为 1 000 ms/9 600=0.104 ms,即位与位之间的延时为 0.104 ms。单片机的延时是通过执行若干条指令来达到目的(因为每条指令为 1~3 个指令周期),是通过若干个指令周期来进行延时的。单片机常用 11.059 2 MHz 的晶振,为什么用这个奇怪的数字呢?用此频率则每个指令周期的时间为(12/11.0592) μs,那么波特率为 9 600 bps 每位要间隔多少个指令周期呢?

指令周期 T=(1 000 000/9 600)/(12/11.059 2)=96,刚好为一整数,如果为 4 800 bps 则为 96×2=192,如为 19 200 bps 则为 48,别的波特率就不算了,都刚好为整数个指令周期。

串行通信中,通常按照通信协议中规定的波特率发送、接收数据。波特率高低可根据通信接口的标准、通信距离、传输线质量、传送速率要求等因素而定。一般波特率低,通信距离近,信号的质量较好。对于较长距离的通信,随着波特率增高,通信质量将会下降。在通信系统中,通信双方的波特率必须保持一致。

串行口的四种工作方式对应三种波特率。其中方式 0 和方式 2 的波特率是固定的,而方式 1 和方式 3 的波特率是可变的,由定时器 T1 的溢出率来决定。由于输入的移位时钟的来源不同,所以,各种方式的波特率计算公式也不相同。

1) 方式 0,波特率为固定值,为单片机时钟频率的 1/12,即 $f_{osc}/12$,由单片机 T1 产生。

2) 方式 2,有两种波特率,波特率=$(2^{SMOD}/64)f_{osc}$。式中:SMOD 波特率倍增位,可选 0、1。SMOD=0,波特率为晶振的 64 分频;SMOD=1,波特率为晶振的 32 分频。

3) 方式 1 和方式 3,波特率是可变的,波特率=$(2^{SMOD}/32)×N$。式中:N 为定时器溢出率——定时器定时 1 s 时溢出的次数为 N,$N=(f_{osc}/12)×[1/(2^k-Z)]$。

k 由定时器工作方式决定,k=13,16,8;SMOD=0,1,为波特率倍增位。

例如:波特率为 1 200 bit/s,不加倍,SMOD=0,选用定时器 T1,方式 2 工作。

1 200S^{-1}=$(2^0/32)×N$,N=38 400 s^{-1},

38 400=$(12×10^6/12)×1/(2^8-Z)$。

Z=230D=0E6H,单片机通信时,为了获得准确的波特率,要选标准晶振 f_{osc}=11.059 2 MHz,Z=230D=0E8H,则定时器 T1 初始化:TMOD=0X20,TL1=0XE8,TH1=0XE8。

在单片机的应用中,常用的晶振频率 11.059 2 MHz。所以,选用的波特率也相对固定。常用的串行口波特率可通过查表得出定时器 T1 初值(见表 6-1),常用波特率及定时器初值。

表 6-1 常用波特率及定时器初值

波特率	f/MHz	SMOD	定时器		
			C/T	方式	重新装入值
方式 0:1 MHz	12	×	×	×	×
方式 2:375 kHz	12	1	×	×	×
方式 1、3:625 kHz	12	1	0	2	FFH
19.2 kHz	11.059 2	1	0	2	FDH
9.6 kHz	11.059 2	0	0	2	FDH
4.8 kHz	11.059 2	0	0	2	FAH
2.4 kHz	11.059 2	0	0	2	F4H
1.2 kHz	11.059 2	0	0	2	E8H
110 bps	6	0	0	2	72H
110 bps	12	0	0	1	FEEBH

6.6 8051 单片机串行口方式 0 应用设计

在计算机组成的应用系统中,经常要利用串行通信方式进行数据传输。8051 单片机的串行口为计算机间的通信提供了极为便利的通道。利用单片机的串行口还可以方便地扩展键盘和显示器。在学习了单片机串行通信基础知识后,下面将学习单片机串行口在通信方面的应用。

项目引入:根据实验板图,编程控制,开机显示 HELLO—,按下 P3.2 键,数码管后两位开始以秒为单位计数至 00~99。

1. 串口移位寄存器应用电路设计

根据图 6-22 所示,试通过串口控制数码管开机显示 OP。

(1) 硬件电路分析

① 通过查阅 74HC595 产品手册,得知 74HC595 具有 8 位移位寄存器和一个存储器,三态输出功能。移位寄存器有一个串行移位输入(SDA),一个串行输出(QS)及一个异步的低电平复位/CLK。移位寄存器和存储器有各自的时钟,SCLK 是移位寄存器的时钟,SLCK 是存储寄存器的时钟。数据在 SCLK 的上升沿输入到移位寄存器中,在 SLCK 的上升沿输入到存储寄存器中去。存储寄存器有一个并行 8 位的,具备三态的总线输出,当使能 EN 时(为低电平),存储寄存器的数据 Q0~Q7 输出到总线。

② 将图 6-22 电路中 J15 的 1、3 引脚,2、4 引脚短接,则 RXD(P3.0)引脚与 74HC595 的移位寄存器串行移位输入(SDA)相接,TXD(P3.1)与 74HC595 的移位寄存器的时钟(SCLK)相接。串行口工作在方式 0,使用 74HC595 实现了串行口的

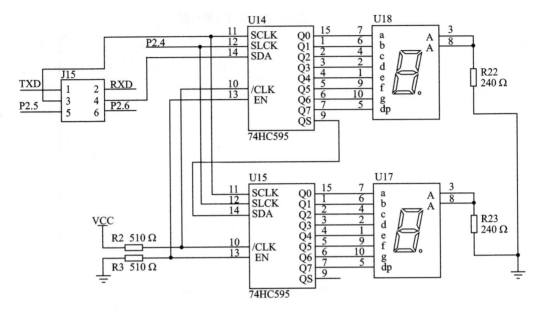

图 6-22 串入/并出 LED 显示电路

I/O 口扩展,将串行输入的 8 位数据,转变为并行输出的 8 位数据,经存储寄存器将数据 Q0～Q7 直接输出至数码管八段(a～dp),用来控制数码管进行相应显示。

(2) 软件编程分析

① 首先进行通信的初始化工作。根据图 6-22 电路及设计需求,串口设定工作在方式 0。

② 定时器 1 作波特率发生器,方式 2 工作,波特率为 1 Mbps,硬件已默认,所以对 T1 不用初始化设定。

③ 串行口工作在方式 0,则 SCON=0X00。TXD 移位脉冲控制 RXD 端串行发送数据,先发送低位,数据存入 74HC595 存储器中。当 8 位串行数据发送结束时,P2.4(SLCK)产生上升沿信号,将 74HC595 存储器数据输出,从而驱动数码管显示。数码管选用共阴极。根据 6-22 硬件电路,可计算出"O"的字型码为 0xFC;"P"的字型码为 0xCE。发送数据时,先发送低位,即数据最低位对应数码管 a 段,依次类推。

(3) 编制程序

启动 Keil μVision4,创建项目 Serial_Disp_OP.μVproj,编写录入程序 Serial_Disp_OP.c 如下:

```
#include <reg51.h>
#define uchar unsigned char
#define uint unsigned int
sbit SLCK = P2^4;          //74HC595 存储器时钟
void main()
{
```

```
            SCON = 0x00;                    //串口方式 0 工作
            for( ; ; )
            {
               uchar i;
               SBUF = 0XFC;                 //发送 0 字符
               while(! TI);                 //等待发送 0 字符发送结束
            TI = 0;
            SLCK = 0;
            SLCK = 1;                       //产生上升沿,将 74HC595 存储器数据输出
            SBUF = 0XCE;                    //发送 P 字符
            while(! TI);
            TI = 0;
            SLCK = 0;
            SLCK = 1;
            for(i = 0;i<0xff;i ++ );        //调整数码管显示效果
         }
      }
```

(4) 程序调试

将编写的程序编译,调试,若编译无错误,则生成目标文件:Serial_Disp_OP.hex。

在线与实验板连接调试,硬件连接及 Keil μVision4 的有关设定参看 5.7.2 节的在线调试。通过单步及全速运行,可以在实验板两位数码管看到 OP 显示。

2. 项目训练

1) 根据图 6-22 所示,试通过串口控制 2 位数码管以秒为单位显示 00~99。要求采用定时器定时,定时器不允许中断。

参看本章附件:参考程序:Disp_count_Serial.c 及 Serial_count.c。

思考:通过串口控制数码管开机显示 OP,按下 P3.2 键后,启动计时并显示计时 00~99。

2) 根据实验板图,分析四位数码管及两位数码管电路原理图,编程控制,开机显示 HELLO-,按下 P3.2 键,数码管后两位开始以秒为单位计数至 00~99。定时器允许中断。

注意:本项目要求学生通过实践教学完成。

3. 模拟串口应用

模拟串口就是利用 8051 单片机的基本输入输出接口模拟串口 RXD、TXD 的功能。如图 6-22 中将 J15 的 3、5 及 4、6 短接,即可用 P2.5 模拟串口 TXD 输出同步脉冲,用 P2.6 模拟 RXD,输出串行数据。可通过模拟串口编程控制 2 位数码管显示 00~99。

1) 启动 Keil μVision4,创建项目 Serial_Simulate.μVproj,编写录入程序:Serial

_Simulate.c。

```c
/*******************************************************/
//功能:根据实验板电路设计,通过8051 P2.5模拟串口TXD输出同步脉冲
//用P2.6模拟RXD,输出串行数据,控制2位数码管显示00~99
//文件名:Serial_Simulate.c
//时间:2013/06/03
/*******************************************************/
#include<reg51.h>                          //51系列单片机头文件
#define uchar unsigned char
#define uint unsigned int
sbit SDA = P2^6;                            //定义SDA(RXD)
sbit SCLK = P2^5;                           //定义SCLK(TXD)
sbit SLCK = P2^4;                           //定义SLCK
uchar disp[] = {0xfc,0x0c,0xda,0xf2,0x66,0xb6,0xbe,0xe0,0xfe,0xf6};//0~9
void show(uchar x)
{
    uchar i;
    for(i=0;i<8;i++)
    {
        SCLK = 0;
        SDA = x&0x01;                       //串行数据送出,先发送低位
        SCLK = 1;                           //移位输入时钟,上升沿输入
        x = x>>1;                           //将要发送的位右移
    }
    SLCK = 0;
    SLCK = 1;                               //产生上升沿,控制数据输出
}
//定时器定时(n*0.05s)
void Timer50ms (uint n)
{
    TMOD = 0X01;
    do {
        TL0 = (65536-46080)%256;            //定时50 ms
        TH0 = (65536-46080)/256;
        TR0 = 1;                            //启动Timer
        while(!TF0);                        //等待Timer溢出,50 ms时间到
        TR0 = 0;                            //关闭Timer
        TF0 = 0;                            //清除溢出标志
    } while(--n!=0);                        //循环n次
}
void main()
```

```
    {
        uchar i;
        while(1)
        {
            for(i = 0;i<100;i++)
            {
                show(disp[i/10]);
                show(disp[i%10]);
                Timer50ms(20);
            }
        }
    }
```

2) 程序调试:将编写的程序编译,调试,若编译无错误,则生成目标文 Serial_Simulate.hex。在线与实验板连接调试。单步调试,在实验板两位数码管观察显示结果。

6.7 串行通信接口标准

8051 单片机有一个全双工的异步通信串行接口,并具有多机通信功能。因此,用 8051 单片机构成的应用系统,数据通信主要采用的是异步串行通信方式,在设置通信接口时,必须根据需要选择标准接口,并考虑电平转换和传输介质等问题。

6.7.1 RS232C、RS449、RS423/422、RS485 标准总线接口

异步串行通信接口有以下几种:RS232C、RS449、RS423/422 和 RS485。采用标准接口后,能够方便把单片机和外部设备、测量仪器等连接起来,构成一个测量、控制系统。为了保证通信的可靠性要求,在选择接口标准时,要注意以下两点:

(1) 通信速度和通信距离

通常标准串行接口的电气特性,都满足可靠传输时的最大通信速度和传送距离指标。但这两个指标之间具有相关性,适当降低传输速度,可以提高通信距离;反之如采用 RS422 标准进行数据传输时,最大传输速度为 10 Mbit/s,最大传输距离为 300 m,适当降低速度传输速度,传送距离可达 1 200 m。

(2) 抗干扰能力

通常选择的标准接口,在保证不超过使用范围时都有一定的抗干扰能力,以保证信号的可靠传输。但在一些工业控制系统中,通信环境往往十分恶劣,因此在通信介质选择、接口标准选择时,要充分注意其抗干扰能力,并采取必要的抗干扰措施。例如,在长距离传输时,使用 RS422 标准,能有效抑制共模信号干扰。在高噪声污染环境中,通过使用光纤介质可减少噪声的干扰,通过光电隔离提高通信系统的安全性是

一些行之有效的方法。

6.7.2 RS232C、RS449、RS423/422、RS485 标准总线接口介绍

1. RS232C 标准总线接口

RS232C 是使用最早、应用最多的一种异步串行通信总线标准，它是美国电子工业协会（Electronic Industries Association）1962 年公布的，1969 年最后一次修订而成。其中 RS 是 Recommended Standard 的缩写，232 是该标准的标识号，C 表示最后一次修订。

(1) RS232C 传递信息的格式标准

RS232C 采用按位串行方式，该标准所传递的信息规定如下：信息的开始为起始位信息，结尾为停止位，它可以是一位、一位半或两位；信息本身可以是 5、6、7、8 位再加一位奇偶校验位。RS232C 传送的波特率（bit/s）规定为 19 200、9 600、4 800、2 400、600、300、150、110、75、50。RS232C 接口总线的传输距离一般不超过 15 m。

(2) RS232C 电气特性

由于 RS232C 是在 TTL 电路出现之前研制的，所以其电平不是 +5 V 和地，它使用负逻辑，其低电平"0"是指 +3～+15 V 之间，高电平"1"是指 -3～-15 V 之间，最高能承受 ±25 V 的信号电平。因此，RS232C 不能和 TTL 电平直接相连，使用时必须加上适当的接口电路，否则将 TTL 电路烧毁。常用晶体管 MC1488、MC1489 或 MAX232/202 作 TTL 与 RS232 的电平转换。

(3) RS232C 机械特性及引脚功能

RS232C 标准总线为 25/9 根，目前都习惯采用子母型结构，如标准的 25/9 针连接器 DB-25/DB-9，如图 6-23 所示。对于 25 针连接器，其中 22 个引脚均已定义，在计算机中常用的只有 9 个引脚。表 6-2 给出了计算机通信中常用的 RS232C 信号标准。RS232C 最简单的应用接法，如图 6-24 所示。

图 6-23 标准 25/9 连接器

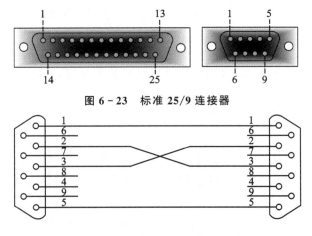

图 6-24 简单 RS232C 数据通信

表 6-2 DB-25/DB-9 标准总线引脚定义

DB-9	DB-25	信号名称	含 义
	1	PGND	为了安全和大地相连,有时可不接
3	2	TXD	数据发送端
2	3	RXD	数据接收端
7	4	RTS	请求发送(计算机要求发送信息)
8	5	CTS	清除发送(Modem 准备接收数据)
6	6	DSR	数据设备准备就绪
5	7	SG	信号地
1	8	DCD	数据或载波检测
4	20	DTR	数据终端准备就绪
9	22	RI	响铃指示

2. RS449、RS423、422、RS485 标准总线接口

由于 RS232C 接口标准是单端收发,抗共模干扰能力差,所以传输速率低(≤20 KB/s),传输距离短(≤15～20 m)。为了实现在更远、更高速率设备上直接连接,EIA 在 RS232C 基础上,制定了更高性能的接口标准,如 RS449、RS423、RS 422、RS485 标准接口,这些标准总的目标是:

① 与 RS232C 兼容,即为了执行新标准,无须改变原来采用的 RS232C 标准设备;

② 支持更高的传输速率;

③ 支持更远的传输距离;

④ 增加信号引脚数目;

⑤ 改善接口的电气特性;

表 6-3 列出这几种标准接口的工作方式、直接传输的最大距离、最大速率、信号电平及传输线上允许的驱动器和接收器的数目,读者可对这些参数进行比较。

表 6-3 几种串行接口标准比较

特性参数	RS232C	RS423	RS422	RS485
工作模式	单端发 单端收	单端发 双端收	双端发 双端收	双端发 双端收
传输线上允许的驱动器和接收器数目	1 个驱动器 1 个接收器	1 个驱动器 10 个接收器	1 个驱动器 10 个接收器	32 个驱动器 32 个接收器
最大电缆长度/m	15	1 200(1 KB/s)	1 200(90 KB/s)	1 200(100 KB/s)
最大速率	20 KB/s	100 KB/s(12 m)	10 MB/s(12 m)	10 MB/s(15 m)
驱动器输出/V (最大电压)	±25	±6	±6	−7～+12

续表 6-3

特性参数	RS232C	RS423	RS422	RS485
驱动器输出/V（信号电平）	±5(带负载) ±15(未带负载)	±3.6(带负载) ±6(未带负载)	±2(带负载) ±6(未带负载)	±1.5(带负载) ±5(未带负载)
驱动器负载阻抗	3～7 kΩ	450 Ω	100 Ω	54 Ω
驱动器电源开路电流（高阻抗态）	$V_{max} \times /300\ \Omega$（开路）	±100 μA（开路）	±100 μA（开路）	±100 μA（开路）
接收器输入电压范围/V	±15	±10	±12	−7～+12
接收器输入灵敏度	±3 V	±200 mV	±200 mV	±200 mV
接收器输入阻抗	2～7 kΩ	最少 4 kΩ	最少 4 kΩ	最少 12 kΩ

6.7.3　RS232C 电平与 TTL 电平转换驱动电路

标准总线接口 RS232C 与单片机 TTL 电路之间电平不匹配，因此，RS232C 不能和 TTL 电平直接相连，使用时必须加上适当的接口电路，否则将 TTL 电路烧毁。常用晶体管 MC1488、MC1489 或 MAX232/202 作 TTL 与 RS232 的电平转换。使用晶体管 MC1488、MC1489 进行 TTL 与 RS232 的电平转换时，需要 12 V 工作电源，给电路设计带来麻烦，所以目前常用 MAX232/MAX202 实现 TTL 与 RS232 的电平转换。

MAXIM（美信）公司生产的含有两路接收器和驱动器的单电源电平转换芯片，可以把输入的+5 V 电源电压转换为 RS232 输出电平所需的+10 V 或−10 V 电压。MAX232 引脚封装如图 6-25 所示，引脚说明如表 6-4 所列。

表 6-4　MAX232(202)引脚说明

引　脚	说　明
C+、C−	外围电容
T1IN	第一路 TTL/CMOS 驱动电平输入
T1OUT	第一路 RS232 电平输出
R1IN	第一路 RS232 电平输入
R1OUT	第一路 TTL/CMOS 驱动电平输出
T2IN	第二路 TTL/CMOS 驱动电平输入
T2OUT	第二路 RS232 电平输出
R1IN	第二路 RS232 电平输入
R1OUT	第二路 TTL/CMOS 驱动电平输出

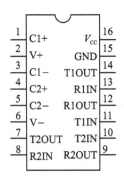

图 6-25　MAX232 封装图

6.8 单片机与单片机串行通信电路设计

1. 单片机与单片机(点对点)的通信电路设计

双机通信(点对点)利用单片机串行口实现两个单片机之间的串行异步通信;如果两个单片机相距很近(1.5 m),将它们的串行口直接相连,即实现双机通信;如果距离较远,可利用 RS232 转 RS429、RS423/422、RS485 标准总线接口进行通信(1 200 m)。单片机与单片机利用 RS232 实现串行通信的电路示意如图 6-26 所示。利用 RS429、RS423/422、RS485 标准总线接口进行通信的电路连接本书不涉及,读者可查阅相关文献。

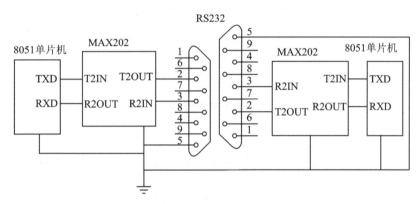

图 6-26 单片机与单片机串行通信电路

2. 双机双工通信编程

编程:利用两个单片机实验板实现双机串口通信,波特率 4 800 bit/s,要求接收方接收到数据 1,即通过 P1 口驱动一个 LED 发光;接收到数据 2,驱动二个 LED 发光;接收到数据 3,驱动 8 个 LED 发光;接收方能按接收到效果,亮灯示意。双机通信原理图及 P1 口与 LED 连接如图 6-27、图 6-28 所示。

编程分析:

两个单片机串口电路均如图 6-27 所示。只需用一根串口线即可将双机串口相连,实现双机通信,如图 6-26 所示。

首先进行通信的初始化工作,定时器 T1 作波特率使用,串口可设定工作在方式 1、2、3(本程序设定方式 3);通信工作可通过查询、中断决定是否发送、接收完成。

初始化定时器 TMOD=0X20,定时 1 作波特率发生器,方式 2 工作,晶振选用 12 MHz,波特率 4 800 bit/s。

发送方:串口 SCON=0XC0,方式 3 工作,不允许接收。

接收方:串口 SCON=0XD0,方式 3 工作,允许接收。

启动定时器工作 TR1=1。SBUF=0X01,开始发送,TI=1,发送结束,驱动灯

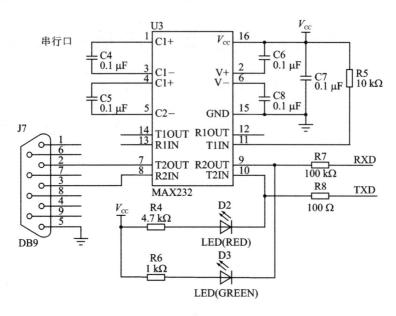

图 6-27 单片机串行通信原理图

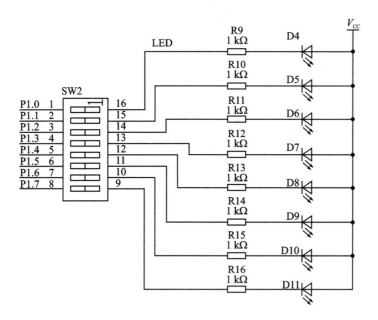

图 6-28 P1 口与 LED 连接

亮；再发送 SBUF=0X02，依次循环。

定时器 T1 方式 2 初值计算：波特率不倍增 SMOD=0；

波特率=(2^{SMOD}/32)×N

4 800s^{-1}=(2^0/32)×N

$N = 153600 \text{ s}^{-1}$

$N = (f_{\text{osc}}/12) \times [1/(2^k - Z)], (K=8)$

$153600 \text{s}^{-1} = (12 \times 10^6/12) \times [1/(2^8 - Z)]$

$Z = 249D = F9H$

若晶振选用 11.059 MHz,则 Z=250D=FAH,可直接查表 6-1,得到 Z=FAH。

将定时器初值 F9H 装入 8 位定时器中,启动定时器工作,即可产生 4 800 bit/s 的波特率。

串行通信工作查询发送、接收流程图如图 6-29、图 6-30 所示。

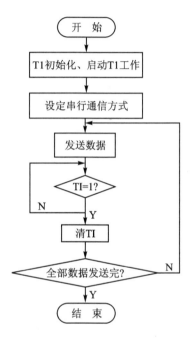

图 6-29　查询方式流程图

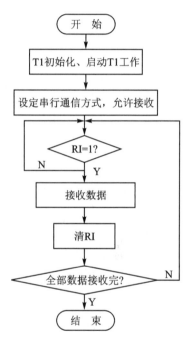

图 6-30　查询方式接收流程图

3. 双机单工程序设计

(1) 查询方式发送程序

初始化定时器 TMOD=0X20,定时 1 作波特率发生器,12 MHz,波特率 4 800、串口 SCON=0XC0,方式 3 工作,允许接收。启动定时器工作 TR1=1。

SBUF=0X01,开始发送,TI=1,发送结束,驱动灯亮;再发送 SBUF=0X02,依次循环。编程 comm_search_snd.c

/***/
/******利用单片机实现串口双机单工通信,要求发送方发送数据后,亮灯提示*****/
/*****接收方接收到数据后,按发送方的亮灯效果亮灯,串口不允许中断*****/
/***/

```c
#include <Reg51.h>
#define  uint         unsigned int
#define  uchar        unsigned char
#define  ulong        unsigned long
#define OSC_FREQ      12000000
#define __10ms        (65536 - OSC_FREQ/(12000000/9970))
uchar ucSBUF232;
//单片机串口初始化
void Serial_Init(void)
{
    TMOD = 0x20;            //定时器1方式2工作
    TH1 = 0xf9;             //定时1作波特率发生器,12MHz,波特率4 800 bit/s
    TL1 = 0xf9;
    PCON = 0x00;
    SCON = 0xc8;            //串口方式3,11 bit异步收发方式
    TR1 = 1;
}
void DelayX1ms(uint count)   //crystal = 12 MHz
{
    uint j;
    while(count --!=0)
    {
        for(j=0;j<72;j++);
    }
}
void main(void)
{
    Serial_Init();
    while(1)
    {
        SBUF = 0X01;         //启动发送
        while(!TI);
        TI = 0;
        P1 = 0xfe;           //发送结束,亮1灯
        DelayX1ms(2);
        SBUF = 0X02;
        while(!TI);
        TI = 0;
        P1 = 0xfc;           //发送结束,亮另一灯
        DelayX1ms(2);
        SBUF = 0X03;
        while(!TI);
```

```
        TI = 0;
        P1 = 0x00;              //发送结束,灯全亮
        DelayX1ms(2);
    }
}
```

(2) 查询方式接收程序

初始化定时器 TMOD=0X20,定时器 1 作波特率发生器,主频 12 MHz,波特率 4 800 bit/s、串口 SCON=0XD8,方式 3 工作,允许接收。启动定时器工作 TR1=1。RI=1,接收结束,驱动灯亮,依次循环。

编程 comm_ search _rcv.c

```
/***************************************************/
/*******利用单片机实现串口双机单工通信,要求接收方按要求亮灯*******/
/***************************************************/
#include <Reg51.h>
#define uint           unsigned int
#define uchar          unsigned char
#define ulong          unsigned long
#define OSC_FREQ           12000000
#define __10ms             (65536 - OSC_FREQ/(12000000/9970))
uchar ucSBUF232;
//单片机串口初始化
void Serial_Init(void)
{
    TMOD = 0x20;            //定时器1方式2工作
    TH1 = 0xf9;             //定时器1作波特率发生器,波特率4 800 bit/s
    TL1 = 0xf9;
    PCON = 0x00;
    SCON = 0xd8;            //方式3、11 bit 异步收发方式
    TR1 = 1;
}
void DelayX1ms(uint count)     //crystal = 12 MHz
{
    uint j;
    while(count -- ! = 0)
    {
        for(j = 0;j<72;j ++);
    }
}
void main(void)
{
```

```c
    uchar i = 0;
    Serial_Init();
    while(1)
    {
        while(! RI);
        RI = 0;
        i++;
        if( i == 1 )
        {
            P1 = 0xfe;
        }
        else if( i == 2 )
        {
            P1 = 0xfc;
        }
        else if( i == 3 )
        {
            P1 = 0x00;
            i = 0;
        }
    }
```

2. 双机双工通信程序设计

(1) 发送程序设计

初始化定时器 TMOD=0X20,定时 1 作波特率发生器,12 MHz,波特率 4 800 bit/s、串口 SCON=0XD8,方式 3 工作,允许接收。启动定时器工作 TR1=1。为了防止两机开始都发送接收数据相撞现象,发送方开始应先不允许接收,当成功发出一个数据后,响应中断,再允许接收。然后按接收到的数据驱动相应指示灯亮,依次循环。

编程 comm_int_snd.c

```c
/****************************************************/
/*****利用单片机实现串口双机双工通信,要求发送方发送数据后,亮灯提示*******/
/*****接收方接收到数据后,按发送方的亮灯效果亮灯,串口允许中断********/
/****************************************************/
#include <Reg51.h>
#define  uint       unsigned int
#define  uchar      unsigned char
#define  OSC_FREQ   12000000
#define  __10ms     (65536 - OSC_FREQ/(12000000/9970))
uchar ucSBUF232;
void Serial_Init(void)      //定时器初始化
{
    IE    = 0x00;
```

```c
    TMOD = 0x20;
    TH0 = __10ms/256;
    TL0 = __10ms%256;
    TH1 = 0xfa;                    //定时器1作波特率发生器,12 MHz,波特率9 600 bit/s
    TL1 = 0xfa;
    PCON = 0x00;
    SCON = 0xd8;                   //11 bit 异步收发方式
    RI  = 0;
    TI  = 0;
    TR0 = 0;
    TR1 = 1;
    ES  = 1;
    EA  = 1;                       //允许串口中断
}
void SerialInterrupt() interrupt 4    //串行中断处理
{
    if( RI )
    {
        RI = 0;
        ucSBUF232 = SBUF;
        if( ucSBUF232 == 0x01 )    //接收到 0X01
        {
            P1 = 0xfe;             //亮1灯
        }
        else if( ucSBUF232 == 0x02 )  //接收到 0X01
        {
            P1 = 0xfc;             //亮2灯
        }
        else if( ucSBUF232 == 0x03 )
        {
            P1 = 0x00;
        }
    }
    else if( TI )
    {
        TI = 0;
        REN = 1;                   //当一个数据发送成功后,即开始接收
        ucSBUF232 = 0xff;
    }
}
void Delay(void)                   //延时
{
```

```c
    uchar i,j,h;
    for(i = 0;i<2;i++)
    {
        for(j = 0;j<200;j++)
        {
            for(h = 0;h<250;h++);
        }
    }
}
void main(void)
{
    uchar i = 0;
    Serial_Init();
    REN = 0;
    RI = 0;
    while(1)
    {
        if( ucSBUF232 == 0x01 )
        {
            P1 = 0xfe;
            Delay();
            Delay();
            SBUF = 0x02;
        }
        else if( ucSBUF232 == 0x02 )
        {
            P1 = 0xfc;
            Delay();
            Delay();
            SBUF = 0x03;
        }
        else if( ucSBUF232 == 0x03 )
        {
            P1 = 0x00;
            Delay();
            Delay();
            SBUF = 0x01;
        }
        else
        {
            SBUF = 0x01;
            Delay();
```

```c
        Delay();
        Delay();
        P1 = 0X00;
        if(REN&&ucSBUF232 == 0xff)
            REN = 0;
    }
  }
}
```

(2) 接收程序设计

初始化定时器 TMOD=0X20,定时器 1 作波特率发生器,12 MHz 主频,波特率 4 800 bit/s,串口 SCON=0XD8,方式 3 工作,允许接收。启动定时器工作 TR1=1。为了防止两机开始都发送接收数据相撞现象,发送方开始应先不允许接收,当成功发出一个数据后,响应中断,再允许接收。然后按接收到的数据驱动相应指示灯亮,依次循环。

```c
/******************************************************/
/**********利用单片机实现串口双机通信,要求接收方按要求亮灯***/
/******************************************************/
#include <Reg51.h>
#define   uint        unsigned int
#define   uchar       unsigned char
#define   ulong       unsigned long
#define OSC_FREQ            12000000
#define __10ms              (65536 - OSC_FREQ/(12000000/9970))
uchar ucSBUF232;
///单片机初始化
void Serial_Init(void)
{
    IE = 0x00;
    TMOD = 0x21;
    TH0 = __10ms/256;
    TL0 = __10ms % 256;
    TH1 = 0xfa;              //定时器1作波特率发生器,12 MHz,波特率4 800 bit/s
    TL1 = 0xfa;
    PCON = 0x00;
    SCON = 0xd8;             //11 bit 异步收发方式
    RI = 0;
    TI = 0;
    TR0 = 0;
    TR1 = 1;
    ES  = 1;                 //允许串行中断
```

```c
        EA    = 1;                      //总中断开
}
//简单延时
void Delay(void)
{
    uchar i,j,h;
    for(i = 0;i<20;i++)
    {
        for(j = 0;j<200;j++)
        {
            for(h = 0;h<250;h++);
        }
    }
}


//串行中断处理
void SerialInterrupt() interrupt 4
{
    if( RI )                            //接收中断
    {
        RI = 0;
        REN = 0;
        ucSBUF232 = SBUF;
        if( ucSBUF232 == 0x01 )    //如果接收的数据是 0X01
        {
            P1 = 0xfe;              //亮 1 灯
            SBUF = 0x02;            //发送 0X02
        }
        else if( ucSBUF232 == 0x02 )
        {
            P1 = 0xfc;
            SBUF = 0x03;
        }
        else if( ucSBUF232 == 0x03 )
        {
            P1 = 0x00;
            SBUF = 0x01;
        }
    }
    else if( TI )                       //发送中断
    {
        TI = 0;
```

```
        REN = 1;                    //一个数据发送成功后,即启动接收
        ucSBUF232 = 0xff;
    }
}
void main(void)
{
    Serial_Init();                  //初始化
    REN = 1;                        //允许接收
    P1 = 0;
    while(1);
}
```

6.9 串行口多机通信原理及控制方法

串行口工作方式 1 只能用于点对点通信,而方式 2 和方式 3 具有多机通信功能。多机通信可以由一台主机同若干台从机组成分布式总线结构,利用 80C51 的 RXD 和 TXD 端口进行多机通信。一般的分布式多机系统连接方式如图 6-31 所示。

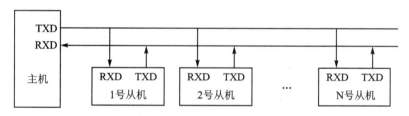

图 6-31 多机通信电路连接示意图

多机通信原理为:由主机控制发送地址帧和数据帧,利用 8051 单片机的 SCON 中的多机控制位 SM2 以及串行口方式 2 或方式 3 的第 9 位数据 TB8 来实现。当从机的 SM2=1 时,表示是多机通信,如果从机接收到的第 9 位数据 RB8=1,就将数据送入接收缓冲器 SBUF,并置位 RI=1,发出中断请求。若收到的 RB8=0,则丢弃数据。如果从机的 SM2=0,则无论接收到的第 9 位数据 RB8 是 0 还是 1,都将数据装入 SBUF,置位 RI=1 并发出中断请求。利用这一方式就可以实现多机通信。

多机通信协议:
➢ 所有从机的 SM2 位置 1,处于接收地址帧状态。
➢ 主机发送一地址帧,其中 8 位是地址,第 9 位为地址/数据的区分标志,该位置 1 表示该帧为地址帧。
➢ 所有从机收到地址帧后,都将接收的地址与本机的地址比较。对于地址相符的从机,使自己的 SM2 位置 0(以接收主机随后发来的数据帧),并把本站地

址发回主机作为应答;对于地址不符的从机,仍保持 SM2＝1,对主机随后发来的数据帧不予理睬。

➤ 从机发送数据结束后,要发送一帧校验和,并置第 9 位(TB8)为 1,作为从机数据传送结束的标志。

➤ 主机接收数据时先判断数据接收标志(RB8),若 RB8＝1,表示数据传送结束,并比较此帧校验和,若正确则回送正确信号 00H,此信号命令该从机复位(即重新等待地址帧);若校验和出错,则发送 0FFH,命令该从机重发数据。若接收帧的 RB8＝0,则存数据到缓冲区,并准备接收下帧信息。

➤ 主机收到从机应答地址后,确认地址是否相符,如果地址不符,发复位信号(数据帧中 TB8＝1);如果地址相符,则清 TB8,开始发送数据。

➤ 从机收到复位命令后回到监听地址状态(SM2＝1),否则开始接收数据和命令。

本章总结

(1) 8051 单片机有一个全双工异步通信串行接口,通过对串行接口编程可以方便地与单片机、PC 机实现双机、多机通信。

(2) 串行口有四种工作方式。方式 0 主要用于扩展并行输入输出端口。如外接 74LS164 或 74HC595 串并移位寄存器可将数据通过串并转换输出;方式 1、2、3 主要用于串行通信。方式 1 是 10 位异步串行通信接口;方式 2、3 是 11 位异步通信接口,方式 1、2、3 所用波特率不同。方式 2、3 用于多机通信时,第 9 位为数据地址标志位;用于双机通信时,第 9 位为奇偶效验位。

(3) 8051 单片机串行口的四种工作方式对应三种波特率:

方式 0,波特率为固定值,为单片机时钟频率的 $1/12$,即 $f_{OSC}/12$。

方式 2,有两种波特率,波特率＝$(2^{SMOD}/64)f_{OSC}$。

式中:SMOD 波特率倍增位,可选 0、1。

方式 1 和方式 3 波特率是可变的,波特率＝$(2^{SMOD}/32) \times (f_{OSC}/12) \times [(1/2^8)-Z]$

式中:Z 为定时器 T1 方式 2 工作时的初值。

(4) 单片机与单片机、单片机与 PC 机进行数据通信时必须遵循串行通信接口标准。串行通信接口有以下几种标准:RS232C、RS449、RS423/422 和 RS485。采用标准接口后,能够方便地把单片机和外部设备、测量仪器等有机地连接起来,构成一个测量、控制系统。

(5) 串行通信接口 RS232C 与 TTL 电路相连接要进行电平转换。标准总线接口 RS232C 与单片机 TTL 电路之间电平不匹配,因此,RS232C 不能和 TTL 电平直接相连,使用时必须加上适当的电平转换接口电路,否则将 TTL 电路烧毁。常用晶体管 MC1488、MC1489 或 MAX232/202 作 TTL 与 RS232 的电平转换。晶体管

MC1488、MC1489 作 TTL 与 RS232 的电平转换时，MC1488、MC1489 还需要一套 12 V 工作电源，给电路设计带来麻烦，所以目前常用 MAX232/ MAX202 实现 TTL 与 RS232 的电平转换。

思考与练习

（1）解释串行通信中的单工、半双工和全双工。
（2）MCS-51 单片机串行口有哪四种工作方式？如何选择和设定？
（3）为什么定时器 T1 用作串行口波特率发生器时常采用工作方式 2？若已知 T1 设置成方式 2，$f_{OSC}=11.059\,2$ MHz，求可能产生的最高、最低波特率各是多少？
（4）试通过编程实现双机通信，将发送的数据通过指示灯提示。

附　件

1. 参考程序 1：Disp_count_Serial. c

```c
/******************************************************************/
// 文件名 Disp_count_Serial.c
// 根据教材图 6-22 串入/并出 LED 显示电路设计，通过 8051 串口工作方式 0，控制 2 位数码管显示 00～99
// 启用定时器实现秒计时，定时器工作采用查询方式
/******************************************************************/
#include <reg51.h>
#define uchar unsigned char
#define uint unsigned int
uint code Disp_num[] = {0xFC,0x60,0xDA,0xF2,0x66,0xB6,0xBE,0xE0,0xFE,0xF6};//0～9
#define OSC_FREQ            12000000            //12 MHz
#define C1ms                (65536 - OSC_FREQ/(12000000/980))//定时 1ms
sbit SLCK = P2^4;                    //74HC595 存储器时钟
void Timer0_1ms(uint _1ms);
void main()
{
    uchar num,H,L;
    SCON = 0x00;                    //串口方式 0 工作
    for( ; ; )
    {
        for(num = 0;num<100;num ++ )
        {
            H = num/10;
```

```c
        L = num % 10;
        SLCK = 0;
        SBUF = Disp_num[H];
        while(! TI);
        TI = 0;
        SLCK = 1;
        SLCK = 0;
        SBUF = Disp_num[L];
        while(! TI);
        TI = 0;
        SLCK = 1;
        Timer0_1ms(1000);
        }
    }
}
/********************************************************/
// 函数名:   void Timer0_1ms(uint count)
// 功能:     利用定时器精确延时 1ms
// 输入参数:count,1ms 计数
// 输出参数:
// 说明:总共延时时间为 1ms 乘以 count
/********************************************************/
void Timer0_1ms(uint _1ms)
{
    TMOD = 0x01;
    TR0 = 1;
    while (_1ms -- )
    {
        TH0 = C1ms/256;
        TL0 = C1ms%256;
        while (! TF0);
        TF0 = 0;
    }
    TR0 = 0;
}
```

2. 参考程序 2:Serial _count. c

```c
/********************************************************/
//功能:根据实验板电路设计,通过 8051 串口工作方式 0,控制 2 位数码管显示 00～99
//注意:在实验板上将 RXD 与 SDA 短接,TXD 与 SCLK 短接
//文件名: Serial _count. c
```

```c
//定版时间:2013/06/03
/******************************************************/
#include<reg51.h>
#define uchar unsigned char
#define uint unsigned int
sbit SLCK = P2^4;                          //定义 SLCK
uchar disp[] = {0xfc,0x0c,0xda,0xf2,0x66,0xb6,0xbe,0xe0,0xfe,0xf6};//0~9
void show(uchar num);
void Timer_50ms(uint n);
void main()
{
    uchar i;
    for(;;){
        for(i=0;i<100;i++)
        {
            show(disp[i/10]);
            show(disp[i%10]);
            Timer_50ms(20);
        }
    }
}
// 数码管显示内容
void show(uchar num)
{
    SCON = 0x00;                    //设置串口工作方式
    SBUF = num;                     //向串行口数据缓冲寄存器放数据
    while(!TI);                     //等待发送中断
    TI = 0;                         //清除发送中断标志
    SLCK = 0;                       //产生并行输出脉冲
    SLCK = 1;
}
// 定时器定时(n*0.05 s)
void Timer_50ms(uint n)
{
    TMOD = 0X01;
      do {
        TL0 = (65536 - 46080)%256;   //定时 50 ms
        TH0 = (65536 - 46080)/256;
            TR0 = 1;                 //启动 Timer
        while(!TF0);                 //等待 50 ms 时间到
        TR0 = 0;                     //关闭 Timer
        TF0 = 0;                     //清除溢出标志
    } while (--n != 0);              //循环 n 次
}
```

第 7 章 单片机系统扩展技术

单片机具有集成度高、结构紧凑、资源全、指令系统功能强等特点。在简单场合几乎不需增加其他硬件资源，即可构成最小应用系统。但在较复杂的应用系统中，其最小应用系统往往不能满足要求，必须在单片机外部扩展相应的资源。常用的资源扩展有程序存储器、数据存储器、I/O 接口、中断资源扩展。

1. 教学目标

最终目标：会设计单片机外围资源扩展电路；能编程控制外围扩展设备。

促成目标：

(1) 单片机基本 I/O、程序存储器、数据存储器扩展；

(2) 人机接口——独立式、矩阵式按键电路设计及编程控制。

2. 工作任务

(1) 认识单片机最小资源及单片机应用系统构成。

(2) 学会常用 I/O 接口、RAM、ROM 扩展技术设计。

(3) 学会人机接口——键盘设计：

① 独立式按键电路设计及编程控制。

② 矩阵式按键电路设计及编程控制。

(4) 学会将各个子项目集成。

(5) 学会单片机简单系统软硬件设计。

7.1 MCS-51 单片机系统扩展

单片机应用系统中，通常根据需求配置相关的外围设备，以实现对工业现场的信息检测、人对系统的干预、原始数据的输入、及时报告系统运行状态和运行结果等。MCS-51 单片机有很强的外部扩展能力，外围扩展电路芯片大多是常规芯片，扩展电路及扩展方法较典型、规范。用户很容易通过标准扩展电路构成较大规模的应用系统。

目前，单片机系统扩展有并行和串行两种。并行扩展是利用单片机的三总线(AB 地址总线、DB 数据总线、CB 控制总线)进行扩展；串行扩展是利用 SPI 三总线和 I^2C 双总线的串行系统扩展。利用并行接口扩展一片 1K E^2PROM 至少需要 21 根信号线(8 根数据线＋2 根控制线＋10 根地址线＋片选线)，而扩展一片 1KB 的 E^2PROM 串行接口存储器 93C46 仅需要 4 根信号线，明显减少了电路板空间和成本，极大地简化了连接，提高了系统可靠性。但串行接口器件速度较慢，在高速应用的场合，还是并行扩展法占主导地位，所以，在进行应用系统设计时，应对单片机系统的扩展能力、应用特点了解清楚，才能顺利完成系统设计。

7.2 单片机的外部资源并行扩展

MCS-51单片机并行扩展是利用AB、DB、CB三总线进行扩展。参看1.4.2节8051单片机的总线结构。

7.2.1 存储器的空间地址分配

根据 MCS-51 单片机地址总线宽度，片外可扩展的存储器的最大容量为 64KB，其地址范围为 0000H～FFFFH。由于 CPU 对片外数据存储器读写 $\overline{WR}/\overline{RD}$ 操作与片外程序存储器读 $\overline{RD}$ 操作使用的指令和控制信号不同，允许两者地址重复。数据存储器片内、片外地址空间是独立编址的，程序存储器片内、片外地址空间是统一编址的，所以 MCS-51 单片机，可扩展的程序存储器最大地址空间为 60 KB，数据存储器最大容量均为 64 KB。

片内、片外数据存储器采用的操作指令不同（汇编语言用 MOV 访问片内数据存储器，MOVX 访问片外数据存储器，C 语言用绝对地址空间功能），所以，允许片内、片外数据存储器前 256 字节地址重复，即片外扩展的 RAM 地址从 0000H 开始。片内、片外程序存储器采用的操作指令相同，对片内、片外程序存储器的选择依靠硬件实现。当 $\overline{EA}=0$ 时，不论片内有无程序存储器，片外程序存储器的地址从 0000H 开始的。但当 $\overline{EA}=1$ 时，则前 4 KB（51 单片机）/8 KB（52 单片机）的地址（0000H～0FFFH 或 0000H～1FFFH）为片内所有，片外要从 1000H 或 2000H 开始设置（自动设置）。所以，作硬件电路设计时，若内部有 ROM，则应将 $\overline{EA}$ 接高电平。

实际应用中，单片机要扩展程序存储器、数据存储器、I/O 接口等，为了把各自的地址空间分配给各个芯片，避免地址和数据冲突，就需要对地址空间进行分配。

单片机要承担选择外部芯片、芯片中的地址单元任务，以实现准确操作。单片机对片外扩展的多片存储器及各存储单元的选择，包括选择芯片及选择芯片内的存储单元。常用扩展外围 IC 的方法有线选法和译码法。

(1) 线选法

线选法是将单片机的低位地址线直接接到所有存储器芯片的地址输入端，以实现片内寻址，而将剩余的高位地址作为存储器的片选信号，如图 7-1 所示。

(2) 译码法

译码法是将单片机的低位地址线（其地址线的根数由芯片的存储单元 2^n 来决定）直接接到所有存储器芯片的地址输入端，以实现片内寻址；将剩余的高位地址线接到译码器的输入端，经译码输出后控制各个芯片的片选以实现对各芯片的操作。常用译码器有 74LS138（3 路输入、8 路输出）、74LS139（两组 2 路输入、4 路输出）等。这里仅对译码器 74LS138 作一介绍。

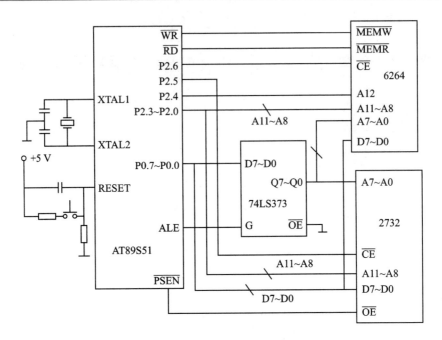

图 7-1 2732 与 6264 的扩展电路

74LS138 俗称"三—八译码",有 3 个选择输入端,组成 8 种输入状态,输出也有 8 种状态。每个输出端分别对应 8 种输入状态的一种,低电平有效,即对应每种输入状态,仅允许一端输出低电平,其余全为高电平。74LS138 还具有 3 个使能端 E3、$\overline{E2}$、$\overline{E1}$。3 个使能端必须同时输入有效电平,译码器才能工作,仅当 E3、$\overline{E2}$、$\overline{E1}$ 的输入电平为 1、0、0 时,才选通译码,否则译码器输出无效。74LS138 逻辑功能真值表如表 7-1 所列。

表 7-1 74LS138 真值表

输入						输出							
使能			选择			Y0	Y1	Y2	Y3	Y4	Y5	Y6	Y7
E3	$\overline{E2}$	$\overline{E1}$	C	B	A								
1	0	0	0	0	0	0	1	1	1	1	1	1	1
1	0	0	0	0	1	1	0	1	1	1	1	1	1
1	0	0	0	1	0	1	1	0	1	1	1	1	1
1	0	0	0	1	1	1	1	1	0	1	1	1	1
1	0	0	1	0	0	1	1	1	1	0	1	1	1
1	0	0	1	0	1	1	1	1	1	1	0	1	1
1	0	0	1	1	0	1	1	1	1	1	1	0	1
1	0	0	1	1	1	1	1	1	1	1	1	1	0
0	×	×	×	×	×	1	1	1	1	1	1	1	1
×	1	×	×	×	×	1	1	1	1	1	1	1	1
×	×	1	×	×	×	1	1	1	1	1	1	1	1

注:表内"×"为任意值。

线选法与译码法比较,若扩展芯片后地址线还有剩余,且足够接扩展芯片的片选端,就可以直接使用线选法,反之,则选用译码法。

7.2.2 单片机与片外程序存储器/数据存储器的信号连接

(1) 地址线的连接

MCS-51 单片机 P0 口兼用数据线和低 8 位地址线。为了将数据线和低 8 位地址线分离出来,为片外存储器提供低 8 位地址信息,需要在单片机 P0 口输出端增加地址锁存器,并由 CPU 发出的地址锁存允许信号 ALE 的上升沿将地址信息送入锁存器,并锁存至下一次 ALE 信号到来。单片机的 P2 口用作地址高 8 位及片选线,且 P2 口输出具有锁存功能,所以不必外加地址锁存器。目前所用的地址锁存器芯片有 74LS373、74LS573 等。片外程序存储器/数据存储器从地址锁存器输出端获取地址低 8 位,从 P2 口获取地址高 8 位,地址线连接如图 7-2 所示。

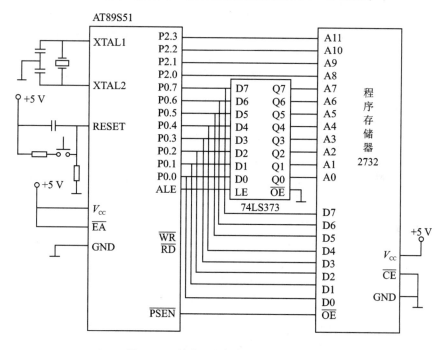

图 7-2 单片机与外围 EPROM 接口

(2) 数据线的连接

系统中所有数据线(D7~D0)直接挂到数据总线 P0 口(P0.7~P0.0),如图 7-3 所示。

(3) 控制线的连接

单片机与存储器的连接包括单片机的专用控制线 ALE、$\overline{EA}$、$\overline{PSEN}$ 及 $\overline{WR}/\overline{RD}$ 信号的连接。

① ALE 地址锁存允许,与地址锁存器的锁存允许端相连。

② $\overline{EA}$(片内/片外程序存储器选择信号),选用内部无 ROM 的单片机时,$\overline{EA}$应接地;选用内部有 ROM 单片机时,$\overline{EA}$应接高电平。如 8051 单片机,内部有 4ROM,$\overline{EA}$接高电平。

③ $\overline{PSEN}$(片外程序存储器取指信号)与片外程序存储器的允许输出信号 $\overline{OE}$相连,使 CPU 在 $\overline{PSEN}$有效期间读取外部程序存储器代码。

④ $\overline{WR}/\overline{RD}$(写/读信号)与片外数据存储器及其他扩展芯片的写/读信号相连(写信号不能连接到片程序存储器的写),实现对外围扩展芯片的读、写操作。

7.2.3 外部存储器扩展

外部可扩展的存储器包括程序存储器、数据存储器。

1. 外部程序存储器 EPROM 的扩展

图 7-2 扩展了一片 EPROM 程序存储器 2732。EPROM(Erasable Programmable Read-Only Memory)是可擦除只读存储器,烧写进去的代码不能在线改写,要更改清除储存在其中的内容,必须用紫外线照射方式消除。程序存储器 2 732(4 KB×8 位)即 8 位数据线,4 KB 存储容量。

根据要扩展的程序存储器容量计算出地址线:

$4×1024=2^X$ X=12 根

用 12 根地址线可扩展 4 KB 容量的程序存储器。选用地址低 8 位 A7~A0、P2.3~P2.0 共 12 根地址线作程序存储器 A11~A0 地址线,直接接到要扩展的芯片地址输入端,实现片内寻址;由于只扩展一片外围芯片,所以要扩展的程序存储器片选端可以直接接地。

2. 外部数据存储器扩展

(1) 静态数据存储器的扩展

如果单片机构成的应用系统需要存储的数据存储空间不大,且数据掉电不用保护,一般使用静态 RAM,如 6264(8 KB×8)。

与程序存储器扩展类似。首先根据要扩展数据存储器空间计算出需要多少根地址线,然后进行相应信号的连接。如在已扩展了程序存储器 2732 基础上,再扩展一片数据存储器 6264(8 KB×8 位)。地址总线:$8×1 024=2X,X=13$ 根。

2732 用了 12 根地址线(A11~A0),6264 用了 13 根地址线(A12~A0),地址线高位还剩余三根(P2.7、P2.6、P2.5),所以可用线选法完成扩展设计。A7~A0、P2.4~P2.0 共 13 根地址线作数据存储器 A13~A0 地址线,直接接到要扩展的芯片地址输入端,实现片内寻址;剩余的 P2.7~P2.5 中的两根 P2.5、P2.6 作为 2732 与 6264 的片选,单片机的读/写 $\overline{WR}/\overline{RD}$信号连接到数据存储区 $\overline{MEMW}/\overline{MEMR}$端,电路设计如图 7-1 所示。

编程设计 P2.6=0,即对数据存储器 6264 进行读写操作。数据存储器 6264 空间地址为 1011111111111111～1010000000000000（BFFFH～A000H）。

如将数据 10H 送入外部数据存储器 6264 A00H 地址中，则汇编语言为

```
MOV     DPTR,#0A000H
MOV     A,#10H
MOVX    @DPTR,A
C语言：XBYTE[A000] = 0X10;
```

（2）E²PROM 扩展

E²PROM（Electrically Erasable Programmable Read – Only Memory）即电子擦除式可编程只读存储器，兼有 RAM、ROM 的特点。它的主要优点是能在应用系统中进行在线改写，是一种非挥发性存储器，电源消失后，储存的数据依然存在，要消除储存在其中的内容，不是用紫外线照射方式，而是用电信号通过应用程序擦除。

由于 E²PROM 具有以上特点，该器件可广泛应用于对数据存储安全性及可靠性要求高的应用场合，如门禁考勤系统、测量和医疗仪表、非接触式智能卡、税控收款机、预付费电度表或复费率电度表、水表、煤气表以及家电遥控器等应用场合。E²PROM 有固定的使用寿命，100 万次为常见主流产品。图 7 - 3 是利用译码法扩展 E²PROM（2864A/8KB×8 位）、RAM（6264/8 KB×8 位）、EPROM（2764/8KB×8 位）3 片 IC。选用 74HC138 译码器做片选控制。13 根地址线 A7～A0、P2.4～P2.0

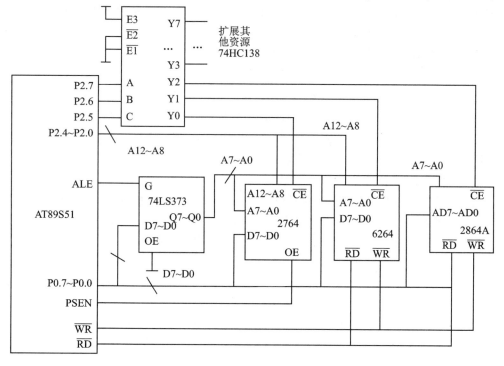

图 7 - 3　译码片选法扩展多片 IC

作 A12～A0 直接接到要扩展的芯片地址输入端,实现片内寻址。高位 P2.7～P2.5 做译码器输入端。译码输出信号实现对各芯片的选择。硬件电路结合真值表(见表 7-1),可分析译码法扩展三片 IC 的片选地址分别为:

2764 程序存储器地址范围:0001111111111111～0000000000000000(1FFFH～0000H)。

6264 数据存储器地址范围:1001111111111111～1000000000000000(9FFFH～8000H)。

2864E^{2}PROM 地址范围:0101111111111111～0100000000000000(5FFFH～4000H)。

(3) Flash 存储器扩展电路

Flash 存储器是一种电擦除与再编程的快速存储器,又称为闪速存储器。它可以分为两大类:并行 Flash 和串行 Flash。串行产品能节约空间和成本,但存储量小;又由于是串行通信,所以速度较慢,开发编程较复杂。并行产品具有存储量大,速度快,使用方便等特点。Atmel 公司的 AT29C010 是新一代大容量快闪存储器,+5 V 电源,支持分页编程。该芯片还具有软硬件数据保护、数据查询和自举模块等功能。

快闪存储器作为可擦写非易失性存储器件,正日益广泛地用作手持 PC 机、便携蜂窝移动电话、无绳电话、家用传真机、打印机、路由器、网络设备、汽车导航系统以及数字电视机顶盒等设备的程序和数据存储器件。Flash 存储器扩展电路可查阅有关资料。

3. I/O 端口扩展

MCS-51 可提供给用户使用的 I/O 接口只有 P1,8 个口。因此 MCS-51 应用系统设计中都不可避免地要进行 I/O 接口扩展。在选择 I/O 接口电路时,应从体积、价格、功能、负载等方面考虑。标准的可编程接口芯片 8255、8155 接口芯片简单,使用方便,对总线负载小,可优先选用。但对扩充口线要求较少的系统,则可用 TTL 或 CMOS 电路,以提高口线的利用率。

(1) 简单 I/O 接口扩展

采用 TTL 电路或 CMOS 电路锁存器、三态门作为 I/O 扩展芯片,是单片机中用的最多扩展电路。一般应本着输入用三态、输出用锁存的原则选择简单接口芯片。可以作为 I/O 扩展使用的芯片有 74LS373、74LS377、74LS244、74LS245、74LS273 等。图 7-4 是一个简单地 I/O 接口扩展电路。图中输入采用单向三态缓冲器 74LS244、输出采用 8D 锁存器 74LS273。P0 口作为双向数据线,即能从 74LS244 输入数据,又能将数据通过 74LS273 输出。

74LS273 是一种带清除功能的 8D 触发器,常用作 8 位地址锁存器。D7～D0 为数据输入端,Q7～Q0 为数据输出端,正脉冲触发(锁存控制端 CLK),低电平清除(CLR 复位端)。当 CLR 是低电平时,Q7～Q0 输出 0,即全部复位;当 CLR 高电平时,锁存控制端 CLK 有一个上升沿时,立即锁存输入脚 D7～D0 的电平状态,并且呈

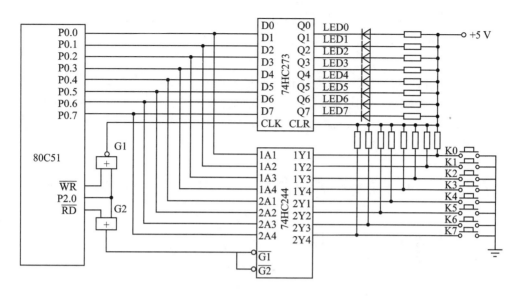

图 7-4 简单地 I/O 接口扩展电路

现在输出脚 Q7～Q0 端口。

74LS244 为单向三态数据缓冲器,是 8 路 3 态单向缓冲驱动,也称为总线驱动门电路或线驱动。分成两组,即 1A4～1A1 输入端,1Y4～1Y1 输出端;2A4～2A1 输入端,2Y4～2Y1 输出端。分别由控制端 $\overline{G1}$ 和 $\overline{G2}$ 控制(三态允许端),低电平有效。可以构成 8 个输入端,8 个输出端,且可以增加信号的驱动能力。

74LS273 的锁存控制信号(CLK)由 P2.0 和 $\overline{WR}$ 合成。当两者同时为 0 电平时,或门取反输出为 1,将 P0 口的数据锁存到 74LS273,其输出控制发光二极管 LED。当某线输出为 0 电平时,该线上的 LED 发光。

74LS244 的三态允许端由 P2.0 和 $\overline{RD}$ 合成,当两者同时为 0 电平时,或门输出为 0,74LS244 驱动门打开,将外部信息输入到数据总线。当与 74LS244 相连的开关键没有按下时,数据总线上的 8 位数据全为 1;若按下某键,则开关所在的行线输入信号为 0 电平。

扩展 I/O 口和扩展外部 RAM 一样,用线选法可以将地址空间分开。因此访问外部 I/O 口就像访问外部 RAM 一样,用的是 MOVX 指令。对于图 7-4,如果实现的功能是按下任一键,对应的 LED 发光。编程如下:

```
MAIN:   MOV    DPTR,#0FEFFH    ;P2.0=0,数据指针指向扩展 I/O 口地址
        MOVX   A,@DPTR         ;从 74LS244 读入数据(RD=0),检测按键
        MOVX   @DPTR,A         ;向 74LS273 写入数据(WR=0),驱动 LED
        SJMP   MAIN
```

(2) 利用串行口扩展并行 I/O 接口

MCS-51 单片机的串行口有四种工作方式。当串行口工作在方式 0 时,外接一

个串入/并出或并入/串出移位寄存器就可以扩展并行输出口。串行口扩展参看6.6节8051单片机串行口移位寄存器工作方式应用。

(3) 可编程I/O接口扩展

在单片机接口电路中,常需要外接一些通过编程完成各种功能的接口芯片,这些芯片使用前要通过编程设定其工作方式才能进行操作。目前市场上有很多可编程接口芯片,如可编程并行接口8255、8155;可编程定时/计数器8253;可编程串行接口8250、键盘/显示接口8279等。

7.3 可编程并行接口8255接口设计

7.3.1 并行接口8255概述

8255是Intel公司生产的可编程并行I/O接口芯片,有3个8位并行I/O口,3个通道,3种工作方式,共有40个引脚。各端口功能需要编程控制。

8255可编程接口芯片组成:8255内部结构图7-5所示。8255包括三个并行数据I/O端口,两个工作方式控制电路,一个读写控制逻辑电路和一个8位数据总线缓冲器。各部分功能如下:

(1) 并行I/O端口

8255有三个8位并行I/O端口A、B、C。可通过软件编程设计为输入或输出端口。

A口:具有一个8位数据输入锁存器和一个8位数据输出锁存/缓冲器。A口编程为输入或输出时,数据均受到锁存。

B口:具有一个8位数据输入缓冲器和一个8位数据输出锁存/缓冲器。B口编程为输入时,数据不会受到锁存;编程为输出时,数据受到锁存。

C口:与B口一样,具有一个8位数据输入缓冲器和一个8位数据输出锁存/缓冲器,分成两个4位输入、输出口。编程为输入时,数据不会受到锁存;编程为输出时,数据受到锁存。

使用中,端口A、B通常作为独立的输入或输出端口。端口C则配合端口A、B工作,作A口、B口选通工作方式时的状态控制信号。

(2) 两组工作方式控制电路

A、B两组控制电路把三个端口分成两组,并根据CPU的命令字来控制8255的工作方式。

A组:A口的各位与C口的高四位组成。A口设定为输入/输出,C口高四位作A口的输入/输出控制,如基本输入输出控制、选通输入输出控制、双向输入输出控制。

B组:B口的各位与C口的低四位组成一组,B口设为输入/输出,C口低四位作B口的输入输出控制。

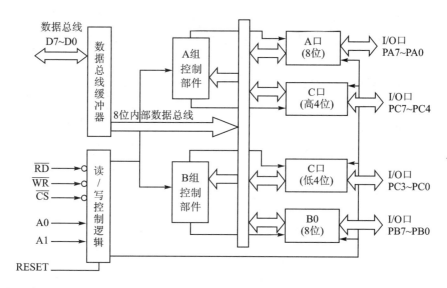

图 7-5　8255 内部结构

A、B 两组控制电路各有一个控制寄存器,由写入的控制字来决定 A、B、C 端口的工作方式。两个控制寄存器一并构成控制端口,占用一个端口地址。

(3) 读/写控制逻辑电路

负责接收 $\overline{RD}$、$\overline{WR}$、地址信号 A0、A1 和 RESET 复位信号,以控制各个端口的工作状态。

(4) 数据总线缓冲器

为三态缓冲器,和系统的数据总线直接相接,实现 CPU 与 8255 之间的信息传送。

7.3.2　8255 引脚介绍

8255 为双列直插 40 引脚芯片,如图 7-6 所示。

1) D7~D0 三态双向数据线,与 8051 单片机数据总线直接连接,用来传送数据信息。

2) PA7~PA0、PB7~PB0、PC7~PC0,A 口、B 口、C 口的输入/输出口。

3) $\overline{CS}$ 片选信号,低电平有效,该引脚为低电平时选中 8255 芯片,允许 8255 与 CPU 进行通信。$\overline{CS}=1$ 时,8255 无法与 CPU 做数据传输。

4) $\overline{RD}$ 读信号,低电平有效。当 $\overline{RD}$ 产生一个低跳变且 $\overline{CS}=0$ 时,允许 8255 通过三态双向数据总线向 CPU 发送数据或状态信息,即 CPU 从 8255 读取信息或数据,控制 8255 数据的读出。

5) $\overline{WR}$ 写信号,低电平有效。当该输入引脚为低跳变沿时,即 $\overline{WR}$ 产生一个低脉冲且 $\overline{CS}=0$ 时,允许 CPU 将数据或控制字写入 8255。

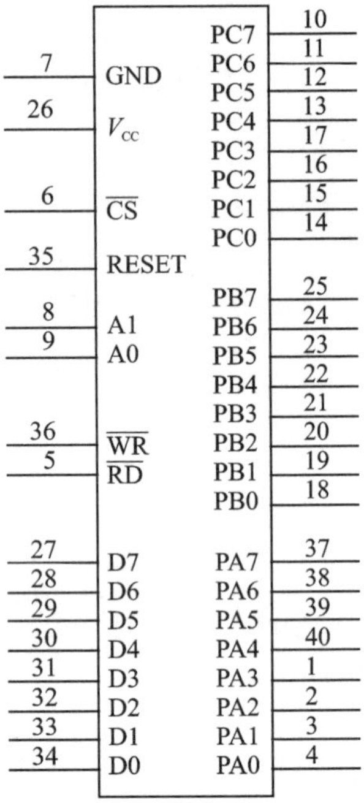

6) A1、A0 端口选择信号。8255 内部有 3 个数据端口和一个控制端口,其端口选择如表 7-2 所列。

7) RESET 复位信号线,高电平有效。高电平时,控制寄存器的内容被清零,A 口、B 口、C 口三个端口被置成输入方式。

8) V_{CC}:+5 V 电源,GND 接地。

表 7-2　8255 端口选择

A1	A0	选中端口
0	0	端口 A
0	1	端口 B
1	0	端口 C
1	1	控制端口

7.3.3　8255 工作方式及控制字

8255 有三种工作方式,由写入的工作方式及控制字设定其工作。

图 7-6　8255 引脚图

1) 方式 0:A 口、B 口、C 口均工作在基本输入输出,输入三态、输出锁存。

此工作方式只要设定 A、B、C 任意一端口,就可以直接对其进行读写操作,各端口可以作为无条件输入输出端口或查询式输入输出端口。查询方式输入输出端口工作时,A 口、B 口作为基本输入输出端口,C 口作查询方式的状态选通信号。

2) 方式 1:选通输入输出,A、B、C 三个口分成两组。A 口与 C 口的高四位组成 A 组,A 口可编程设定为输入输出,C 口高四位作 A 口的输入输出控制;B 口与 C 口的低四位组成 B 组,B 口可编程设定为输入输出,C 低四位作 B 口的输入输出控制。

选通输入输出方式主要用于中断应答式数据传送和连续查询式数据传送,具体使用时要根据 8255 与外围设备的硬件连接情况编程控制。

3) 方式 2:双向输入输出,只有 A 口可用发送数据、接收数据,PC7~PC3 作为 A 口的联络信号。其余 B 口和 C 口剩下的三位仍可选为输入输出位。

4) 工作方式控制字

8255 在工作前必须设定工作方式,工作方式通过对 8255 的控制寄存器写入控制字来决定,控制字有两种。

A) 工作方式控制字:控制 A 口、B 口与 C 口的工作方式,其定义如图 7-7 所示。其中 D7 是特征位,D7=1 表示本字是控制字;D6~D3 用来定义 A 组的工作方式;D2~D0 用来定义 B 组的工作方式。

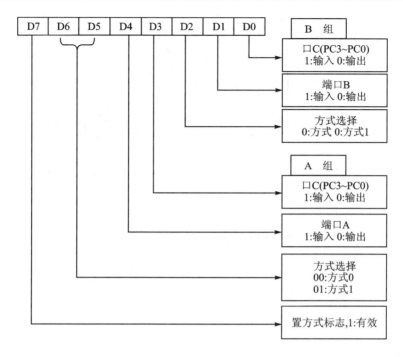

图 7-7　8255 控制寄存器各位定义

B) C 口的置位/复位控制字:可以对 C 口的各位进行按位操作,以实现相应的控制功能。对控制寄存器写入一个置位/复位控制字,即可把 C 口的某一位置"1"或清"0",而不影响其他的位状态。该控制字的格式和定义如图 7-8 所示。其中 D7 是特征位,D7=0 表示本字可以进行位操作;D6～D4 未用,一般置成 000;D3～D1 用来

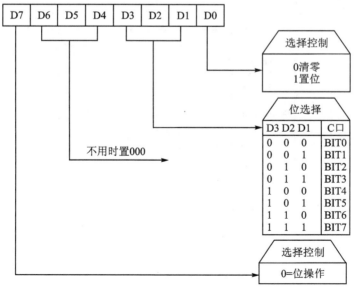

图 7-8　8255C 口置位/复位控制字

确定对 C 口的那一位进行置位/复位操作;D0 用于对 D3～D1 确定的位进行置"1"或清"0"。

两种控制字写入控制口的方式相同,由于两种控制字都有特征位,因此写入的顺序可以任意。工作中,可以随时根据需要对 C 口的某位置"1"或清"0"。

7.4 单片机键盘接口设计

键盘是计算机中使用最普遍的输入设备,是重要的人-机接口,操作人员通过键盘向计算机输入命令和数据。键盘通常由按键、导电塑胶、编码器以及接口电路等组成。常见的计算机用键盘接口有三种:老式 AT 接口、PS/2 接口以及 USB 接口。

7.4.1 单片机键盘工作原理介绍

键盘是单片机系统中最常用的输入设备,用户能通过键盘向计算机输入指令、地址和数据。一般单片机系统中采用非编码键盘,通常有独立式非编码键盘和行列式非编码键盘。非编码键盘由软件来识别键盘上的闭合键,它具有经济实用,使用灵活等特点,因此被广泛应用于单片机系统。

1. 独立式按键

独立式键盘是指将每个按键按一对一的方式直接连接到 I/O 输入线上所构成的键盘。独立式键盘接口使用多少根 I/O 线,键盘中就有几个按键。图 7-9 所示键盘电路中使用了 P1.7～P1.08 根 I/O 口线,该键盘就有 8 个按键。独立式键盘的按键比较少,且键盘中各个按键的工作互不干扰。因此,用户可以根据实际需要对键盘中的按键灵活地编码。

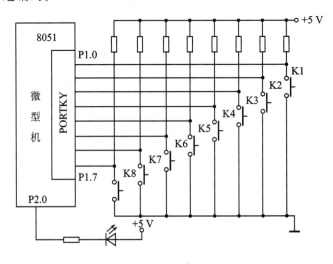

图 7-9 独立式按键电路

独立式按键最简单的编码方式就是根据 I/O 输入口所直接反映的相应接键按下的状态进行编码,称按键直接状态码。假如图 7-9 中的 K1 键被按下,则 P1.0 口的输入状态是 11111110,K1 键的直接状态编码就是 FEH,CPU 通过直接读取 I/O 口的状态来获取按键的直接状态编码值,根据这个值直接进行按键识别。图 7-9 独立式按键编程见 7.4.5 节。

独立式按键接口设计的优点是电路配置灵活,软件实现简单。但缺点也很明显,每个按键需要占用一根口线,若按键数量较多,资源浪费将比较严重。

实际应用中,往往使用独立式键盘,通过单键加1完成参数的设定工作。

2. 矩阵式按键

单片机按键应用中,当键盘按键数量较多时,为了减少端口的占用通常将按键排列成矩阵形式,如图 7-10 所示。图 7-10 是由 P1 口构成的 4×4 矩阵式键盘 K1～K16。在矩阵式键盘中每条水平线和垂直线在交叉处不直接连通而是通过一个按键加以连接。与图 7-9 相比,按键多出了一倍,而且线数越多区别就越明显,假如再多加一条线就可以构成 20 个按键的键盘,但是独立式按键接法只能多出 1 个按键。由此可见,在需要的按键数量比较多时,采用矩阵法来连接键盘是非常合理的,矩阵式结构的键盘显然比独立式键盘复杂一些,单片机对其进行识别也要复杂一些。

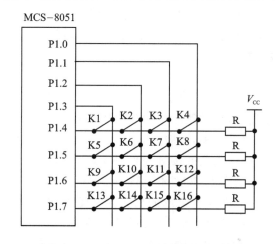

图 7-10　4×4 行列式键盘的原理图

确定矩阵式键盘上任何一个键被按下通常采用逐行扫描法。逐行扫描法又称为逐行查询法,它是一种最常用的多按键识别方法。因此,我们就以逐行扫描法为例介绍矩阵式键盘的工作原理。

3. 矩阵式键盘的工作原理

1) 判断键盘中有无键按下。首先将矩阵式键盘其中一行线(见图 7-10,P1.4～P1.7 中一行)置低电平,然后检测列线的状态(检测 P1.0～P1.3,位状态,由于线与关系,只要与低电平行线接通,列线即跳变成低电平),只要有一列的电平为低,则表示键盘中有键被按下;若所有列线均为高电平则表示键盘中无键按下。依次类推,将其他3行逐行置低电平,判断列的状态,即可判断是否有键按下。

2)判断闭合键所在的位置。在确认有键按下后,再确定具体是哪一个键闭合。其方法是:依次将行线置为低电平(如 P1.4＝0),逐行检测各列线的电平状态;若某列为低(如 P1.2＝0),则该列线与置为低电平的行线交叉处的按键就是闭合的按键(K2 键被按下)。矩阵式键盘应用见 7.4.6 节。

7.4.2 键盘的工作方式及按键处理

1. 键盘的工作方式

键盘的工作方式一般有程序扫描方式和中断扫描方式。程序扫描方式就是CPU 每隔一段时间,调用键盘扫描子程序,查看是否有键按下,若有,则读取键值,转去执行键功能子程序。显然,这种方式要做到无遗漏地读取键盘值,每次调用键盘扫描程序的时间不能太长,如果 CPU 要处理的事情过多,就需在处理当中多次调用该子程序。

程序扫描方式要求 CPU 要定时扫描键盘,才能及时响应键入的命令或数据。在应用系统中,不经常有键输入,因此,CPU 经常处于空扫描状态。为了提高 CPU 的利用率,可采用中断扫描方式,即只有在有键按下时,才向 CPU 发出中断请求。CPU 响应中断请求后,转向中断服务—扫描键盘,求得键值。

2. 按键的处理

(1) 按键的抖动及消除

由于键盘上的按键大部分都是机械式的,机械触点在闭合及断开瞬间,由于弹性作用的影响,均有抖动过程,从而使电压信号也出现抖动,如图 7-11 所示。抖动时间的长短与开关的机械特性有关,一般为 5~10 ms。

按键的闭合时间由操作人员的按键动作决定,一般为十分之几秒至几秒。为了保证 CPU 对键的一次闭合仅作一次键处理,必须除去抖动影响。通常去抖动影响的措施有软、硬件方法。在硬件上采取的措施是在键的输出端加 RS 触发器或单稳态电路构成去抖电路,如图 7-12 所示。在软件上采取按键延时措施,即在检测到有键按下时,执行一个 5~10 ms 的延时程序后,再确认该键电平是否仍然保持闭合状态电平,若仍然保持闭合状态电平,则确认该键处于闭合状态,从而消除了抖动影响。

(2) 防串键

串键指在有多个键同时按下时如何确定输入键值。常用双键锁定及 N 键锁定解决。

双键锁定的实现方法:一种是用软件进行扫描,检测出最后释放的键被认为是所需要的键,并读取键码。它常用于软件扫描键盘并译码的场合;第二种方法是用硬件确保在第一个键释放之前,即使第二个键闭合也不能产生选通信号。这可由内部的延时机构实现,只要第一个键按下,该机构就被锁住。

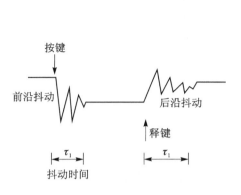
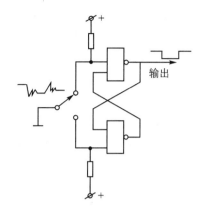

图 7-11　按键闭合及断开时的电压波动　　　图 7-12　硬件去抖电路

N 键锁定的实现：这种方法只考虑按下一个键的情况，在第一个被按下的键或最后一个被释放的键之后产生代码，其他键不予理睬。这种方法最简单，也最常用，缺点是工作速度较慢。

7.4.3　独立式键盘程序的编写

1. 键盘的操作步骤：

1) 识键：判断是否有键按下（键入），如图 7-9 独立式键盘。首先读取 P1 口的值，若全为 1，则无键按下，否则，有键按下。若有，则需进一步译键。

2) 译键：在有键入的情况下，进一步识别出是哪一个键，以便作进一步处理。

3) 键义分析：CPU 从键盘中得到键值代码之后究竟执行什么样操作，这完全取决于键盘解释程序。按键通常包括数字键及功能键。功能键又分为单功能键及字符串功能键（多功能键）。键义分析是指根据识别的结果，明确相应的键义。如果是数字键，应得出输出的数值；如果是功能键，则应知道具体的操作要求。

键盘扫描程序子程序框图如图 7-13 所示。

2. 键盘扫描程序的编写

根据图 7-9 独立式键盘硬件设计及图 7-13

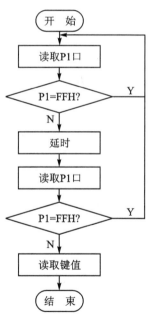

图 7-13　按键扫描子程序

键盘扫描子程序框图，编写键盘扫描子程序，并完成按下 K1 键时，驱动 P2.0 口控制的二极管发光。

从图 7-9 独立式按键电路分析：

1) 通过 P1 口外接了 8 个独立按键。当没有按键按下时,P1 口读出的均为高电平;只要 P1 口的值不是 FFH,则必然有某一个键按下。有键按下时,从 P1 口读出的键值分别为:FEH、FDH、FBH、F7H、EFH、DFH、BFH、7FH。

2) 由于 P2.0 口通过限流电阻接到发光二极管阴极,当判断到 P1＝FEH,通过 P2.0 送出低电平即可使二极管发光。

按键处理程序如下:

创建项目 KeyBoard.uvproj 及编写 KeyBoard.c

```
#include<reg51.h>
#define uint   unsigned int
sbit LED = P2^0;
void delay(uint t);
void main()
{
    do
    {
        if(P1! = 0XFF)                        //P1 不等于 0XFF,有键按下
        {
            delay(5);                         //延时去抖
              switch(P1)                      //读取 P1 口值
              {
                 case       0xFE:LED = 0 = 0;break;   //P1 = 0xFE,1 键按下,二极管发光
              }
        }
    }while(1);
}
void delay(uint t)
{
   uint i;
    while(t--! = 0)
    for(i = 0;i<72;i++);
}
```

7.4.4　8255 与矩阵键盘接口设计

键盘是单片机系统不可缺少的人机接口设备。由于单片机应用系统中基本 I/O 口只有 P1,远不能满足系统对外围设备接入的需求,所以常通过扩展 I/O 接口再外接所需设备来完成系统设计。附录 1 的实验板原理图或图 7-14 中独立键盘及矩阵键盘是扩展 8255 完成的设计。8255B 口外接了 4×4 矩阵式按键,可通过实验板电路更改设计成独立式、矩阵式按键电路。

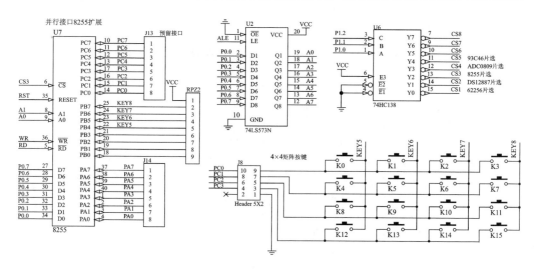

图 7-14 可编程 I/O 接口芯片 8255 与矩阵键盘接口电路

7.4.5 项目训练：独立式按键编程

将实验板或图 7-14 电路 J8 中的 1、3 短接，按键 K12、K13、K14、K15 设计为独立式按键。现将四个按键定义为图 7-15 所示的功能。试编程完成下列任务：

1) 开机后，按下 OPEN，显示 HELLO-；

2) 按下 RUN 键后，后两位开始计数 00~99；

3) 按下 +1 键对四位数码管的最后一位做 +1 调整；

4) 按下 STOP，停止运行，继续显示 HELLO-。

| OPEN
(K12) | RUN
(K13) | +1键
(K14) | STOP
(K15) |

图 7-15 独立式按键定义

编程分析：8255 可编程接口芯片的片选信号来自 74LS138 的 CS3，查表 7-1 的 74LS138 真值表、74LS138 电路设计、表 7-2 8255 端口选择、表 7-7 8255 工作方式控制字可以得出 8255 端口定义及初始化。

8255 端口定义：

```
＃define COM8255   XBYTE[0XFFFF]    //8255 控制口    A1A0 = 11
＃define PA8255    XBYTE[0XFFFC]    //8255 A 口      A1A0 = 00
＃define PB8255    XBYTE[0XFFFD]    //8255 B 口      A1A0 = 01
＃define PC8255    XBYTE[0XFFFE]    //8255 C 口      A1A0 = 10
void Set_Init_8255( )               //8255 初始化函数
{
   COM8255 = 0x82;                  //8255 B 口输入方式
   P1_2 = 0;                        //选中 8255
   P1_1 = 1;
```

```c
    P1_0 = 0;
}
```
启动 Keil uVision4 软件,创建 KeyBoard.uvproj 项目,编辑并录入 KeyBoard.C 文件
```c
/*************************************************************/
//程序名:KeyBoard_8255_Apply
//功能描述:① 开机后,按下 OPEN,显示 HELLO-;
//② 按下 RUN 键后,后两位开始计数 00~99;
//③ 按下 +1 键对四位数码管的最后一位做 +1 调整 0~9;
//④ 按下 STOP,停止运行,继续显示 HELLO-。
//硬件电路看附录1实验板原理图四位+两位数码显示,J8 中的 1、3 短接,独立按键
//调用函数:Disp_HELLO();Disp_number( );Disp_increment( );
//Set_Init_Timer1( );DelayX1ms(uint count);
/*************************************************************/
#include<reg51.h>
#include<ABSACC.H>
#define uchar unsigned char
#define uint  unsigned int
#define COM8255 XBYTE[0XFFFF]
#define PA8255   XBYTE[0XFFFC]
#define PB8255   XBYTE[0XFFFD]
#define PC8255   XBYTE[0XFFFE]
sbit C = P1^2;                                  //8255 片选输入 C
sbit B = P1^1;                                  //8255 片选输入 B
sbit A = P1^0;                                  //8255 片选输入 A
sbit SLCK = P2^4;
//函数声明
void Disp_HELLO();
void Disp_number( );
void Set_Init_8255( );
void DelayX1ms(uint count);
void Set_Init_Timer1( );
void Disp_increment( );
uchar code dis_HELL[ ] = {0x89,0x86,0xC7,0xC7};     //四位数码管 HELL
uchar code dis_number[ ] = {0xFC,0x60,0xDA,0xF2,0x66,0xB6,0xBE,0xE0,
0xFE,0xF6};                                         //两位串并转换控制数码管 0~9
uchar code dis_count[ ] = {0xC0,0xF9,0xA4,0xB0,0x99,0x92,0x82,0xF8,
0x80,0x90,0xFF};                                    //四位数码管 0~9,全灭
uchar number,numberh,numberl,i = 0,j = 0;
void main()
{
    Set_Init_Timer1( );
        do
```

```c
        {
            Set_Init_8255( );
            switch(PB8255)                          //读 8255B 口
            {
                case    0xEF:Disp_HELLO( );break;   //PB = 0xEF,K12 键按下
                case    0xDF:Disp_number( );break;  //PB = 0xDF,K13 键按下
                case    0xBF:Disp_increment( );break; //PB = 0xBF,K14 键按下
                case    0x7F:Disp_HELLO( );break;   //PB = 0x7F,K15 键按下
            }
        }while(1);
}
void Set_Init_Timer1( )                             //定时器 1 初始化函数
{
    TMOD = 0x10;                                    //Timer1,Moder 1
    TH1 = 0X3C;                                     //50 ms 定时
    TL1 = 0XB0;
    EA = 1;
    ET1 = 1;
    TR1 = 1;
}
/*******************************************/
//函数名:Run_Timer1( ) interrupt 3 using 1
//功能:利用定时器精确定时 50 ms
//说明:定时器 1 中断服务程序
/*******************************************/
Timer1_int( ) interrupt 3 using 1                   //定时器 1 中断响应
{
    static unsigned char count = 0;
    TH1 = 0X3C;                                     //50 ms 定时
    TL1 = 0XB0;
    count ++ ;
        if (count == 20)                            //每秒时间到
            {
                number ++ ;
                count = 0;
                if(number == 99)                    //计数 99 次到
                    {
                        number = 0;
                    }
            }
}
/*******************************************/
```

```c
//函数名:Disp_HELLO-()
//功能:动态显示 HELL,串行口移位寄存器工作显示 0-
//调用函数:DelayX1ms(5)
/****************************************************/
void Disp_HELLO()
{
        P1 = 0x7F;
        P2 = dis_HELL[0];
        DelayX1ms(1);
        P1 = 0xBF;
        P2 = dis_HELL[1];
        DelayX1ms(1);
        P1 = 0xDF;
        P2 = dis_HELL[2];
        DelayX1ms(1);
        P1 = 0xEF;
        P2 = dis_HELL[3];
        DelayX1ms(1);
        SCON = 0x00;                    //串口方式 0 工作
        SBUF = 0XFC;                    //发送 0 字符
        while(!TI);                     //等待发送 0 字符发送结束
        TI = 0;
        SLCK = 0;
        SLCK = 1;                       //产生上升沿,将 74HC595 存储器数据输出
        SBUF = 0X02;                    //发送-字符
        while(!TI);
        TI = 0;
        SLCK = 0;
        SLCK = 1;
        for(i=0;i<0xff;i++);            //调整数码管显示效果
}
/****************************************************/
//函数名:void DelayX1ms(uint count)
//功能:延时时间为 1 ms
//输入参数:count,1 ms 计数
//说明:总共延时时间为 1 ms 乘以 count
/****************************************************/
void DelayX1ms(uint count)              //crystal = 12 MHz
{
    uint j;
    while(count-- != 0)
    {
```

```
            for(j = 0;j<72;j ++);
        }
    }
    void Disp_number()
    {
        number1 = number % 10;
        numberh = number/10;
        SCON = 0x00;                        //串口方式 0 工作
        SBUF = dis_number[numberh];         //计数低位
        while(! TI);
        TI = 0;
        SLCK = 0;
        SLCK = 1;                           //产生上升沿,将 74HC595 存储器数据输出
        SBUF = dis_number[number1];         //计数高位
        while(! TI);
        TI = 0;
        SLCK = 0;
        SLCK = 1;
        for(i = 0;i<0x7f;i ++);             //调整数码管显示效果
    }
    void Set_Init_8255()
    {
      COM8255 = 0x82;                       //8255B 口输入
      C = 0;                                //8255 片选 C = 0
      B = 1;                                //8255 片选 B = 1
      A = 0;                                //8255 片选 A = 0
      }
/******************************************/
//函数名: Disp_increment()
//功能:    加 1 计数 0~9
//调用函数:DelayX1ms(5)
/******************************************/
    void Disp_increment()
    {
            j ++;
            if(j == 10){j = 0;}
            P1 = 0x7F;
            P2 = 0xFF;
            DelayX1ms(5);
            P1 = 0xbF;
            P2 = 0xFF;
            DelayX1ms(5);
```

```
        P1 = 0xDF;
        P2 = 0xFF;
        DelayX1ms(5);
        P1 = 0xEF;
        P2 = dis_count[j];
        DelayX1ms(5);
    }
```

7.4.6 项目设计:矩阵式按键设计与控制

1. 矩阵式按键举例

对 8255 芯片 B 口高 4 位和 C 口低四位组成的矩阵键盘逐行扫描,将按下的按键号显示到 2 位数码管上。按键号定义如图 7-16 所示。

编程分析:从图 7-14 图示分析,8255B 口 PB7~PB4 构成矩阵键盘的列线,8255C 口 PC3~PC0 构成矩阵键盘的行线。依据矩阵键盘逐行扫描原理,首先使第一行 PC0=0,读取 8255B 口 PB7~PB4 的值,如果读到的值为 0xff,则第一行上的按键没有被按下;如果读到的值不是 0xff,则该行有键按下。通过 B 口高 4 位和 C 口低四位即组成按键码 0xee(k0)、0xde(k1)、0xbe(k2)、0x7e(k3)。同理,分别使 PC1=0、PC2=0、PC3=0,读取 8255B 口 PB7~PB4 的值,将 B 口高 4 位和 C 口低四位组合即可得到相应按键码。

0	1	2	3
4	5	6	7
8	9	10	11
12	13	14	15

图 7-16 矩阵式按键定义

创建 Proj9_8255_uvproj 项目,添加 main.c 文件如下:

```
#include <reg51.h>
#include <ABSACC.h>

#define uchar unsigned char
#define uint  unsigned int
#define COM8255    XBYTE[0XFFFF]
#define PA8255     XBYTE[0XFFFC]
#define PB8255     XBYTE[0XFFFD]
#define PC8255     XBYTE[0XFFFE]

code unsigned char disp[] = {0xfc,0x0c,0xda,0xf2,0x66,0xb6,0xbe,0xe0,0xfe,0xf6};0~9
code unsigned char keyNum[] = {0xee, 0xde, 0xbe, 0x7e,  \
                               0xed, 0xdd, 0xbd, 0x7d,  \
                               0xeb, 0xdb, 0xbb, 0x7b,  \
                               0xe7, 0xd7, 0xb7, 0x77};

sbit SLCK = P2^4;
```

```c
sbit C = P1^2;
sbit B = P1^1;
sbit A = P1^0;

uchar keyScan();
void display_2SMG(unsigned char num);
void delay(uchar t)
{
    uchar k;
    while(t--)
    {
        for(k = 0;k<100;k++);
    }
}

void main()
{
    uchar get_key, i;
    SCON = 0X00;
    display_2SMG(99);
    while(1)
    {
        get_key = keyScan();    //得到按键码
        //查询按键码对应的按键号,输出到2位数码管中
        for(i = 0; i<16; i++)
        {
            if(keyNum[i] == get_key)
            {
                display_2SMG(i);
                break;
            }
        }
    }
}

/*矩阵键盘扫描函数*/
uchar keyScan()
{
    uchar keyGet = 0xff, i;
    //通过138译码器选中8255片选
    C = 0;
    B = 1;
    A = 0;
    COM8255 = 0X82;            //C口输出 B口输入方式
```

```c
        for(i = 0;i<4;i++)            //从第一行开始扫描到第四行
        {
            PC8255 = ~(1<<i);          //C口对应的行输出0其他1
            if(PB8255 ! = 0xff)        //检测是否有按键按下
            {                          //延时用于消除抖动干扰
                delay(3);
                if(PB8255 ! = 0xff)
                {
                    keyGet = PC8255&PB8255;  //B口高4位和C口低四位组成按键码
                    break;
                }
            }
        }
        return keyGet;                //返回按键码,没有按键返回0XFF
}

/* 两位数码管显示函数 */
void display_2SMG(unsigned char num)
{
    if(num>99)
    {
        return;
    }
    SBUF = disp[num/10];
    while(! TI);
    TI = 0;
    SLCK = 0;
    SLCK = 1;
    SBUF = disp[num%10];
    while(! TI);
    TI = 0;
    SLCK = 0;
    SLCK = 1;
}
```

编译生成 Proj9_8255.hex 文件,调试观看显示结果。

2. 项目训练

观看附件1实验版原理图。断开实验板J8中的1、3,8255 C口 PC3~PC0 做矩阵式按键的行,输出功能;8255 B口 PB7~PB4 做矩阵式按键列,输入功能。4×4 矩阵式按键功能定义如图 7-16 所示。

试编程完成下列任务:开机后,显示 HELLO-;按 0~F,在数码管做相应显示。

7.5 DS18B20 温度传感器应用

7.5.1 DS18B20 温度传感器概述

在传统的模拟信号远距离温度测量系统中,需要很好地解决引线误差补偿,多点测量切换误差和放大电路零点漂移误差等技术问题,才能够达到较高的测量精度。另外一般监控现场的电磁环境都非常恶劣,各种干扰信号较强,模拟温度信号容易受到干扰而产生测量误差,影响测量精度。因此,在温度测量系统中,采用抗干扰能力强的新型数字温度传感器是解决这些问题的最有效方案。美国 Dallas 半导体公司的数字化温度传感器 DS18B20 是世界上第一片支持"一线总线"接口的温度传感器,在其内部使用了在板(ON-BOARD)专利技术。全部传感元件及转换电路集成在形如一只三极管的集成电路内。DO 为数字信号输入输出端;GND 为地;VDD 为外接供电电源输入端(在寄生电源接线方式时接地),如图 7-17 所示。

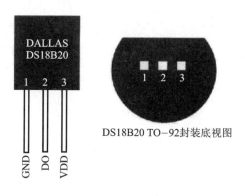

图 7-17 DS18B20 引脚定义及封装

7.5.2 DS18B20 温度传感器介绍

1. DS18B20 的主要特性

1) 适应电压范围更宽,电压范围:3.0~5.5 V,在寄生电源方式下可由数据线供电。

2) 独特的单线接口方式,DS18B20 在与微处理器连接时仅需一条口线即可实现微处理器与 DS18B20 的双向通信。

3) DS18B20 支持多点组网功能,多个 DS18B20 可以并联在一线总线上,实现组网多点测温。

4) DS18B20 在使用中不需要任何外围元件。

5) 温范围-55~+125℃,在-10~+85℃时精度为±0.5℃;

6) 可编程的分辨率为 9~12 位,对应的可分辨温度分别为 0.5 ℃、0.25 ℃、0.125 ℃ 和 0.062 5 ℃,可实现高精度测温。

7) 在 9 位分辨率时最多在 93.75 ms 内把温度转换为数字,12 位分辨率时最多在 750 ms 内把温度值转换为数字,速度更快。

8) 测量结果直接输出数字温度信号,以"一线总线"串行传送给 CPU,同时可传送 CRC 校验码,具有极强的抗干扰纠错能力。

9) 负压特性:电源极性接反时,芯片不会因发热而烧毁,但不能正常工作。

2. DS18B20 的外形和内部结构

DS18B20 内部结构主要由四部分组成:64 位光刻 ROM、温度灵敏元件、非挥发的温度报警触发器 TH 和 TL、配置寄存器,如图 7-18 所示。

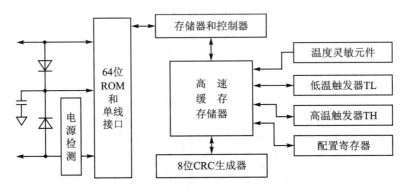

图 7-18 DS18B20 的内部结构

1) 光刻 ROM 中的 64 位序列号是出厂前被光刻好的,它可以看作是该 DS18B20 的地址序列码。64 位光刻 ROM 的排列是:开始 8 位(28H)是产品类型标号,接着的 48 位是该 DS18B20 自身的序列号,最后 8 位是前面 56 位的循环冗余校验码(CRC=$X^8+X^5+X^4+1$)。光刻 ROM 的作用是使每一个 DS18B20 都各不相同,这样就可以实现一根总线上挂接多个 DS18B20 的目的,如图 7-19 所示。

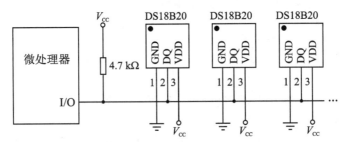

图 7-19 DS18B20 多点测温电路原理图

2) DS18B20 中的温度传感器可完成对温度的测量,以 12 位转化为例:用 16 位符号扩展的二进制补码读数形式提供,以 0.062 5 ℃/LSB 形式表达,其中 S 为符号位。这是 12 位转化后得到的 12 位数据，存储在 DS18B20 的两个 8 比特的 RAM 中，二进制中的前面 5 位是符号位，如果测得的温度大于 0，这 5 位为 0，只要将测到的数值乘于 0.062 5 即可得到实际温度；如果温度小于 0，这 5 位为 1，测到的数值需要取反加 1 再乘于 0.062 5 即可得到实际温度，如表 7-3 所列。

表 7-3 DS18B20 温度值格式表

	bit7	bit6	bit5	bit4	bit3	bit2	bit1	bit0
LS Byte	2^3	2^2	2^1	2^0	2^{-1}	2^{-2}	2^{-3}	2^{-4}
	bit15	bit14	bit13	bit12	bit11	bit10	bit9	bit8
MS Byte	S	S	S	S	S	2^6	2^5	2^4

例如 +125 ℃ 的数字输出为 07D0H，+25.062 5 ℃ 的数字输出为 0191H，−25.062 5 ℃ 的数字输出为 FF6FH，−55 ℃ 的数字输出为 FC90H，如表 7-4 所列。

表 7-4 DS18B20 温度数据表

温度/℃	数字输出（二时制）	数字输出（十六进制）
+125	0000 0111 1101 0000	07D0h
+85	0000 0101 0101 0000	0550H
+25.062 5	0000 0001 1001 0001	0191H
+10.125	0000 0000 1010 0010	00A2H
+0.5	0000 0000 0000 1000	0008H
0	0000 0000 0000 0000	0000H
−0.5	1111 1111 1111 1000	FFF8H
−10.125	1111 1111 0101 1110	FF5EH
−25.062 5	1111 1110 0110 1111	FE6FH
−55	1111 1100 1001 0000	FC90H

3) DS18B20 温度传感器的存储器 DS18B20 温度传感器的内部存储器包括一个高速暂存 RAM 和一个非易失性的可电擦除的 E^2PRAM，后者存放高温度和低温度触发器 TH、TL。

4) 配置寄存器：该字节各位的意义如表 7-5 所列。

低五位均为"1"，TM 是测试模式位，用于设置 DS18B20 在工作模式还是在测试模式。在 DS18B20 出厂时该位被设置为 0，用户不要去改动。R1 和 R0 用来设置分辨率，如表 7-6 所列（DS18B20 出厂时被设置为 12 位）。

表 7-5 配置寄存器结构

TM	R1	R0	1	1	1	1	1

表 7-6 温度分辨率设置表

R1	R0	分辨率/位	温度最大转换时间/ms
0	0	9	93.75
0	1	10	187.5
1	0	11	375
1	1	12	750

5）高速暂存存储器：高速暂存存储器由 9 个字节组成，其分配如表 7-7 所列。当温度转换命令发布后，经转换所得的温度值以二字节补码形式存放在高速暂存存储器的第 0 和第 1 个字节。单片机可通过单线接口读到该数据，读取时低位在前，高位在后，数据格式如表 7-3 所列。对应的温度计算：当符号位 S=0 时，直接将二进制位转换为十进制；当 S=1 时，先将补码变为原码，再计算十进制值。

表 7-7 DS18B20 暂存寄存器分布

寄存器内容	字节地址
温度值低位（LS Byte）	0
温度值高位（MS Byte）	1
高温限值（TH）	2
低温限值（TL）	3
配置寄存器	4
保 留	5
保 留	6
保 留	7
CRC 校验值	8

根据 DS18B20 的通信协议，主机（单片机）控制 DS18B20 完成温度转换必须经过三个步骤：每一次读写之前都要对 DS18B20 进行复位操作，复位成功后发送一条 ROM 指令，ROM 指令内容如表 7-8 所列。最后发送 RAM 指令，RAM 指令内容如表 7-9 所列。这样才能对 DS18B20 进行预定的操作。复位要求主 CPU 将数据线下拉 500 μs，然后释放，当 DS18B20 收到信号后等待 16～60 μs 左右，后发出 60～240 μs 的存在低脉冲，主 CPU 收到此信号表示复位成功。

表 7-8 ROM 指令表

指 令	约定代码	功 能
读 ROM	33H	读 DS18B20 温度传感器 ROM 中的编码(即 64 位地址)
符号 ROM	55H	发出此命令之后,接着发出 64 位 ROM 编码,访问单总线上与该编码相对应的 DS18B20 使之作出响应,为下一步对该 DS18B20 的读写作准备
摸索 ROM	0F0H	用于确定挂接在同一总线上 DS18B20 的个数和识别 64 位 ROM 地址。为操作各器件作好准备
跳过 ROM	0CCH	忽略 64 位 ROM 地址,直接向 DS18B20 发温度变换命令。适用于单片工作
告警搜索命令	0ECH	执行后只有温度超过设定值上限或下限的片子才做出响应

表 7-9 ROM 指令表

指 令	约定代码	功 能
温度变换	44H	启动 DS18B20 进行温度转换,12 位转换时最长为 750 ms(9 位为 93.75 ms),结果存入内部 9 字节 RAM 中
读暂存器	0BEH	读内部 RAM 中 9 字节的内容
写暂存器	4EH	发出向内部 RAM 的 3、4 字节写上、下限温度数据命令,紧跟该命令之后,是传送两字节的数据
复制暂存器	48H	将 RAM 中第 3、4 字节的内容复制到 E^2PROM 中
重调 E^2PROM	0B8	将 E^2PROM 中内容恢复到 RAM 中的第 3、4 字节
读供电方式	0BAH	读 DS18B20 的供电方式。寄存器供电时 DS18B20 发送"0",外接电源供电 DS18B20 发送"1"

3. DS18B20 测温原理

DS18B20 测温原理如图 7-20 所示。图中低温度系数晶振的振荡频率受温度影响很小,用于产生固定频率的脉冲信号送给计数器 1。高温度系数晶振随温度变化其振荡率明显改变,所产生的信号作为计数器 2 的脉冲输入。计数器 1 和温度寄存器被预置在 -55℃ 对应的一个基数值。计数器 1 对低温度系数晶振产生的脉冲信号进行减法计数,当计数器 1 的预置值减到 0 时,温度寄存器的值将加 1,计数器 1 的预置将重新被装入,计数器 1 重新开始对低温度系数晶振产生的脉冲信号进行计数,如此循环直到计数器 2 计数到 0 时,停止温度寄存器值的累加,此时温度寄存器中的数值即为所测温度。图 7-20 中的斜率累加器用于补偿和修正测温过程中的非线性,其输出用于修正计数器 1 的预置值。

4. DS18B20 的应用电路

DS18B20 测温系统具有测温系统简单、测温精度高、连接方便、占用口线少等

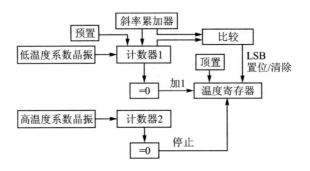

图 7-20　DS18B20 测控原理

优点。

(1) DS18B20 寄生电源供电方式电路图

图 7-21 所示,在寄生电源供电方式下,DS18B20 从单线信号线上汲取能量:在信号线 DQ 处于高电平期间把能量储存在内部电容里,在信号线处于低电平期间消耗电容上的电能工作,直到高电平到来再给寄生电源(电容)充电。

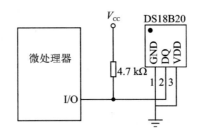

图 7-21　DS18B20 寄生电源供电方式电路图

独特的寄生电源方式有三个好处:

1) 进行远距离测温时,无需本地电源。

2) 可以在没有常规电源的条件下读取 ROM。

3) 电路更加简洁,仅用一根 I/O 口实现测温。

要想使 DS18B20 进行精确的温度转换,I/O 线必须保证在温度转换期间提供足够的能量。由于每个 DS18B20 在温度转换期间工作电流达到 1 mA,当几个温度传感器挂在同一根 I/O 线上进行多点测温时,只靠 4.7 kΩ 上拉电阻就无法提供足够的能量,造成无法转换温度或温度误差极大。因此,图 7-21 电路只适应于单一温度传感器测温情况下使用,不适宜采用电池供电系统中。工作电源 V_{CC} 必须保证在 5 V,当电源电压下降时,寄生电源能够汲取的能量也降低,会使温度误差变大。

实验验证,电源电压 V_{CC} 降至低于 4.5 V 时,测出的温度值比实际的温度高,误差较大。当电源电压降为 4 V 时,温度误差有 3 ℃ 之多,这是因为寄生电源汲取能量不够造成的,因此,在开发测温系统时不要使用此电路。

(2) DS18B20 寄生电源强上拉供电方式电路图

改进的寄生电源供电方式如图 7-22 所示,为了使 DS18B20 在动态转换周期中获得足够的电流供应,用 MOSFET 把 I/O 线直接拉到 V_{CC} 就可提供足够的电流。在强上拉方式下可以解决电流供应不足,因此也适合于多点测温应用,缺点就是要多占用一根 I/O 口线进行强上拉切换。

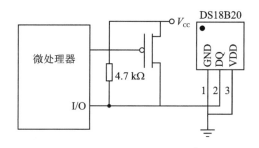

图 7-22 DS18B20 寄生电源强上拉供电方式电路图

注意:在图 7-21 和图 7-22 寄生电源供电方式中,DS18B20 的 V_{DD} 引脚必须接地。

(3) DS18B20 的外部电源供电方式

在外部电源供电方式下,DS18B20 工作电源由 V_{DD} 引脚接入(见图 7-23)。此时 I/O 线不需要强上拉,不存在电源电流不足的问题,可以保证转换精度,同时在总线上理论可以挂接任意多个 DS18B20 传感器,组成多点测温系统。

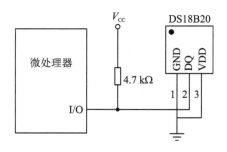

图 7-23 DS18B20 的外部电源供电方式电路图

注意:在外部供电的方式下,DS18B20 的 GND 引脚不能悬空,否则不能转换温度,读取的温度总是 85℃。

外部电源供电方式是 DS18B20 最佳的工作方式,工作稳定可靠,抗干扰能力强,而且电路也比较简单,可以开发出稳定可靠的多点温度监控系统。在外接电源方式下,可以充分发挥 DS18B20 宽电源电压范围的优点,即使电源电压 V_{CC} 降到 3 V 时,依然能够保证温度测量精度。本设计即选用此种供电方式,温度信号输入输出端与单片机 P3.4 口相接,实现温度信号获取。

5. 单片机对 DS18B20 操作流程

DS18B20 需要严格的单总线协议以确保数据的完整性。协议包括集中单总线信号类型:复位脉冲、存在脉冲、写 0、写 1、读 0 和读 1。所有这些信号,除存在脉冲外,都是由总线控制器发出的。图 7-24 所示为 DS18B20 与单片机接口电路。

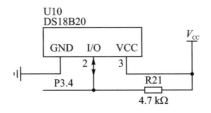

图 7-24　DS18B20 与单片机接口电路

(1) 复位序列:复位和存在脉冲

DS18B20 间的任何通信都需要以初始化序列开始,初始化序列如图 7-25 所示。一个复位脉冲跟着一个存在脉冲表明 DS18B20 已经准备好发送和接收数据。

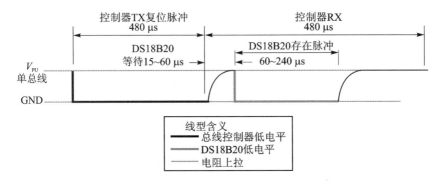

图 7-25　DS18B20 初始化时序图

在初始化序列期间,总线控制器拉低总线并保持 480 μs 以发出一个复位脉冲,然后释放总线,进入接收状态。单总线由 4.7 kΩ 上拉电阻拉到高电平。当 DS18B20 探测到 I/O 引脚上的上升沿后,等待 15～60 μs,发出一个由 60～240 μs 低电平信号构成的存在脉冲。

(2) 读/写时序

DS18B20 的数据读写是通过时序处理位来确认信息交换的。

写时序:由两种写时序:写 1 时序和写 0 时序。总线控制器通过写 1 时序写逻辑 1 到 DS18B20,写 0 时序写逻辑 0 到 DS18B20。所有写时序必须最少持续 60 μs,包括两个写周期之间至少 1 μs 的恢复时间。当总线控制器把数据线从逻辑高电平拉到低电平时,写时序开始,如图 7-26 所示。

总线控制器要生产一个写时序,必须把数据线拉到低电平然后释放,在写时序开始后的 15 μs 释放总线。当总线被释放的时候,4.7 kΩ 的上拉电阻将拉高总线。总控制器要生成一个写 0 时序,必须把数据线拉到低电平并持续保持(至少 60 μs)。

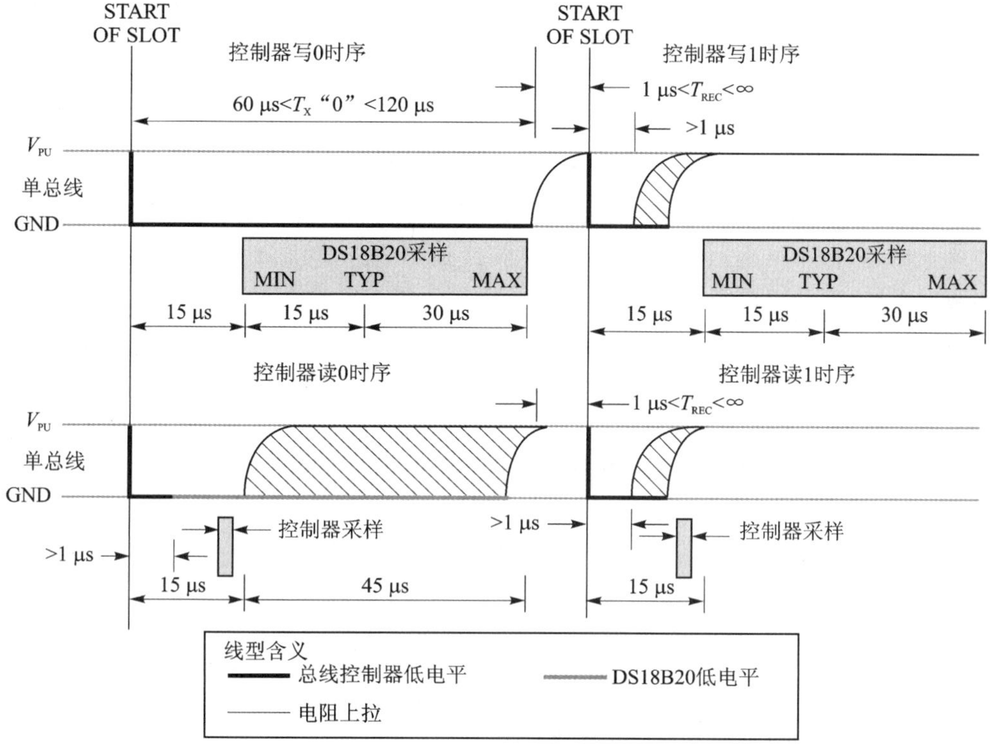

图 7-26 控制器读写时序图

总线控制器初始化写时序后,DS18B20 在一个 15 μs 到 60 μs 的窗口内对 I/O 线采样。如果线上是高电平,就是写 1。如果线上是低电平,就是写 0。

读时序:总线控制器发起读时序时,DS18B20 仅被用来传输数据给控制器。因此,总线控制器在发出读暂存器指令[BEH]或读电源模式指令[B4H]后必须立刻开始读时序,DS18B20 可以提供请求信息。除此之外,总线控制器在发出发送温度转换指令[44H]或召回 E^2PROM 指令[B8H]之后读时序。

所有读时序必须最少 60 μs,包括两个读周期间至少 1 μs 的恢复时间。当总线控制器把数据线从高电平拉到低电平时,读时序开始,数据线必须至少保持 1 μs,然后总线被释放(见图 7-26)。在总线控制器发出读时序后,DS18B20 通过拉高或拉低总线上来传输 1 或 0。当传输逻辑 0 结束后,总线将被释放,通过上拉电阻回到上升沿状态。从 DS18B20 输出的数据在读时序的下降沿出现后 15 μs 内有效。因此,总线控制器在读时序开始后必须停止把 I/O 脚驱动为低电平 15 μs,以读取 I/O 引脚状态。

6. DS18B20 使用中注意事项

DS18B20 虽然具有测温系统简单、测温精度高、连接方便、占用口线少等优点,但在实际应用中也应注意以下几方面的问题：

1) 较小的硬件开销需要相对复杂的软件进行补偿，由于 DS18B20 与微处理器间采用串行数据传送，因此，在对 DS18B20 进行读写编程时，必须严格地保证读写时序，否则将无法读取测温结果。

2) 在实际应用中，单总线上所挂 DS18B20 超过 8 h，就需要解决微处理器的总线驱动问题，这一点在进行多点测温系统设计时要加以注意。

3) 连接 DS18B20 的总线电缆是有长度限制的。试验中，当采用普通信号电缆传输长度超过 50 m 时，读取的测温数据将发生错误。当将总线电缆改为双绞线带屏蔽电缆时，正常通信距离可达 150 m，当采用每米绞合次数更多的双绞线带屏蔽电缆时，正常通信距离进一步加长。这种情况主要是由总线分布电容使信号波形产生畸变造成的。因此，在用 DS18B20 进行长距离测温系统设计时要充分考虑总线分布电容和阻抗匹配问题。

4) 在 DS18B20 测温程序设计中，向 DS18B20 发出温度转换命令后，程序总要等待 DS18B20 的返回信号，一旦某个 DS18B20 接触不好或断线，当程序读该 DS18B20 时，将没有返回信号，程序进入死循环。这一点在进行 DS18B20 硬件连接和软件设计时也要给予一定的重视。

测温电缆线建议采用屏蔽 4 芯双绞线，其中一对线接地线与信号线，另一组接 V_{CC} 和地线，屏蔽层在源端单点接地。

7.5.3 DS18B20 温度检测应用

项目：使用 DS18B20 温度传感器进行环境温度检测并显示，环境温度要求精确到小数点后两位。

1. 编程分析

(1) 测温电路分析

查阅附录 1 实验板原理图中预留的 DS18B20 接口 U10，将购置的 DS18B20 温度传感器接入实验板 U10 中，从实验板原理图得知，温度信号获取通过 P3.4 端口；采用四位数码管 U16 进行环境温度显示，保留两位小数。

(2) 编程思路

本编程针对 DS18B20 使用了头文件。这里先分析一下头文件的作用。

① 通过头文件来调用库功能。在很多场合，源代码不便（或不准）向用户公布，只要向用户提供头文件和二进制的库即可。用户只需要按照头文件中的接口声明来调用库功能，而不必关心接口是怎么实现的。编译器会从库中提取相应的代码。

② 头文件能加强类型安全检查。如果某个接口被实现或被使用时，其方式与头文件中的声明不一致，编译器就会指出错误，这一简单的规则能大大减轻程序员调试、改错的负担。

一般来说，头文件提供接口，源文件提供实现。但是有些实现比较简单，也可以直接写在头文件里,这样头文件接口实现一起提供。

在编译时,源文件里的实现会被编译成临时文件,运行时程序找到头文件里的接口,根据接口找到这些临时文件,来调用它们这些实现。

之所以在 C++中要使用头文件,最主要的原因是 C++的同一个项目可能有多个源代码文件,而这些源代码是分别单独编译的。也就是说,在编译其中一个文件时,编译器并不知道其他文件中定义的内容,如类、全局变量等。这就要求我们必须在要使用某个类、函数或变量时声明它,否则 C++是无法找到它的。很多文件可能都需要使用加法。假设有一个文件 b.cpp 需要使用这个函数,必须先声明它。如果有很多文件都要使用这个函数,那么这会变得麻烦,特别是,如果你写了一个类,就需要维护大量的声明(对于每一个 public 对象),并且如果类的定义发生了改变,就必须改变无数个声明。所以,C++语言提出了头文件的概念。只需要在头文件中声明一次,在实现文件中定义一次,在所有需要用的文件中,就只需要引用这个头文件,相当于每个文件都包含了一个声明。为了防止头文件的重复包含,通常应该使用预处理指令 #define(定义符号)、#ifndef(如果没有定义)、#endif(结束判断)来书写头文件的内容。

头文件是用户应用程序和函数库之间的桥梁和纽带。在整个软件中,头文件不是最重要的部分,但它是 C 语言家族中不可缺少的组成部分。C51 编程也同样适用。一般在一个应用开发体系中,功能的真正逻辑实现是以硬件层为基础,在驱动程序、功能层程序以及用户的应用程序中完成的。头文件的主要作用在于多个代码文件全局变量(函数)的重用、防止定义的冲突,对各个被调用函数给出一个描述,其本身不需要包含程序的逻辑实现代码,它只起描述性作用,用户程序只需要按照头文件中的接口声明来调用相关函数或变量,编译时,编译器通过头文件找到对应的函数库,进而把已引用函数的实际内容导出来代替原有函数,在硬件层面实现功能。

2. 编写录入文件

根据 DS18B20 工作原理,编写并录入 DS18B20.C、DS18B20.h 及 main.C 文件。

(1) DS18B20.C

```
#include <DS18B20.h>
sbit DQ    = P3^4;
unsigned char time;      //用于延时

void delayms(uchar t)
{
    uchar i;
    while(t--)
    {
        for(i = 0;i<123;i++);
    }
```

```c
    }

bit Init_DS18B20(void)
{
    bit flag;
    DQ = 1;
    _nop_();
    DQ = 0;                              //拉低数据总线
    for(time = 0;time<200;time ++);      //延时 480~960 μs,主机产生复位信号
    DQ = 1;                              //拉高电平释放总线
    for(time = 0;time<15;time ++);       //等待 16~60 μs
    flag = DQ;                           //读取传感器响应的复位信号,低电平
    for(time = 0;time<200;time ++);      //延时等待通信结束
    return flag;
}
void WriteOneChar(uchar dat)
{
    uchar i = 0;
    for(i = 0;i<8;i ++)
    {
        DQ = 1;
        _nop_();
        DQ = 0;                          //拉低数据总线
        _nop_();                         //延时约 1 μs 时间
        DQ = dat&0x01;                   //输出数据电平
        for(time = 0;time<15;time ++);   //延时约 60 μs,DS18B20 在 15~60 μs 对数据采样
        DQ = 1;                          //释放数据线
        for(time = 0;time<1;time ++);    //延时 4 μs,两个写时序间至少需要 1 μs 的恢复期
        dat>> = 1;
    }
    for(time = 0;time<4;time ++);
}

uchar ReadOneChar(void)
{
    uchar i = 0;
    uchar dat;
    for(i = 0;i<8;i ++)
    {
        DQ = 1;
        _nop_();
        DQ = 0;                          //拉低数据总线
```

```c
        _nop_();
        DQ = 1;              //人为拉高释放总线信号,为单片机检测 DS18B20 的输出电平做准备
        for(time = 0;time<2;time ++);  //延时约 8 μs 单片机在上面开始拉低起 15 μs
                                        //内对数据总线信号进行采集
        dat>>= 1;
        if(DQ == 1) dat| = 0x80;
        else dat| = 0x00;
        for(time = 0;time<15;time ++); //延时约 60 μs,两个读时序间至少需要 60 μs
    }
    return dat;
}

uint ReadyReadTemp(void)
{
    uchar Temp_H, Temp_L;            //用于存储温度的高 8 位和低 8 位
    uint Temp;
    Init_DS18B20();                  //复位
    WriteOneChar(0xcc);              //跳过 ROM
    WriteOneChar(0x44);              //发送温度变换指令
    delayms(200);                    //等待 200 ms
    Init_DS18B20();                  //复位
    WriteOneChar(0xcc);              //跳过 ROM 读写
    WriteOneChar(0xbe);              //发送开始读取温度数据指令
    Temp_L = ReadOneChar();          //先读低 8 位数据
    Temp_H = ReadOneChar();          //再读高 8 位数据
    Temp = (Temp_H<<8) + Temp_L;
    if(Temp>0x8000)
    {
        return (~Temp) + 1;          //温度为负值 DS18B20 输出为补码
    }else{
        return Temp;
    }
}
```

(2) DS18B20.h

```c
# ifndef _DS18B20_H_
# define _DS18B20_H_
# include <reg51.h>
# include <intrins.h>

typedef unsigned char uchar;
typedef unsigned int  uint;
```

```c
bit Init_DS18B20(void);
uint ReadyReadTemp(void);
void delayms(uchar t);
#endif
```

(3) main.c

```c
#include <reg51.h>
#include <DS18B20.h>
unsigned char code position[4] = {0xef,0xdf,0xbf,0x7f};           //数码管位选
unsigned char code disp[10] = {0xc0,0xf9,0xa4,0xb0,0x99,0x92,0x82,0xf8,0x80,0x90};
                                                                   //数码管 0~9
sbit P2_7   = P2^7;

void DisplayNum(unsigned int num);

void main()
{
    uint value;
    while(1)
    {
        value = ReadyReadTemp();
        delayms(200);
        P1 = value;
        P2 = value>>8;
        DisplayNum(1234);
    }
}

void DisplayNum(unsigned int num)
{
    unsigned char i;
    for(i=0;i<4;i++)
    {
        P1 = position[i];
        P2 = disp[num%10];
        if(i==2)
        {
            P2_7 = 0;
        }
        num = num/10;
        delayms(1);
```

```
        P2 = 0xff;
    }
}
```

(4) 创建文件及添加

创建 Proj_DS18B20 项目文件,并将 DS18B20.C,DS18B20.h 及 main.C 文件添加至项目文件中,如图 7-27 所示。

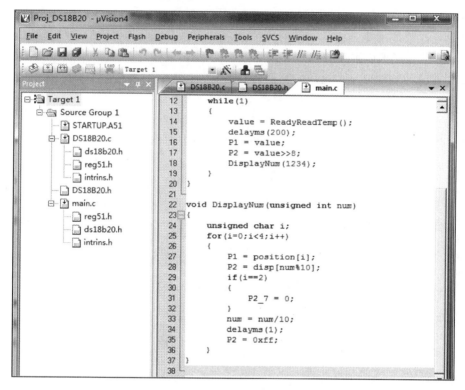

图 7-27 环境温度检测编程项目创建示意图

(5) 编译及观察

编译并通过实验版数码管观察环境温度显示结果。

本章总结

(1) MCS-51 单片机最小资源由时钟电路、复位电路、数据存储器、程序存储器、I/O 接口、单片机的工作电源构成,仅能完成简单开关量控制。

(2) 在单片机应用系统中,需要对存储器中的信息进行读取,就必须用到单片机三大总线,这时单片机已不能称为最小资源。此时 P0 口做数据线及地址低 8 位使用,P2 口做地址高 8 位使用,P3 做特殊功能使用。

(3) 单片机应用系统可以根据需要扩展程序存储器、数据存储器、I/O 接口、中断资源扩展等。扩展外部资源时，P0 口（P0.7～P0.0）地址（低 8 位）/数据总线的复用口，需要用地址锁存允许信号 ALE 分离地址/数据线。P2 口（P2.7～P2.0）作地址高 8 位。

(4) 单片机扩展程序存储器和数据存储器时，所用控制线不同，单片机专用控制线 $\overline{PSEN}$（片外程序存储器取指信号）对外部程序存储器进行读操作；数据存储器通过单片机 P3 口中 P3.7、P3.6 的第二功能 $\overline{WR}/\overline{RD}$ 对数据存储器进行读写操作，所以可以允许地址重叠。

(5) 单片机扩展多片外部芯片时，在某一时刻，只能对一个芯片操作，所以常用剩余的地址线或通过 74LS138 译码器控制相应芯片片选信号，以便对相应芯片操作。

(6) 简单 I/O 端口扩展可以采用 TTL 电路或 CMOS 电路锁存器、三态缓冲器实现扩展；也可以利用 MCS-51 单片机的串行口外接串并转换芯片实现扩展。

(7) 当外部扩展芯片过多时，要考虑总线的负载能力增加必要的驱动器。

(8) 单片机人机接口——按键常根据需要设计成非编码独立式及矩阵式按键，按键布局可根据实际需要设定。矩阵式键盘占 I/O 口线，按键的识别用逐行或逐列扫描法求取键值，独立式键盘键值识别简单，但占用 I/O 口线多，当系统配置的键盘较小时，宜选用独立式键盘；反之，选用矩阵式键盘。

思考与练习

(1) MCS-51 单片机与片外扩展的存储器相接时，为何低 8 位地址信号需通过地址锁存器，而高 8 位不需通过地址锁存器？

(2) MCS-51 单片机扩展系统中，程序存储器和数据存储器共享 16 位地址线和 8 位数据线，为什么两个地址空间不会发生冲突？

(3) 扩展单片程序存储器或单片数据存储器时，片选能否直接接地？为什么？

(4) 试利用 74LS138 设计一个译码电路，分别选中 4 片 2716、4 片 6264，列出各芯片所占用的地址空间范围。

(5) 试利用串行口方式 0，通过 6 个 74LS164，扩展 6 个 8 位并行输出口，并编程显示 HELLO—。

(6) 在一个扩展的 MCS-51 单片机应用系统中，需要使用 2 片 EPROM2764、一片 RAM6264、一片 6116、一片可编程接口芯片 8255，试为它们分配适当的空间，画出硬件连线图（只要求画出地址、片选、读写信号与单片机的连接），列出分配的地址表。

(7) 利用外围扩展芯片 8255 的 A 口及 B 口扩展 3×4 矩阵键盘，键盘布局自己设定，并编程控制其完成相应工作（自己设定）。

附录

附录1 实验板原理图

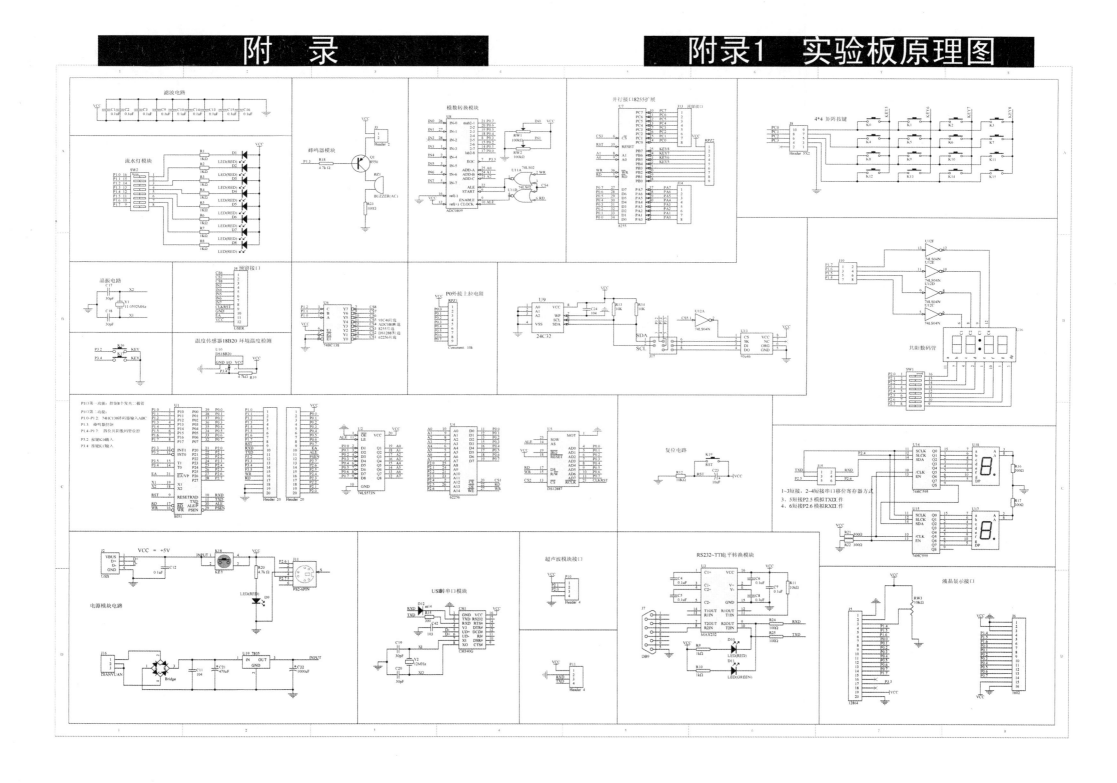

附录2 51单片机汇编语言指令表

MCS-51指令中所用符号和含义：

Rn——当前工作寄存器组的8个工作寄存器(n=0～7)。

Ri—— 可用于间接寻址的寄存器,只能是当前寄存器组中的2个寄存器R0、R1(i=0,1)。

direct——内部RAM中的8位地址(包括内部RAM低128单元地址和专用寄存器单元地址)。

♯data——8位常数。

♯data16——16位常数。

addr16——16位目的地址,只限于在LCALL和LJMP指令中使用。

addr11——11位目的地址,只限于在ACALL和AJMP指令中使用。

rel——相对转移指令中的8位带符号偏移量。

DPTR——数据指针,16位寄存器,可用作16位地址寻址。

SP——堆栈指针,用来保护有用数据。

bit——内部RAM或专用寄存器中的直接寻址位。

A——累加器。

B——专用寄存器,用于乘法和除法指令或暂存器。

C——进位标志或进位位,或布尔处理机中的累加器。

@——间接寻址寄存器的前缀标志,如@Ri,@DPTR。

/——位操作数的前缀,表示对位操作数取反,如/bit。

(×)——以×的内容为地址的单元中内容,X表示指针的寄存器Ri(i=0、1)、DPTR、SP(Ri,DPTR、SP的内容均为地址)或直接地址单元。如：为了区别地址单元30H与立即数30H,注释时,表述地址单元时用括号,如(30H),立即数直接表示30H。

$——表示当前指令的地址。

<=>——表示数据交换。

→箭头左边的内容传送给箭头右边。

附录2表 51单片机系统指令

十六进制代码	助记符	功 能	对标志位影响				字节数	周期数
			P	OV	AC	CY		
算 术 运 算 指 令									
28~2F	ADD A,Rn	A+Rn→A	√	√	√	√	1	1
25	ADD A,direct	A+(direct)→A	√	√	√	√	2	1
26,27	ADD A,@Ri	A+(Ri)→A	√	√	√	√	1	1
24	ADD A,#data	A+data→A	√	√	√	√	2	1
38~3F	ADDC A,Rn	A+Rn+CY→A	√	√	√	√	1	1
35	ADDC A,direct	A+(direct)+CY→A	√	√	√	√	2	1
36,37	ADDC A,@Ri	A+(Ri)+CY→A	√	√	√	√	1	1
34	ADDC A,#data	A+data+CY→A	√	√	√	√	2	1
98~9F	SUBB A,Rn	A−Rn−CY→A	√	√	√	√	1	1
95	SUBB A,direct	A−(direct)−CY→A	√	√	√	√	2	1
96,97	SUBB A,@Ri	A−(Ri)−CY→A	√	√	√	√	1	1
94	SUBB A,#data	A−data−CY→A	√	√	√	√	2	1
04	INC A	A+1→A	√	×	×	×	1	1
08~0F	INC Rn	Rn+1→Rn	×	×	×	×	1	1
05	INC direct	(direct)+1→(direct)	×	×	×	×	2	1
06,07	INC @Ri	(Ri)+1→(Ri)	×	×	×	×	1	1
A3	INC DPTR	DPTR+1→DPTR					1	2
14	DEC A	A−1→A	√	×	×	×	1	1
18~1F	DEC Rn	Rn−1→Rn	×	×	×	×	1	1
15	DEC direct	(direct)−1→(direct)	×	×	×	×	2	1
16,17	DEC @Ri	(Ri)−1→(Ri)	×	×	×	×	1	1
A4	MUL AB	A*B→BA	√	√	×	0	1	4
84	DIV AB	A/B→A……B	√	√	×	0	1	4
D4	DA A	对A进行十进制调整	√	×	√	√	1	1
逻 辑 运 算 指 令									
58~5F	ANL A,Rn	A∧Rn→A	√	×	×	×	1	1
55	ANL A,direct	A∧(direct)→A	√	×	×	×	2	1
56,57	ANL A,@Ri	A∧(Ri)→A	√	×	×	×	1	1
54	ANL A,#data	A∧data→A	√	×	×	×	2	1

续附录 2 表

十六进制代码	助记符	功 能	对标志位影响				字节数	周期数
			P	OV	AC	CY		
52	ANL direct,A	(direct)∧A→(direct)	×	×	×	×	2	1
53	ANL direct,#data	(direct)∧data→(direct)	×	×	×	×	3	2
48~4F	ORL A,Rn	A∨Rn→A	√	×	×	×	1	1
45	ORL A,direct	A∨(direct)→A	√	×	×	×	2	1
46,47	ORL A,@Ri	A∨(Ri)→A	√	×	×	×	1	1
44	ORL A,#data	A∨data→A	√	×	×	×	2	1
42	ORL direct,A	(direct)∨A→(direct)	×	×	×	×	2	1
43	ORL direct,#data	(direct)∨data→(direct)	×	×	×	×	3	2
68~6F	XRL A,Rn	A⊕Rn→A	√	×	×	×	1	1
65	XRL A,direct	A⊕(direct)→A	√	×	×	×	2	1
66,67	XRL A,@Ri	A⊕(Ri)→A	√	×	×	×	1	1
64	XRL A,#data	A⊕data→A	√	×	×	×	2	1
62	XRL direct,A	(direct)⊕A→(direct)	×	×	×	×	2	1
63	XRL direct,#data	(direct)⊕data→(direct)	×	×	×	×	3	2
E4	CLR A	0→A	×	×	×	×	1	1
F4	CPL A	$\overline{A}$→A	×	×	×	×	1	1
23	RL A	A循环左移一位	×	×	×	×	1	1
33	RLC A	A带进位位循环左移一位	√	×	×	√	1	1
03	RR A	A循环右移一位	×	×	×	×	1	1
13	RRC A	A带进位位循环右移一位	√	×	×	√	1	1
C4	SWAP A	A半字节交换	×	×	×	×	1	1
数 据 传 送 指 令								
E8~EF	MOV A,Rn	Rn→A	√	×	×	×	1	1
E5	MOV A,direct	(direct)→A	√	×	×	×	2	1
E6,E7	MOV A,@Ri	(Ri)→A	√	×	×	×	1	1
74	MOV A,#data	data→A	√	×	×	×	2	1
F8~FF	MOV Rn,A	A→Rn	×	×	×	×	1	1
A8~AF	MOV Rn,direct	(direct)→Rn	×	×	×	×	2	2
78~7F	MOV Rn,#data	data→Rn	×	×	×	×	2	1
F5	MOV direct,A	A→(direct)	×	×	×	×	2	1
88~8F	MOV direct,Rn	direct→Rn	×	×	×	×	2	2

续附录 2 表

十六进制代码	助记符	功　能	对标志位影响				字节数	周期数
			P	OV	AC	CY		
85	MOV direct1,direct2	(direct2)→(direct1)	×	×	×	×	3	2
86,87	MOV direct,@Ri	(Ri)→(direct)	×	×	×	×	2	2
75	MOV direct,#data	data→(direct)	×	×	×	×	3	2
F6,F7	MOV @Ri,A	A→(Ri)	×	×	×	×	1	1
A6,A7	MOV @Ri,direct	(direct)→(Ri)	×	×	×	×	2	2
76,77	MOV @Ri,#data	data→(Ri)	×	×	×	×	2	1
90	MOV DPTR,#data16	data16→DPTR	×	×	×	×	3	2
93	MOVC A,@A+DPTR	A+DPTR→A	√	×	×	×	1	2
83	MOVC A,@A+PC	A+PC→A	√	×	×	×	1	2
E2,E3	MOVX A,@Ri	(Ri)→A	√	×	×	×	1	2
E0	MOVX A,@DPTR	(DPTR)→A	√	×	×	×	1	2
F2,F3	MOVX @Ri,A	A→(Ri)	×	×	×	×	1	2
F0	MOVX @DPTR,A	A→(DPTR)	×	×	×	×	1	2
C0	PUSH direct	SP+1→SP (direct)→SP	×	×	×	×	2	2
D0	POP direct	SP→(direct) SP−1→SP	×	×	×	×	2	2
C8~CF	×CH A,Rn	A<=>Rn	√	×	×	×	1	1
C5	×CH A,direct	A<=>(direct)	√	×	×	×	2	1
C6,C7	×CH A,@Ri	A<=>(Ri)	√	×	×	×	1	1
D6,D7	×CHD A,@Ri	$A_{0\sim3}$<=>$(Ri)_{0\sim3}$	√	×	×	×	1	1
位　操　作　指　令								
C3	CLR C	0→CY	×	×	×	√	1	1
C2	CLR bit	0→bit	×	×	×	×	2	1
D3	SETB C	1→CY	×	×	×	√	1	1
D2	SETB bit	1→bit	×	×	×	×	2	1
B3	CPL C	$\overline{CY}$→CY	×	×	×	√	1	1
B2	CPL bit	$\overline{bit}$→bit	×	×	×	×	2	1
82	ANL C,bit	CY∧bit→CY	×	×	×	√	2	2
B0	ANL C,/bit	CY∧$\overline{bit}$→CY	×	×	×	√	2	2
72	ORL C,bit	CY∨bit→CY	×	×	×	√	2	2

续附录 2 表

十六进制代码	助记符	功能	对标志位影响				字节数	周期数
			P	OV	AC	CY		
A0	ORL C,/bit	CY $\vee$ $\overline{bit}$ → CY	×	×	×	√	2	2
A2	MOV C,bit	bit → CY	×	×	×	√	2	1
92	MOV bit,C	CY → bit	×	×	×	×	2	2
控 制 转 移 指 令								
*1	ACALL addr11	PC+2→PC, SP+1→SP (PC)$_{0\sim7}$→(SP), SP+1→SP (PC)$_{8\sim15}$→(SP) addr11→(PC)$_{10\sim0}$	×	×	×	×	2	2
12	LCALL addr16	PC+3→PC, SP+1→SP (PC)$_{0\sim7}$→(SP), SP+1→SP (PC)$_{8\sim15}$→(SP) addr16→PC	×	×	×	×	3	2
22	RET	SP→(PC)$_{8\sim15}$, SP−1→SP SP→(PC)$_{0\sim7}$, SP−1→SP	×	×	×	×	1	2
32	RETI	SP→(PC)$_{8\sim15}$, SP−1→SP SP→(PC)$_{0\sim7}$, SP−1→SP 中断返回	×	×	×	×	1	2
*1	AJMP addr11	PC+2→PC addr11→(PC)$_{10\sim0}$	×	×	×	×	2	2
02	LJMP addr16	addr16→PC	×	×	×	×	3	2
80	SJMP rel	PC+2→PC, rel→PC	×	×	×	×	2	2
73	JMP @A+DPTR	A+DPTR→PC	√	×	×	×	1	2
60	JZ rel	A=0, rel→PC A≠0, PC+2→PC	×	×	×	×	2	2
70	JNZ rel	A≠0, rel→PC A=0, PC+2→PC	×	×	×	×	2	2
40	JC rel	CY=1, rel→PC CY=0, PC+2→PC	×	×	×	×	2	2
50	JNC rel	CY=0, rel→PC CY=1, PC+2→PC	×	×	×	×	2	2

续附录 2 表

十六进制代码	助记符	功　能	对标志位影响				字节数	周期数
			P	OV	AC	CY		
20	JB　bit,rel	bit=1,rel→PC bit=0,PC+3→PC	×	×	×	×	3	2
30	JNB　bit,rel	bit=0,rel→PC bit=1,PC+3→PC	×	×	×	×	3	2
10	JBC　bit,rel	bit=1,rel→PC,0→bit bit=0,PC+3→PC	×	×	×	×	3	2
B5	CJNE　A,direct,rel	A≠(direct),rel→PC A=(direct),PC+3→PC	×	×	×	√	3	2
B4	CJNE　A,#data,rel	A≠data,rel→PC A=data,PC+3→PC	×	×	×	√	3	2
B8~BF	CJNE　Rn,#data,rel	Rn≠data,rel→PC Rn=data,PC+3→PC	×	×	×	√	3	2
B6~B7	CJNE　@Ri,#data,rel	(Ri)≠data,rel→PC (Ri)=data,PC+3→PC	×	×	×	√	3	2
D8~DF	DJNZ　Rn,rel	Rn−1≠0,rel→PC Rn−1=0,PC+2→PC	×	×	×	×	2	2
D5	DJNZ　direct,rel	(direct)−1≠0,rel→PC (direct)−1=0,PC+3→PC	×	×	×	√	3	2
00	NOP	空操作,PC+1→PC	×	×	×	×	1	1

附录3 AT89 系列单片机

1. AT89 系列单片机简介

AT89 系列单片机是 Atmel 公司的 8 位 Flash 单片机系列。该系列单片机的最大特点是在片内含 Flash 存储器。因此，在应用中有着十分广泛的前途，特别是在便携式省电及特殊信息保存的仪器和系统中显得更为有用。AT89 系列单片机是以 8051 核构成的，和 8051 系列单片机是兼容的，故而对于熟悉 8051 的用户来说，用 Atmel 公司的 89 系列单片机进行取代 8051 的系统设计是轻而易举的事。

2. AT89 系列单片机的优点

1) 内部含 Flash 存储器。在系统的开发过程中十分容易进行程序的修改，从而大大缩短了系统的开发周期；能有效地保存一些数据信息，即使外界电源损坏也不会影响到信息的保存。

2) AT89 系列单片机的引脚和 80C51 的引脚相同。当用 AT89 系列单片机取代 80C51 时，不管采用 40 引脚或是 44 引脚的产品，只要用相同引脚的 AT89 系列单片机取代 80C51 的单片机即可以直接进行代换。

3) 静态时钟方式。AT89 系列单片机采用静态时钟方式，节省电能，这对于降低便携式产品的功耗十分有用。

4) 错误编程亦无废品产生。一般的 OTP 产品一旦错误编程就成了废品，而 AT89 系列单片机内部采用了 Flash 存储器，所以错误编程之后仍可以重新编程直到正确为止故不存在废品。

5) 可进行反复系统试验。用 AT89 系列单片机设计的系统可以反复进行系统试验，每次试验可以编入不同的程序修改使系统不断能追随用户的最新要求。

3. AT89 系列单片机的内部结构

AT89 系列单片机的内部结构和 80C51 相近，主要含如下一些部件：

1) 8031 CPU   6) 片内 RAM
2) 振荡电路   7) 并行 I/O 接口
3) 总线控制部件   8) 定时器
4) 中断控制部件   9) 串行 I/O 接口
5) 片内 Flash 存储器   10) 片内 E^2PROM

AT89 系列单片机中 AT89C1051 的 Flash 存储器容量最小只有 1 KB，最大有 20 KB。这个系列中结构最简单的是 AT89C1051，内部不含串行接口；最复杂的是 AT89S8252，内含标准的串行接口、一个串行外围接口 SPI、Watchdog 定时器、双数据指针、E^2PROM 电源下降的中断恢复等功能和部件。

AT89 系列单片机目前有多种型号,分别为 AT89C1051、AT89C2051、AT89C4051、AT89C51 AT89LV51、AT89C52 、AT89LV52、AT89S8252、AT89LS8252、AT89C55、AT89LV55、AT89S53 AT89LS53、AT89S4D12 。其中 AT89LV51、AT89LV52 和 AT89LV55 分别是 AT89C51、AT89C52 和 AT89C55 的低电压产品,最低电压可以低至 2.7 V。而 AT89C1051 和 AT89C2051 则是低档型低电压产品,仅有 20 个引脚,其最低电压仅为 2.7 V。

4. AT89 系列单片机的型号编码

AT89 系列单片机的型号编码由三个部分组成,即前缀、型号和后缀。格式如下:

AT89CXXXX XXXX ,其中 AT 是前缀,89CXXXX 是型号,XXXX 是后缀。

下面分别对这三个部分进行说明,并且对其中有关参数的表示和意义作相应的解释。

1) 前缀由字母 AT 组成表示该器件是 Atmel 公司的产品。

2) 型号由 89CXXXX 或 89LVXXXX 或 89SXXXX 等表示。

89CXXXX 中 9 表示内部含 Flash 存储器,C 表示为 CMOS 产品。

89LVXXXX 中 LV 表示低压产品。

89SXXXX 中 S 表示内含串行下载 Flash 存储器,XXXX 表示器件型号数,四个参数组成如 51、1051、8252 等每个参数的表示和意义不同。

3) 后缀由 XXXX 组成,在型号与后缀部分有空格隔开

① 后缀中的第一个参数 X 用于表示速度,其意义如下:

X12 表示速度为 12 MHz ,X20 表示速度为 20 MHz;

X16 表示速度为 16 MHz ,X24 表示速度为 24 MHz。

② 后缀中的第二个参数 X 用于表示封装,其意义如下:

XD 表示陶瓷封装,XQ 表示 PQFP 封装;

XJ 表示 PLCC 封装,XA 表示 TQFP 封装;

XP 表示塑料双列直插 DIP 封装,XW 表示裸芯片;

XS 表示 SOIC 封装。

③ 后缀中第三个参数 X 用于表示温度范围,其意义如下:

XC 表示商业用产品,温度范围为 0~70 ℃;

XI 表示工业用产品,温度范围为 40~85 ℃;

XA 表示汽车用产品,温度范围为 40~125 ℃;

XM 表示军用产品,温度范围为 55~150 ℃。

④ 后缀中第四个参数 X 用于说明产品的处理情况,其意义如下:

X 为空表示处理工艺是标准工艺;

X883 表示处理工艺采用 MIL STD 883 标准。

例如有一个单片机型号为 AT89C51 12PI 表示意义该单片机是 Atmel 公司的

Flash 单片机,内部是 CMOS 结构,速度为 12 MHz,封装为塑封 DIP,是工业用产品且按标准处理工艺生产。

5. AT89 系列单片机分类

AT89 系列单片机可分为标准型号、低档型号和高档型号三类。

标准型存有 AT89C51 等六种型号,其基本结构和 89C51 相似,且与 80C51 兼容。低档型有 AT89C1051 等两种型号,它们的 CPU 核和 89C51 相同,但并行 I/O 口较少;高档型有 AT89S8252 等型号,是一种可串行下载的 Flash 单片机,可以用在线方式对单片机进行程序下载。

(1) 标准型单片机

标准型单片机有 89C51、89LV51、89C52、89LV52、89C55、89LV55 六种型号。

标准型 AT89 系列单片机和 MCS-51 系列单片机兼容,内含 4 KB、8 KB 或 20 KB 可重复编程的 Flash 存储器,可进行 1000 次擦写操作;全静态工作为 0~33 MHz,三级程序存储器加密锁定;内含 128、256 字节的 RAM,有 32 位可编程的 I/O 端口,有 2~3 个 16 位定时器计数器,有 6~8 级中断,UART 通用串行接口,有低电压空闲及电源下降方式。

在这六种型号中 AT89C51 是一种基本型号,AT89LV51 是一种能在低电压范围工作的改进型,可在 2.76 V 电压范围工作,其他功能和 89C51 相同。AT89C52 是在 AT89C51 的基础上,在存储器容量、定时器和中断能力上得到改进的,89C52 的 Flash 存储器容量为 8 KB,16 位定时/计数器有 3 个,中断有 8 级。89C51 的 Flash 存储器容量为 4 KB,16 位定时/计数器有 2 个,中断只有 6 级。AT89LV52 是 89C52 的低电压型号,可在 2.76 V 电压范围内工作,89C55 的 Flash 存储器容量为 20 KB,16 位定时/计数器有 3 个,中断有 8 级,AT89LV55 是 89C55 的低电压型号,可在 2.76 V 电压范围内工作。

(2) 低档型单片机

低档型的单片机有 AT89C1051 和 AT89C2051 两种型号。除并行 I/O 端口数较少之外,其他部件结构基本和 AT89C51 差不多,之所以称为低档型主要是因为它的引脚只有 20 脚,比标准型的 40 引脚少得多。AT89C1051 的 Flash 存储器只有 1 KB,RAM 只有 64 个字节,内部不含串行接口,内部的中断响应只有 3 种,保密锁定位只有 2 位,这些也是和标准型的 AT89C51 有区别的地方。AT89C2051 的 Flash 存储器只有 2 KB,RAM 只有 128 个字节,保密锁定位有 2 位,也由于在上述有关部件上 AT89C1051、AT89C2051 的功能比标准型 AT89C51 要弱,所以它们就处于低档位置。

(3) 高档型单片机

高档型单片机有 AT89S53、AT89S8252、AT89S4D12 等型号,是在标准型的基础上增加了一些功能形成的。增加的功能主要有如下几点:

① AT89S4D12 有 4 KB 可下载 Flash 存储器,AT89S8252 有 8 KB 可下载

Flash 存储器，AT89S53 有 12 KB 可下载 Flash 存储器。下载功能是由 IBM 微机通过 AT89 系列单片机的串行外围接口 SPI 执行的。

② 除 8 KB Flash 存储器外，AT89S8252 内含一个 2 KB 的 E^2PROM，从而提高了存储容量。

③ 内含 9 个中断响应的级别。

④ 含标准型和低档型所不具有的 SPI 接口。

⑤ 含有 Watchdog 定时器（看门狗定时器）。

⑥ 含有双数据指针。

⑦ 含有从电源下降的中断恢复。

⑧ AT89S4D12 除了 4 KB 可下载 Flash 存储器之外，还有一个 128 KB 片内 Flash 数据存储器，12 MHz 内部振荡器和 5 个可编程 I/O 线。

参考文献

[1] 祁伟.单片机 C51 程序设计教程与实验[M].北京:北京航空航天大学出版社,2006.
[2] 祁伟.单片微型计算机原理与接口技术教程[M].北京:北京航空航天大学出版社,2007.
[3] 李晓林.单片机原理与接口技术[M].北京:电子工业出版社,2012.
[4] http://www.manley.com.cn.
[5] http://wenku.baidu.com/view/5112a2e49b89680203d8258a.html.
[6] http://baike.so.com/doc/3846615.html.
[7] http://www.838dz.com/jicu/changsi/892_2.html.
[8] http://baike.so.com/doc/5405001.html.
[9] http://www.51hei.com/mcu/198.html.